LaTeX 快速入门与提高

主　编　李汉龙　隋　英　韩　婷

副主编　许学宁　刘　丹　孙丽华

参　编　赵恩良　孙燕玲　律淑珍

国防工业出版社

·北京·

内 容 简 介

本书是作者结合多年的 LaTeX 学习和应用实践编写的。其内容包括 LaTeX 介绍、LaTeX 基础、LaTeX 应用实例、LaTeX 编辑数学公式、LaTeX 正文工具、LaTeX 编译、LaTeX 幻灯片——beamer、LaTeX 相关软件以及 LaTeX 常用模板。书中配备了较多的实例源程序及源程序运行结果，这些实例是学习 LaTeX 必须掌握的基本技能。本书大部分例题的源程序是使用中文 LaTeX 系统 CTeX 中的 WinEdit 编写的，同时给出了大量的练习及其参考答案。

本书由浅入深，由易到难，可作为教师学习 LaTeX 的自学用书，同时也可以作为学生学习 LaTeX 编辑排版论文的培训教材。

本书课件资源可在国防工业出版社网站（www.ndip.cn）"资源下载"栏目下载，或发邮件至 896369667@QQ.com 索取。

图书在版编目（CIP）数据

LaTeX 快速入门与提高 / 李汉龙，隋英，韩婷主编. —北京：国防工业出版社，2016.6
ISBN 978-7-118-10885-9

Ⅰ. ①L⋯　Ⅱ. ①李⋯ ②隋⋯ ③韩⋯　Ⅲ. ①排版—应用软件　Ⅳ. ①TS803.23

中国版本图书馆 CIP 数据核字（2016）第 137086 号

※

国防工业出版社 出版发行
（北京市海淀区紫竹院南路 23 号　邮政编码 100048）
三河市鼎鑫印务有限公司印刷
新华书店经售

*

开本 787×1092　1/16　印张 16　字数 365 千字
2016 年 6 月第 1 版第 1 次印刷　印数 1—4000 册　定价 45.00 元

（本书如有印装错误，我社负责调换）

国防书店：(010)88540777　　发行邮购：(010)88540776
发行传真：(010)88540755　　发行业务：(010)88540717

前　言

LaTeX 是由美国数学家与计算机专家 Leslie Lamport 开发的当今世界上最流行和使用最为广泛的排版系统之一。使用 LaTeX 基本上不需要使用者自己设计命令和宏等，因为 LaTeX 已经替你做好了。因此，即使使用者并不是很了解 LaTeX，也可以在短短的时间内编写出高质量的文档。对于生成复杂的数学公式，LaTeX 表现得更为出色。

近年来国内使用最为广泛的中文 LaTeX 系统是 CTeX 中文套装，它所附带的文本编辑器是 WinEdit，本书大部分例题的源程序就是使用 CTeX 中的 WinEdit 编写的，书中对所有例题及习题都提供了相应的源程序及运行结果，便于读者研究学习。

本书从介绍 LaTeX 开始，重点介绍了 LaTeX 基础、LaTeX 应用实例、LaTeX 编辑数学公式、LaTeX 正文工具、LaTeX 编译、LaTeX 幻灯片——beamer、LaTeX 相关软件以及 LaTeX 常用模板，并通过具体的实例，使读者一步一步地随着作者的思路来完成课程的学习，同时在每章后面作出归纳总结，并给出一定的练习题。书中所给实例常常配以解释说明，放在符号"%"的后面，方便读者理解源程序的意义。本书所使用的素材包括文字、图形、图像等，有的为作者自己创作，有的来自于网络。使用这些素材的目的是想给读者提供更为完善的学习资料。

本书第 1 章由刘丹编写；第 2 章、第 3 章以及第 9 章由李汉龙编写；第 4 章、第 5 章由隋英编写；第 6 章由孙丽华编写；第 7 章由赵恩良编写；第 8 章由孙燕玲编写；附录、参考文献及前言由韩婷与许学宁编写。全书由李汉龙统稿，李汉龙、隋英、韩婷审稿。另外，本书的编写和出版得到了国防工业出版社的大力支持，在此表示衷心的感谢！

本书参考了国内外出版的一些教材，见本书所附参考文献，在此表示谢意。由于水平所限，书中不足之处在所难免，恳请读者、同行和专家批评指正。

编　者

2016 年 2 月

目 录

第 1 章　LaTeX 介绍

本章概要

- TeX 和 LaTeX
- LaTeX 的优点
- 与 Word 相比 LaTeX 的缺点
- 能接受 LaTeX 稿件的出版社
- CteX 的安装

1.1　TeX 和 LaTeX

1.1.1　关于 TeX

　　TeX 系统是由美国的 Donald E. Knuth 教授研制的计算机排版软件系统。 Knuth 的中文名为高德纳，是国际上著名的科学家和计算机专家，也是享有盛誉的计算机程序设计系列专著 *The Art of Computer Programming* 的作者。按照他的计划，这套书总共六册，前三册出版后，Knuth 将修订后的第二册第二版手稿交出版社排版，但对收到的校样很不满意，因为这时出版社已开始用计算机代替手工排版，当时的字形和版面都很难看，每次的校改也非常麻烦。为了以后出书方便，他放下手头的工作，开始设计高质量的排版软件。他花费大量的精力和时间后，成功研制了这套闻名于世的 TeX 系统。之后他又撰写了一整套 TeX 手册，既讲 TeX 的使用方法，又讲设计原理，这套书最后成了经典之作。

　　Knuth 为其研制的软件命名为 TeX，取意于希腊词根 $\tau\varepsilon\chi$，因此名称中的 X 应读 χ 的音，即 TeX 的发音为[tex]([x]的发音类似于汉语的 h)或[tek]而不是[teks]，这也使得该软件的名称在外形和读音上不同于另一个软件 TEX。在纯文本环境中，通常将其写成 TeX。

1.1.2　关于 LaTeX

　　LaTeX（拉泰赫）是一种基于 TeX 的排版系统，由美国计算机学家莱斯利·兰伯特（Leslie Lamport）在 20 世纪 80 年代初期开发，利用这种格式，即使使用者没有排版和程序设计的知识也可以充分利用由 TeX 所提供的强大功能，能在几天甚至几小时内生成具有书籍质量的印刷品。对于生成复杂表格和数学公式，LaTex 表现得尤为突出，因此它非常适用于生成高印刷质量的科技类和数学类文档。该系统同样适用于生成从简单的信件到完整书籍的所有其他种类的文档。

　　TeX 在不同的硬件和操作系统上有不同的实现版本。就像 C 语言在不同的操作系统中有不同的编译系统，如 Linux 下的 gcc，Windows 下的 VisualC++等。有时，一种操作系统里也会有好几种 TeX 系统。目前常见的 Unix/Linux 下的 TeX 系统是 teTeX，Windows

下则有 MiKTeX 和 fpTeX。CTeX 是 TeX 中文套装的简称，是把 MiKTeX 和一些常用的相关工具（如 GSview，WinEdt 等）包装在一起制作的一个简易安装程序，并对其中的中文支持部分进行了配置，使得安装后马上就可以使用中文系统。

1.2 LaTeX 的优点

1.2.1 排版质量高，数学式精美

论文的排版质量体现在对版面尺寸的严格控制，对字距、词距、行距和段距等字符间距松紧适中的掌握，对数学式的精确细致设计，对表格和插图的灵活处理等。这些排版的细节要与其他文字处理软件比较才能看出其中的差别。LaTeX 最擅长的就是数学式排版，其方法简单直观，排版效果精致细腻，数学式越复杂，这一特点就越明显。LaTeX 系统可以为公式自动排序，公式的字体、序号的技术形式和位置等既可由作者设定，也可交给 LaTeX 按照常规方式处理。在默认状态下，LaTeX 也能将数学式排版得非常精致美观。

1.2.2 格式自动处理

在写论文时，要花很多精力对版式、章节标题样式、字体属性、对齐方式、行距以及图标之间距离、图标与上下文距离等正文格式进行反复调整和测试，尤其是长篇论文，经常会出现因疏忽而前后不一致的现象；当在文稿中插入或者删除一章或者调整章节次序时，各章节标题、图表和公式的序号都要用手工作相应的修改，稍有不慎就会出现重号或跳号。在写论文的同时还要兼顾编辑和排版。如果多人合作一本书或一篇论文，每人分头撰写不同章节，那么格式问题就在所难免。

LaTeX 将文稿的内容处理与格式处理分离，作者只要选定文稿的类型，就可专心致志地写文章了，论文格式的各种细节都由 LaTeX 统一规划设置，而且非常周到、细致和严谨；当修改文稿时，其中的章节、图标和位置都可以任意调整，无需考虑序号问题，因为在源文件里就没有序号，论文中的所有序号都是在最后编译时由 LaTeX 自动统一编排添加的，所以绝对不会出错。如果对格式有特殊要求，也可使用命令修改，LaTeX 会自动将相关设置更新，无一遗漏。格式自动处理功能在多人合著论文时更能显示出它的优势。

接受 LaTeX 的出版社人都有自己的稿件格式模板，主要就是一个文档类型文件，简称文类。如果稿件未被甲出版社采用，在转投乙出版社之前，只需将稿件的第一条命令——文档类型命令中的文类名称——由甲出版社改为乙出版社，整篇稿件的格式就会自动转换过来，这一功能为作者节省了不少时间。

1.2.3 创建参考文献

Word 软件（以下简称 Word）目前还不具备管理参考文献的功能，用户一般都是采用 Reference Manager 或是 NoteExpress 等外部工具软件解决这一问题，创建参考文献是 LaTeX 的强项。LaTeX 自带一个辅助程序 BibTeX，它可以根据作者的检索要求，搜索

一个或多个文献数据库，然后自动为文稿创建所需的参考文献条目列表。当编写其他文件用到相同的参考文献时，可直接引用这个数据库。参考文献的样式和排序方式都可以自行设定。很多著名的科技刊物出版社、学术组织和 TUG 网站等都提供相关的 BibTeX 文献数据库文件，可免费下载。

1.2.4　可扩充性

用户可以像搭积木那样对 LaTeX 进行功能扩充或添加新的功能。例如，加载一个 CJK 宏包就可以处理中文，调用 eucal 宏包可将数学公式中的字符改为欧拉书写体；如果对某个宏包效果不太满意，完全可以打开它进行修改，甚至照葫芦画瓢自己写一个。这些可附加的宏包文件绝大多数都可从 CTAN 等网站免费下载。

因为设计的超前性，TeX\LaTeX 程序系统几十年来没有什么改动，而且由于它的可扩充性，LaTeX 将永葆其先进性，也就是说，学习和使用 LaTeX 永远不会过时。例如，通过调用相关扩展宏包，LaTeX 立刻就具备了排版高质量、高专业水准象棋谱、五线谱或化学分子式的能力。对于 LaTeX 这种机动灵活、简便免费的可扩充性能，Word 只能望尘。

1.2.5　稳定性和安全性

一篇科技论文少则几十页，多则上百页，其中含有许多图形和公式。Word "所见即所得"的特性，使得论文中的图形都要完整地插入页面，随着文件的篇幅增大、图形数量增多，处理速度就会明显减慢。编写一篇论文要无数次地打开、保存和关闭文件，往往要等待很长时间甚至死机或无法打开文稿，所以 Word 经常出现"文件恢复"提示信息，但其中的图形很有可能丢失，取而代之的是一个红色的"×"。将文件分解为多个子文件可以缓解这一问题，但又会出现难以自动创建目录、索引和参考文献等新问题；若章节、图表和公式需要在子文件之间调换调整，就会导致编号混乱。LaTeX 是纯文本文件，所有图形都是在最后编译时调入。同一篇文章，其 LaTeX 源文件只有 Word 文件尺寸的几十分之一。LaTeX 源文件的长短，不会对文件存取和编辑过程产生明显影响。

LaTeX 也允许采用多个子文件，章节和图表可随意增删，LaTeX 是在最后编译时才将所有子文件汇总排序，生成统一的文件页码、标题序号、图表和公式编号以及各种目录。

1.2.6　版本兼容性强，通用性强

十几年里，Word 已有多种版本，每个版本只能向下兼容，旧文件在新版本中打开时，经常出现字形和文本位置变动等问题。二十年来，LaTeX 也有几种版本，但各版本可相互兼容，旧文件在新版本中打开时，文本不会有丝毫的变形，而且还可以继续追加新的功能，如这几年很流行的超文本链接和 PDF 书签等。

随着计算机软、硬件性能的提高，在 PC 上使用 Unix/Linux、Mac OS 或其他操作系统的用户越来越多。由于 LaTeX 系统的程序源代码是公开的，因此人们开发了用于各种操作系统的版本，而且 LaTeX 源文件全部采用国际通行的 ASCII 字符，所以 LaTeX 及其源文件可以毫无阻碍地跨平台、跨系统使用和传播。而 Word 只能在 Windows 操作

系统上运行。

高德纳教授曾说过："TeX 排版系统追求的首要目标就是高品质，文件的排印效果不只是很好，而是要最好"。LaTeX 就是专门为排版高质量科技论文而设计的软件，当然在这方面的性能就非常突出。在很多 LaTeX 爱好者看来，LaTeX 不仅是一种文字编辑排版工具，它更是一门艺术，给人以美的享受。

1.2.7　免费使用

TeX 和它的继承者 LaTeX 都是免费软件，它们的源程序也是公开的，可分别从下列网址下载：

www.ctan.org/tex-archive/macros/plain/base/

www.ctan.org/tex-archive/macros/latex/base/

其他用于扩展排版功能的各种宏包、文件及其说明文件也都可以从 CTAN 网站免费下载。CTAN 的资料目录网址：

http://ctan.org/tex-archive/help/Catalogue/bytopic.html

国内 LaTeX 用户还可以使用 CTeX 中文套装，它是一种中文 LaTeX 系统，可以从下面的网址免费下载：

www.ctex.org/CTeXDownload。

该网站还设有论坛，其网址是 bbs.ctex.org/,使用中文的用户可以在此互相交流经验或寻求帮助。

1.3　与 Word 相比，LaTeX 的缺点

1.3.1　LaTeX 起点门槛高，初学者投入精力太大

Word 是目前常用的排版系统，它和 LaTeX 是两种不同类型的文本编辑处理系统，各有所长，如果要对文字编辑性能和使用便捷程度等作综合评比，Word 明显优于 LaTeX，仅 "所见即所得" 一项，Word 就会赢得绝大多数用户，但要仅限定在学术报告和科技论文方面，评比结果就不同了。

初学者很容易掌握 Word 基本功能，很多 Word 用户都是无师自通。但随着篇幅和复杂程度的增加，用户花费在文稿格式上的精力和时间要明显加大，因为创建自定义编号、交叉引用、索引和参考文献等并不是 "所见即所得"，需要反复查阅 Word 的在线帮助或借助相关软件帮忙。

对于 LaTeX 初学者，即使是编排很简单的文章，也要花较多的精力和时间去学习那些枯燥的命令和语法，特别是在排写数学公式时，经常出错，多次编译不能通过。可是当用户熟练掌握 LaTex 之后，不论文稿长短和复杂与否，都能熟练、迅速地完成，先前学习 LaTeX 的精力投入将由此得到回报。

在这样鲜明的目标差异下，功能上的差异也是不言而明的，它们都能轻松完成一些对方很难完成的工作。例如，可以在 Word 里面拖着一个图片到处移动，调整它的位置、角度、环绕方式，而 TeX 要实现这样的功能是很复杂也很受限的；在 TeX 中可以轻易

控制每段话能不能在第一行后分页，能不能在最后一行分页，能不能在一个单词中间的连字符处分页，在 Word 中对这种要求几乎毫无办法。Word 是以易用性著称的字处理软件，目标用户是办公室的文档编写人员，用来写商业企划、会议记录、公务信函、内部手册、年度报告、个人计划等。虽然也有人用它排版书籍，但其细节控制力差，效果通常都不好。

1.3.2　LaTeX 可视性差

可性视差继承自 TeX 本身的缺点，包括排版功能的局限和语言结构的落后。虽然有很多命令可以通过单击按钮或菜单生成，但距可视化还有很大差距。当发生错误时，系统只给出一些原则性的提示，具体问题需靠自己分析判断，不仅要用眼，更要用脑，所以 LaTeX 也被形容为"所思即所得"（What you think is what you get）方面功能的局限，具体分析可参考 LaTeX3 小组领导人 Frank Mittelbach 的文章：

http://latex-project.org/papers/tb106mittelbach-e-tex-revisited.pdf

当然，这里面列举的各种问题，Word 大多也处理不好。

1.3.3　LaTeX 需求有限、发展受限

LaTeX 在学术圈外极少被使用，所以商务信函、年度报表之类的模板很难一见，因此缺少大量的需求和人力资金投入，所以发展较慢。

1.4　能接受 LaTeX 稿件的出版社

世界上有很多著名的出版机构都接受 LaTeX 稿件，以下所列是其中部分出版机构的名称及相关稿件要求的网址。

中国物理 C：hepnp.ihep.ac.cn/cn/dqml/asp

应用数学学报：www.applmath.com.cn/cn/download.asp

自动化学报：www.aas.net.cn/cn/tgzn.asp

应用概率统计：aps.ecnu.edu.cn/cn/typeset.asp

模糊系统与数学：www.cfsm/cn/mambo/

美国人工智能发展协会：www.aaai.org/Publications/Author/author.php

美国天文学会：aas.org/publications/baas/baasems.php

美国计算机学会：www.acm.org/publications/latex_style/

美国数学学会：www.ams.org/authors/latexbenefits.html

美国物理学会：authours.aps.org/esubs/guidelines.heml

剑桥大学出版社：author.aps.org/esubs/guidelines.html

荷兰爱思唯尔出版公司：www.elsevier.com/wps/find/authorsview.authors/latex

欧洲计算机图形学会：www.eg.org/publications/guidelined

国际电气电子工程师学会：www.ieee.org/web/publications/authors/transjnl/index.heml

英国物理学会：authors.iop.org/atom/usermgmt.nsf/EGWebSubmissionWelcome

荷兰 IOS 出版社：www.iospress..cn/authco/instruction_crc.html

加拿大国家研究委员会出版社：pubs.nrc-cnrc.gc.ca/eng/journals/style_cjp.html

美国光学学会：www.opticsinfobase.org/submit/templates/default.cfm

美国工业和应用数学学会：www.siam.org/journals/auth-info.php

德国施普林格出版社：www.springer.com/authors?refSGWID=0-111-0-0

美国威立出版公司：www.wiley.com/bw/submit.asp?ref=0280-6495

新加坡世界科学出版社：www.worldscibooks.com/contact/author_style.shtml

1.5   CTeX 的安装

（1）登录 CTeX 项目官网 www.ctex.org，如图 1-1 所示。

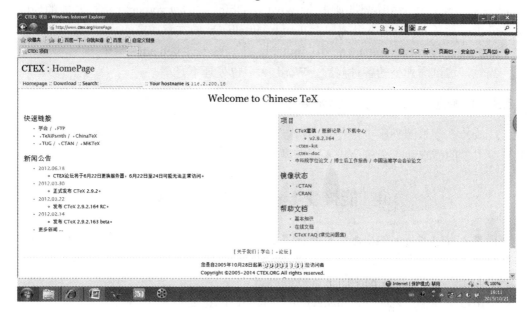

图 1-1

（2）找到最新版本的 CTeX，下载 CTeX 中文套装，如图 1-2 所示。

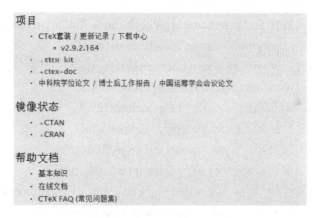

图 1-2

6

（3）按照提示安装 CTeX 中文套装之后，Windows 开始菜单中就会多出一个 WinEdt 图标。

（4）单击 WinEdt 图标，打开 WinEdt 文本编辑器，就可以使用中文 LaTeX 系统 CTeX 进行排版文章了。

1.6　本章小结

本章主要从 LaTex 的发展历程谈起，使初学者对 LaTex 有一个直观的印象。TeX 系统是由 Donald E. Knuth 教授研制的计算机排版软件系统，是完全免费的，它具有排版质量高、数学式精美、格式自动处理、自动创建参考文献等优点，有很好的稳定性和安全性。与目前使用最多的排版软件 Word 相比，LaTeX 起点门槛较高，对初学者而言投入精力较大，LaTeX 可视性没有 Word 直观，因此 LaTeX 的使用范围比较窄，发展受限。本章最后还介绍了能够接受 LaTex 格式稿件的出版社以及下载安装的方法供大家参考。

习　题　1

1. TeX 系统是由（　　　）研制的。
   A. Donald E. Knuth　　　　　　　　B. Bill Gates
   C. 史蒂夫·保罗·乔布斯　　　　　　D. 托马斯·约翰·沃森
2. 下面不属于 LaTeX 系统的优点的是（　　　）。
   A. 排版质量高　　　　　　　　　　　B. 数学式精美
   C. 格式自动处理　　　　　　　　　　D. 可视性强
3. LaTeX 系统的正确发音是下面哪个（　　　）。
   A. 拉泰赫　　　　B. 拉泰克思　　　　C. 拉泰克　　　　D. 莱泰克斯
4. LaTeX 系统的缺点有（　　　）（可多选）。
   A. 起点门槛较高　　　　　　　　　　B. 可视性差
   C. 需求有限　　　　　　　　　　　　D. 数学公式处理差
5. CTeX 项目官网是＿＿＿＿＿＿＿＿＿＿＿＿＿＿＿。
6. 你觉得 LaTex 系统需要在哪个方面需要提高？可根据个人的使用感受来说。

习题 1 答案

1. A。
2. D。
3. A。
4. A，B，C。
5. www.ctex.org。
6. 略。

第 2 章　LaTeX 基础

本章概要

- LaTeX 源文件的结构
- LaTeX 文档类型
- LaTeX 命令
- LaTeX 排版模式
- LaTeX 长度设置
- LaTeX 盒子
- LaTeX 记数器
- LaTeX 排版环境
- LaTeX 加减乘除命令及条件判断命令
- LaTeX 颜色设置

2.1　LaTeX 源文件的结构

所有 LaTeX 源文件都可分为导言和正文两大部分。由于短篇论文和中长篇论文的篇幅和所采用的层次结构不同，因此它们在正文部分的结构有较大的区别。为了方便读者，下面所列举的源程序都是在中文 LaTeX 系统 CTeX 下的 WinEdt 7.0 版本编辑器中实现的。编译时，单击 WinEdt 编辑器中的"编译"图标 中的小三角打开下拉菜单，选择其中的 PDFLaTeX 选项，再单击"编译"图标 对源程序进行编译。单击 WinEdt 编辑器中的"pdf 预览"图标 可显示编译效果。

2.1.1　短篇论文结构

通常在 10 页内，不设置目录的论文即为短篇论文，它们一般由若干个节和小节组成，其源文件的基本结构如下：

```
\documentclass{article}        %使用 article 文档类型格式排版
\usepackage{amsmath}           %调用公式宏包
\usepackage{graphicx}          %调用插图宏包
\usepackage{ctex}              %调用支持中文的 ctex 宏包
......                         %调用其他宏包和设置命令
\begin{document}
论文内容
\end{document}
```

从第一行命令\documentclass{article}开始，到命令\begin{document}之前的所有命令

语句，统称为导言；在命令\begin{document}和命令\end{documen}之间的所有命令语句和文本，统称为正文。命令\end{documen}之后的任何字符，LaTeX 都将忽略。导言中的设置对正文的全文产生影响。正文中的论文内容包含文本、插图、表格、公式等和各种 LaTeX 命令，正文中的命令只对其后的局部正文产生影响。%是注释符号，它表示其右边的文字是对左边命令或文本的说明，在编译源文件时，LaTeX 将忽略注释符及其右边的所有字符。

【例 2.1】 利用中文 LaTeX 排版系统 CTeX 编写下列短文的源程序：

关于 LaTeX 的起源是这样的，有一套书大家可能听说过，书名为《计算机程序设计艺术》，写了好几本。当然能在计算机方面写上艺术俩字的书恐怕不是我们一般人能读懂的。作者在准备写第二卷的时候发现计算机的排版非常难看，所以，为了配合书名，在延后第二卷发布的条件下，TeX 被作者发明出来了。

源程序如下：

```
\documentclass{article}        %使用 article 文档类型格式排版
\usepackage{ctex}              %调用支持中文的 ctex 宏包
\begin{document}
    关于 LaTeX 的起源是这样的，有一套书大家可能听说过，书名为《计算机程序设计艺术》，
写了好几本。当然能在计算机方面写上艺术俩字的书恐怕不是我们一般人能读懂的。
    作者在准备写第二卷的时候发现计算机的排版非常难看，所以，为了配合书名，在延后第二
卷发布的条件下，TeX 被作者发明出来了。
\end{document}
```

源程序运行结果如图 2-1 所示。

关于LaTeX 的起源是这样的，有一套书大家可能听说过，书名为《计算机程序设计艺术》，写了好几本。当然能在计算机方面写上艺术俩字的书恐怕不是我们一般人能读懂的。作者在准备写第二卷的时候发现计算机的排版非常难看，所以，为了配合书名，在延后第二卷发布的条件下，TeX 被作者发明出来了。

图 2-1

2.1.2　中长篇论文结构

在 10 页至几百页，需要设置目录的论文即为中长篇论文，它们一般由若干个章组成。中长篇论文通常使用 book 文档类型、report 文档类型或出版机构提供的专用类型。其源文件的典型结构如下：

```
\documentclass{book}           %使用 book 文档类型格式排版
\usepackage{amsmath}           %调用公式宏包
\usepackage{graphicx}          %调用插图宏包
......                          %调用其他宏包和设置命令
\begin{document}
\include{cover}                %调入封面子源文件 cover.tex
```

```
\pagenumbering{Roman}              %罗马数字页码
\include{abstract}                 %调入摘要子源文件 abstract.tex
\pagenumbering{arabic}             %阿拉伯数字页码
\include{contents}                 %调入创建目录子源文件 contents.tex
\pagenumbering{arabic}             %阿拉伯数字页码
\include{chapter1}                 %调入第 1 章子源文件 chapter1.tex
\include{chapter2}                 %调入第 2 章子源文件 chapter2.tex
......
\include{reference}                %调入参考文献子源文件 reference.tex
\end{document}
```

在保存源文件时，需要设定文件名，还要创建新的文件夹。对于源文件名及源文件夹名的设定应该符合下列原则。

（1）简短便于记忆和区分，不能使用/ \ < > * ？ " ：| 等符号以及空格。

（2）可用小写英文字母和阿拉伯数字。

（3）不能大小写字母混组，因为有些应用程序区分大小写，有些不区分。

2.2 LaTeX 文档类型

文档类型简称文类,它是用 TeX 和 LaTeX 命令编写的、用于规范某种类型文档排版格式的程序文件，其扩展名为.cls。导言的第一句，通常也是 LaTeX 源文件的第一条命令，就是文档类型命令，其格式为：

```
\documentclass[参数 1，参数 2，...]{文类}[日期]
```

每个源文件都必须从这条命令开始，它通知 LaTeX，将该论文源文件按照指定文类规定的文档格式排版。大括号内的参数为必要参数，中括号内的参数为可选参数，通常每种文类都附有一个可选参数，它可由多个可选子参数组成，子参数之间用半角逗号隔开，可选参数日期经常省略。

2.2.1 标准文类

CTeX 所附带的文类有许多，但其中最常用于论文写作和幻灯片制作的有以下四种。

article：短文、评论、学术论文；无左右页区分，无章设置。

book：著作、学位论文；默认有左右页区分，章起右页。

report：商业、科技、试验报告，默认无左右页区分，章起新页。

beamer：论文陈述幻灯片；提供多种主题式样，可方便更改幻灯片的整体风格。

由于前三种文类广泛应用于论文写作，因此称为标准文类。beamer 文类，专用于论文陈述的幻灯片制作，将在后面进行介绍。

2.2.2 标准文类的选项

每一种文类都会提供由多个选项组成的可选参数，这些选项主要是用来设定纸张大小、字体尺寸以及单双栏排版等格式的具体细节。下面给出三种标准文类所提供的可选参数选项。

选项	book	report	aricle	说明
10pt	默认	默认	默认	常规字体尺寸 10pt
a4paper				纸张宽 210mm，高 297mm
a5paper				纸张宽 148mm，高 210mm
b5paper				纸张宽 176mm，高 250mm
draft				草稿形式，在边空中用黑色小方块指示超宽行
executivepaper				纸张宽 184mm，高 267mm
final	默认	默认	默认	定稿形式，取消用黑色小方块指示超宽行
fleqn				公式左缩进对齐，默认均居中对齐
landscape				横向排版，即纸张宽与高对调
legalpaper				纸张宽 216mm，高 356mm
legno				公式序号置于公式的左侧，默认均为右侧
letterpaper	默认	默认	默认	纸张宽 216mm，高 279mm
notitlepage			默认	论文题目和摘要都不单置一页
onecolum	默认	默认	默认	单栏排版
oneside		默认	默认	单页排版，每页左边空宽度以及页眉和页脚内容相同
openany		默认		新的一章从左页或右页都可以开始
openbib				每条参考文献从第二行起缩进，默认不缩进
openright	默认			新的一章从右页开始
titlepage	默认	默认		论文题目和摘要均为独立一页
twocolum				双栏排版
twoside	默认			双页排版，左右页的右边空宽度以及页眉和页脚内容可不同

　　文类 book 默认每个新章都是从右边即奇数页开始，这会有 50%的可能造成其左页完全空白，所以中篇短文常采用 openany 选项，使新的一章从左页或者右页开始都可以。

　　为了统一论文的排版格式,很多学术刊物会根据自身出版物排版的要求而给出专用的扩展名为.cls 的文类文件或者附带实际应用示例的.tex 源文件，常称为模板。作者只需要将应用示例文件中的内容改换成自己的论文内容，基本上就完成了论文源文件的编写。

2.2.3　CTeX 提供的中文文类

　　CTeX 提供了 ctexbook、ctexrep 和 ctexart 三种中文文类，可以分别替换 book、report 和 article 这三种英文标准文类，其主要特点是可以在正文中直接使用中文，并按照中文的排版习惯做了相应的设置；也可以保持所使用的英文文类，而在导言中调用 CTeX 提供的中文宏包 ctex 或中文标题宏包 ctexcap。

2.3 LaTeX 命令

LaTeX 源文件是论文作者用文本和各种 LaTeX 命令编写而成的,它们的作用就如同高级编程语言中的各种控制语句一样,掌握 LaTeX 各种命令的用法,将给 LaTeX 源文件的编写打下坚实的基础。

2.3.1 LaTeX 命令的构成

LaTeX 命令使用反斜杠符号 \ 作为开头,其后跟命令名,其中的用户命令可分为以下两种类型。

类型一:反斜杠符号 \ 后跟多个英文字母组成的命令名,它区分大小写,以空格、数字或非字母符号作为结束标志,绝大部分这种命令都可以望文生义。例如命令 \newline 表示另起一行,而 \today 表示显示当前日期。

类型二:反斜杠符号\后跟一个非字母符号组成的命令名,如 \ !、\ ^等。这种命令无需任何字符或空格作为结束标志,因为系统只认反斜杠后的第一个符号为命令名。

在编译源文件时,紧跟在类型一命令之后的所有空格,都将被系统视为命令结束标志而忽略。例如\textsl{Asia}与命令\textsl   {Asia},其排版结果是一样的。如果希望在命令之后保留一个空格,可在命令之后紧跟一对大括号{}和一个空格,或紧跟一个反斜杠符号和一个空格。

【例 2.2】 举例说明:在一段文本中有两个单独的标识符,需要在其后保留一个空格。

LaTeX2e,简称 LaTeX,是一种高品质文稿排版系统,LaTeX3 是一个长期而艰苦的奋斗目标,在它最终完成之前,LaTeX2e 将是标准的 LaTeX 版本。

以上这段文字的 LaTeX 源程序:

```
\documentclass{book}
\usepackage[space]{ctex}
\begin{document}
\ LaTeXe{},简称 LaTeX,是一种高品质文稿排版系统,LaTeX3 是一个长期而
艰苦的奋斗目标,在它最终完成之前,\LaTeXe{}将是标准的\LaTeX\ 版本。
\end{document}
```

数字 3 同时起到命令结束标志的作用,系统把一对大括号{}视为非字母符号,\LaTeX\后面留有一个空格。源程序运行结果如图 2-2 所示。

> LaTeX 2$_\varepsilon$,简称LaTeX,是一种高品质文稿排版系统,LaTeX3是一个长期而艰苦的奋斗目标,在它最终完成之前,LaTeX 2$_\varepsilon$将是标准的LaTeX 版本。

图 2-2

2.3.2　LaTeX 命令的参数

LaTeX 命令可以附带多个参数。参数的设定将直接影响全文或局部正文的排版效果。LaTeX 命令的参数分为以下两种类型。

（1）必要参数。必要参数被置于命令名后的一对大括号中，即{参数}。一条命令中可以有多个必要参数，即{参数 1}{参数 2}……，各参数的前后顺序不能调换。

（2）可选参数。可选参数被置于命令名后的一对中括号中，即[参数]。一条命令中可以有多个可选参数，即参数 1][参数 2]……，各参数的前后顺序不能调换。

如果一个命令中既有必要参数又有可选参数，通常它的可选参数都位于必要参数之前。综上所述，一个常规的 LaTeX 命令的结构形式为

\命令名[可选参数]{必要参数}

2.3.3　LaTeX 命令的种类及作用范围

LaTeX 命令有许多，根据这些命令的使用情况，可分为三大类：编写命令、内部命令和用户命令。编写命令是用于编写文类或宏包文件的命令，而内部命令是指系统内部使用的命令。用户命令是 LaTeX 系统提供给使用者在写作时使用的命令。用户命令按照其功能又可以分为三类：

（1）常规命令，可以在源文件中单独使用、具有某种排版功能的命令。如字体尺寸命令\small。

（2）数据命令，代表某一数值。如表示缩进宽度的长度的数据命令\parindent。数据命令不能单独使用，它们只能被作为参数应用于常规命令当中。

（3）环境命令，是由两个以上的命令组成的命令组。环境命令可以同时附带必要参数和可选参数。

关于 LaTeX 命令的作用范围，有些命令只能用在导言，有些命令只能用于正文，而有些命令既可在导言也可在正文中使用。导言中的命令对整个正文内容产生作用。

2.3.4　LaTeX 系统下自定义命令

LaTeX 系统提供了一条新定义命令。其格式：

\newcommand{新命令}[参数数量][默认值]{定义内容}

它允许作者自行定义一条新命令来解决所遇到的排版问题，该命令中的各种必要参数和可选参数说明如下：

新命令：自定义新命令的名称，它必须符合命令的构成规则，并且不能与系统和已调用的宏包提供的命令重名，也不能以\end 开头，否则将提示出错。

参数数量：为可选参数，用于指定该新命令所具有的参数个数，可以是 0～9 中的一个整数，默认值为 0。

定义内容：对新命令所要执行的排版任务进行设定，其中涉及某个参数时用符号#n 表示，如涉及第一个参数时用#1 代表，涉及第二个参数时用#2 代表等。

【例 2.3】　定义一条新命令，用来生成李汉龙的英文姓名。

源程序：

```
\documentclass{book}
\usepackage[paperwidth=65mm,paperheight=16mm,text={62mm,20mm},left=1.5mm,top=0pt]
{geometry}
\usepackage{xspace}
\newcommand{\myname}{Duke\xspace}
\usepackage[space]{ctex}
\begin{document}
\myname is my English name.我的中文名字叫李汉龙。
\end{document}
```

其中新命令\newcommand{\myname}{Duke\xspace}定义我的英文姓名 Duke,其后的命令\xspace 用来调用空格宏包\usepackage{xspace}在 Duke 后给出一个空格。源程序运行结果如图 2-3 所示。

Duke is my English name.我的中文名字叫李汉龙。

图 2-3

【例 2.4】 定义一条带有一个参数的新命令，用来将部分文本转换为楷书字体。
源程序：

```
\documentclass{book}
\usepackage[paperwidth=65mm,paperheight=5mm,text={62mm,20mm},left=1.5mm,top=0pt]
{geometry}
\usepackage[space]{ctex}
\begin{document}
\newcommand{\myzdy}[1]{{\kaishu#1}}方程%
有两种：\myzdy{恒等式}和\myzdy{条件等式}
\end{document}
```

其中新命令 newcommand{\myzdy}[1]{{\kaishu#1}} 设置了一个必要参数楷书 {\kaishu#1}，并定义该命令要对这个参数执行楷书字体命令。方程后添加的注释符%，用以避免在文本或命令换行时被插入多余的空格。源程序运行结果如图 2-4 所示。

方程有两种：恒等式和条件等式。

图 2-4

【例 2.5】 定义一条带有两个参数的新命令，用来将编辑数列。
源程序：

```
\documentclass{book}
\usepackage[paperwidth=65mm,paperheight=11mm,text={62mm,20mm},left=1.5mm,top=0pt]
{geometry}
\usepackage[space]{ctex}
\begin{document}
```

```
\newcommand{\myzdyC}[2]{%
$#1_1,#1_2,\dots,#1_#2$} 我们常把数列写作\myzdyC{x}{n}，或者写作\myzdyC{a}{m}。
\end{document}
```

其中新命令\newcommand{\myzdyC}[2]设置两个参数来表示数列，定义里的 $ 是行间数学模式符号。源程序运行结果如图 2-5 所示。

我们常把数列写作 $x_1, x_2, \ldots, x_n$，
或者写作 $a_1, a_2, \ldots, a_m$。

图 2-5

LaTeX 系统还提供了另一种带星号的新定义命令，其不同之处在于使用它定义新命令时，命令中的各种参数不能含有换段命令\par 或空行，即每个参数的内容不能超过一个段落，否则编译时系统将提示出错。由\newcommand 定义的命令称为长命令，由\newcommand*定义的命令称为短命令，使用短命令的好处是有利于错误位置的测定。有时为了防止同名命令冲突，可以使用下面的预防命令来定义新命令：

\providecommand{新命令}[参数数量][默认值]{定义内容}

其中各参数的用途与新定义命令\newcommand 相同；所不同的是若新命令与当前源文件中某个已有命令重名，系统并不提示出错，而是将定义内容保存起来，如果当前源文件中不存在同名命令，或提供同名命令的宏包被取消，则该新命令随即生效。若要定义带有可选子参数的命令，可调用由 Florent Chervet 编写的 keycommand 关键词宏包并使用其提供的\newkeycommand 命令。

2.3.5 LaTeX 命令的修改

如果对某个已有命令的排版效果不满意，可以加以修改并重新定义。重新定义命令格式：

\renewcommand{已有命令}[参数数量][默认值]{定义内容}

对已有命令建议不要轻易将其重新定义，如确实需要，应先搞清楚已有命令的原定义，然后再使用重新定义命令来加以修改。重新定义命令\renewcommand 也有带星号的形式\renewcommand*，它的作用与带星号的新定义命令\newcommand*相同。需要注意的是，虽然 LaTeX 系统内部的核心命令不能在源文件中直接使用，但可在源文件中对其进行修改后使用。与修改其他命令不同的是，应将\renewcommand 重新定义命令插入在命令\makeatletter 和命令\makeatother 之间。

2.3.6 LaTeX 常用命令、符号汇总

LaTeX 用户命令的数量，包括各种文本和数学符号命令在内，总计有 600 多条，本书只介绍其中最常用的用户命令。如果要查找所有用户命令，可在 WinEdt 中选择 Help→LaTeX Help e-Book 命令，在弹出的帮助文件中可以找到 LaTeX 命令列表和每条命令的详细说明。

1. LaTeX 宏包

由多个 TeX 基本命令和 LaTeX 命令组合而成的命令组称为宏命令,存储这些宏命令的文件称为宏包,其扩展名为.sty。在导言中调用宏包的命令:

\usepackage[参数 1,参数 2,…]{宏包 1,宏包 2,…}[日期]

调用宏包的命令只能在导言中使用,其中必要参数宏包用于指定所调用宏包的名称,它不区分大小写,一般为小写,其扩展名系统会自动添加;有些宏包没有可选参数,而有些宏包附带一个可选参数,它可由多个可选子参数组成,子参数之间须用半角逗号隔开,它们的排列没有先后次序。可选参数日期用于指定宏包的版本日期,若实际日期早于指定日期,系统将给出错误信息。下面给出一些常用的宏包的名称及其用途。

宏包名	用　　途	宏包名	用　　途
amsmath	公式环境和数学命令	graphicx	插图处理
amssymb	数学符号生成命令	hyperref	创建超文本链接和 PDF 书签
array	数组和表格制作	ifthen	条件判断
booktabs	绘制水平表格线	longtable	制作跨页表格
calc	四则运算	multicol	多栏排版
caption	插图和表格标题格式设置	ntheorem	定理设置
ctex	中文字体	paralist	多种列表环境
ctexcap	中文字体和标题	tabularx	自动设置表格列宽
fancyhdr	页眉页脚设置	titlesec	章节标题格式设置
fancyvrb	抄录格式设置	titletoc	目录格式设置
fontspec	字体选择	xcolor	颜色处理
geometry	版面尺寸设置	xeCJK	中日朝文字处理和字体选择

CTeX 附带有大量的宏包说明文件和示例文件,它们存放在/doc/latex 文件夹中。

2. 调用 LaTeX 宏包的方法

调用宏包的命令只有一条\usepackage[参数 1,参数 2,…]{宏包 1,宏包 2,…}[日期],但调用宏包的方法可以有三种。

(1)使用调用宏包命令逐一调入所需用的宏包。如\usepackage[space]{ctex},\usepackage{array},\usepackage{amsmath},\usepackage[table]{xcolor}等。

(2)将没有可选参数或使用默认选项的宏包集中起来,用一条调入命令调入系统,而有选项的宏包仍然需要分别使用调用宏包命令调入。如\usepackage{ amsmath ,array},\usepackage[table]{xcolor}等。

(3)将所有宏包使用一条调入命令统一调入系统。如\documentclass[space,table] {book},\usepackage{amsmath,array,ctex,xcolor}。

3. 符号

在 LaTeX 系统中可以把各种符号分为三类:专用符号、文本符号和数学符号。在 LaTeX 系统中,除了键盘符号外,其他符号都是用符号命令表示的,只有在源文件编译后才能看到,符号命令的获得通常有三种方式。

（1）WinEdt 以按钮的形式提供很多常用的符号命令。在工具栏中，单击 ∑ 按钮，在其下方会出现一个符号工具条，从中可以找到需要的符号。

（2）在 WinEdt 中，选择 TeX→CTeX Tools→TeXFriend 命令，可调出系统附带的符号工具 TeXFriend，其图标是一个黄底红色三重闭路积分符号，它可提供上千个符号命令，是对 WinEdt 符号命令的补充。

（3）如果计算机中已经安装了 CTeX 软件，可以在 Windows 中，选择"开始"→"所有程序"→CTeX→Help→Symbols，自动打开一个含有许多符号及符号命令的 PDF 文档。

1）专用符号

在键盘符号中，有 10 个 LaTeX 个专用符号，如表 2.1 所示。

表 2.1　10 个 LaTeX 个专用符号及用途

专用符号	用途
%	注释符，在源文件中该符号及其右侧的所有字符，在编译时都将被忽略
\	转义符，左端带有这个符号的字符串，均被系统认为是命令
$	数学模式符，必须成对出现，用于界定数学模式的范围
#	参数符，用于代表所定义命令中的参数
{	必要参数或其组合的起始符
}	必要参数或其组合的结束符
^	上标符，用在数学模式中指示数学符号的上标
_	下标符，用在数学模式中指示数学符号的下标
~	空格符，产生一个不可换行的空格
&	分列符，用在各种表格环境中，作为列与列之间的分隔符号

如果要在论文中使用这些专用符号，就必须在源文件中采取相应的措施，而不能直接应用，其具体方法有多种，如表 2.2 所示。

表 2.2　在论文中显示专用符号的方法

专用符号			显示方法	
%	\%	\verb "%"		\texttt{\symbol{'45}}
\		\verb "\"	\textbackslash	\texttt{\symbol{'134}}
$	\$	\verb "$"	\textdollar	\texttt{\symbol{'44}}
#	\#	\verb "#"		\texttt{\symbol{'43}}
{	\{	\verb "{"	\textbraceleft	\texttt{\symbol{'173}}
}	\}	\verb "}"	\textbraceright	\texttt{\symbol{'175}}
^	\^{}	\verb "^"	\textasciicircum	\texttt{\symbol{'136}}
_	_	\verb "_"	\textunderscore	\texttt{\symbol{'137}}
~	\~{}	\verb "~"	\textasciitilde	\texttt{\symbol{'176}}
&	\&	\verb "&"		\texttt{\symbol{'46}}

此外，键盘符号<、>和｜也被定义为数学符号,它们通常用于数学式中。如果要在论文中显示这三个符号，可以利用如表 2.3 所示的四种方法。

表 2.3　三个键盘符的显示方法

键盘符号	显示方法			
｜	\verb "｜"	\texttt{|}	$\|$	\textbar
<	\verb "<"	\texttt{<}	$<$	\textless
>	\verb ">"	\texttt{>}	$>$	\textgreater

表 2.3 中, \texttt 是等宽体字体命令，在系统默认的三个字族中，只有等宽体字体有这三个符号，而罗马体和等线体都没有这三个符号。

2）标点符号

有些标点符号可以用键盘直接输入，如逗号、句号、冒号等，有的则需要特定的生成方法，如表 2.4 所示。

表 2.4　特殊标点符号生成方法

标点符号	生成方法			示例
中文双引号	" "			"例题"
英文单引号	` '	\textquoteleft 与\textquoteright		'mark'
英文双引号	" "	\textquotedblleft 与\textquotedblright		"mark"
连字符	-			re-mark
连数符	--	\textendash		22-29
破折号	---	\textemdash		—, —
正号，负号	$+$, $-$			+2,-3
正负号	$\pm$			±5
上标	^{字符}	^{字符}		24th
下标	$_{字符}$	\textsubscript{字符}(需调用宏包 fixltx2e)		H_2
可见空格符	\verb* " "	\textvisiblespace		
省略号	\dots	\ldots	\textellipsis	…,…

3）货币符号

货币符号可以调用宏包 textcomp，marvosym 及 eurosym，并结合相应的符号命令得到。下面以例题的形式给出。

【例 2.6】　调用宏包 textcomp 生成货币符号。

源程序：

```
\documentclass{book}          %使用 book 文档类型格式排版
\usepackage{ctex}             %调用支持中文的 ctex 宏包
\usepackage{textcomp}
\usepackage[paperwidth=100mm,paperheight=20mm,text={80mm,40mm},left=10mm,top=10pt]
{geometry}
\begin{document}
```

```
货币符号~~\textbaht~~~~\textcurrency~~~~\textguarani~~~~\textwon~~~~\ textcent~~~~
\textdollaroldstyle~~~~\textflorin~~~~\textyen~~~~\textdong~~~~\textsterling ~~~~
\textnaira~~~~\textlira~~~~\texteuro~~~~\textcolonmonetary~~~~\textdollar~~~~\textpeso
\end{document}
```

其中，~表示添加一个不换行的空格。源程序运行结果如图 2-6 所示。

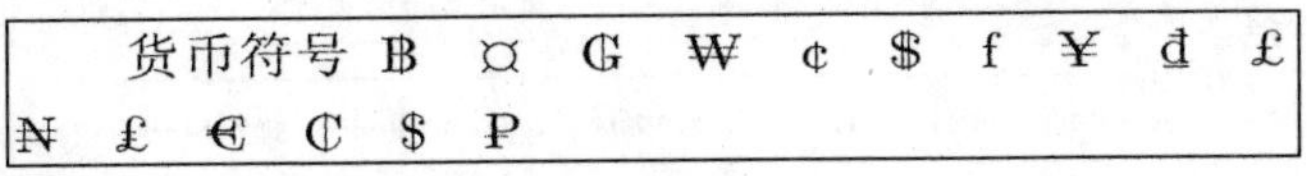

图 2-6

【例 2.7】 调用宏包 marvosym 生成货币符号。

源程序：

```
\documentclass{book}          %使用 article 文档类型格式排版
\usepackage{ctex}                   %调用支持中文的 ctex 宏包
\usepackage{marvosym}
\usepackage[paperwidth=100mm,paperheight=20mm,text={80mm,40mm},left=10mm,top=10pt]
{geometry}
\begin{document}
货币符号~~\Denarius~~~~\EUR~~~~\EURdig~~~~\EURtm~~~~\Pfund~~~~
\Ecommerce~~~~\Shilling~~~~\EURcr~~~~\EURhv~~~~\EyesDollar
\end{document}
```

源程序运行结果如图 2-7 所示。

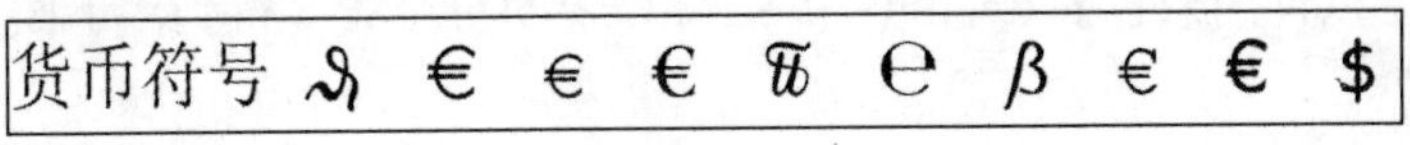

图 2-7

【例 2.8】 调用宏包 eurosym 生成货币符号。

源程序：

```
\documentclass{book}          %使用 article 文档类型格式排版
\usepackage{ctex}             %调用支持中文的 ctex 宏包
\usepackage{eurosym}
\usepackage[paperwidth=100mm,paperheight=20mm,text={80mm,40mm},left=10mm,top=10pt]
{geometry}
\begin{document}
货币符号~~\geneuro~~~~\geneuronarrow~~~~\officialeuro~~~~
\end{document}
```

源程序运行结果如图 2-8 所示。

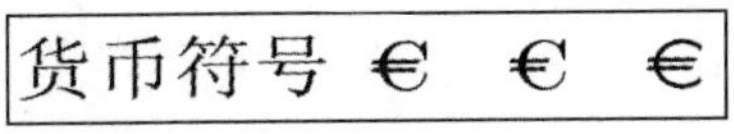

图 2-8

4）图形符号

在 TeXFriend 中，选择下拉菜单中的 bbding 选项，可得到图形符号的符号命令。在

TeXFriend 中，选择下拉菜单中的 pifont-1 选项，可得到另一组图形符号的符号命令。

5）单位符号

单位符号可调用宏包 SIunits，并结合相应的符号命令得到，如表 2.5 所示。

表 2.5　单位符号及其符号命令

单位类别	单位符号及其符号命令					
基本单位	m \metre　　s \second　　mol \mole　　A \ampere　　cd \candela　　kg \kilogram　K \kelvin					
导出单位	Hz \hertz　　F \farad　　℃ \degreecelsius　　N \newton　　Ω\ohm　　lm \lumen　　Pa \pascal					
	S \siemens　　lx \lux　　J \joule　　Wb \weber　　Bq \becquerel　　W \watt　　T \tesla　Gy \gray					
	C \coulomb　H \henry　　Sv \sievert　　V \volt　　℃ \celsius					
非标单位	d \dday　　min \minute　　Å \angstrom　　′ \arcminute　　° \degree　　Np \neper					
	eV \electronvolt　　″ \arcsecond　　rad \rad　　a \are　　Gal \gal　　rem \rem　　b \barn					
	g \gram　　R \roentgen　　L \liter　　ha \hectare　　bar \bbar　　r/min \rperminute　　h \hour					
	t \tonne　　B \bel　　u \atomicmass　　l \litre　　Ci \curie					
字母前缀	a \atto　　f \femto　　k \kilo　　m \milli　　M \mega　　n \nano　　p \pico　　μ \micro					
数字前缀	10^{-24}\yoctod　　10^{-21}\zeptod　　10^{-18}\attod　　10^{-15}\femtod　　10^{-12}\picod　　10^{-9}\nanod					
	10^{-6}\microd　　10^{-3}\millid　　10^{-2}\centid　　10^{-1}\decid　　10^{1}\decad　　10^{2}\hectod　　10^{3}\kilod					
	10^{6}\megad　　10^{9}\gigad　　10^{12}\terad　　10^{15}\petad　　10^{18}\exad　　10^{21}\zettad　　10^{24}\yottad					

6）算术符号

算术符号可以调用宏包 textcomp，并结合相应的符号命令得到。下面以例题的形式给出。

【例 2.9】调用宏包 textcomp 生成算术符号。

源程序：

```
\documentclass{book}          %使用 book 文档类型格式排版
\usepackage{ctex}             %调用支持中文的 ctex 宏包
\usepackage{textcomp}
\usepackage[paperwidth=100mm,paperheight=20mm,text={80mm,40mm},left=10mm,top=10pt]
{geometry}
\begin{document}
\textdegree~~~~\textdiv~~~~\textfractionsolidus~~~~\textlnot~~~~\ textminus~\newline
\textonehalf~~~~\textonequarter~~~~\textonesuperior~~~~\textpm~~~~\textsurd~\newline
\textthreequarters~~~~\textthreesuperior~~~~\texttimes~~~~\texttwosuperior
\end{document}
```

其中，~表示添加一个不换行的空格。源程序运行结果如图 2-9 所示。

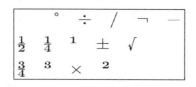

图 2-9

7）杂项符号

杂项符号可以调用宏包 textcomp、wasysym 和 dingbat，并结合相应的符号命令得到。下面以例题的形式给出。

【例 2.10】 调用宏包 textcomp 生成杂项符号。

源程序：

```
\documentclass{book}        %使用 book 文档类型格式排版
\usepackage{ctex}               %调用支持中文的 ctex 宏包
\usepackage{textcomp}
\usepackage[paperwidth=100mm,paperheight=20mm,text={80mm,40mm},left=10mm,top=10pt]
{geometry}
\begin{document}
\textasteriskcentered~~~\textordfeminine~~~\textbardbl~~~\textordmasculine~\newline
\textbigcircle~~~\textparagraph~~~\textblank~~~\textperiodcentered~~~\textbrokenbar~\newline
\textpertenthousand~~~\textbullet~~~\textperthousand~~~\textdagger~~~\textpilcrow~\newline
\textdaggerdbl~~~\textquotesingle~~~\textdblhyphen~~~\textquotestraightbase~\newline
\textdblhyphenchar~~~\textquotestraightdblbase ~~~\textdiscount~~~\textrecipe~\newline
\textestimated~~~\textreferencemark~~~\textinterrobang~~~\textsection~~~\newline
\textinterrobangdown~~~\textnumero~~~\textttwelveudash~~~\textopenbullet
\end{document}
```

其中，~表示添加一个不换行的空格。源程序运行结果如图 2-10 所示。

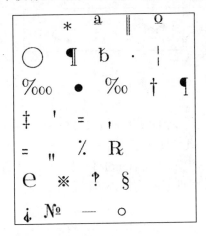

图 2-10

【例 2.11】 调用宏包 wasysym 生成杂项符号。

源程序：

```
\documentclass{book}        %使用 book 文档类型格式排版
\usepackage{ctex}               %调用支持中文的 ctex 宏包
\usepackage{wasysym}
\usepackage[paperwidth=100mm,paperheight=20mm,text={80mm,40mm},left=10mm,top=10pt]
{geometry}
\begin{document}
```

```
        \permil~~~\AC~~~\photon~~~\wasytherefore ~~~\gluon~~~\VHF~~~ \varangle
        \end{document}
```

源程序运行结果如图 2-11 所示。

图 2-11

【**例 2.12**】 调用宏包 wasysym 生成杂项符号。
源程序：

```
        \documentclass{book}        %使用 book 文档类型格式排版
        \usepackage{ctex}           %调用支持中文的 ctex 宏包
        \usepackage{dingbat}
        \usepackage[paperwidth=100mm,paperheight=20mm,text={80mm,40mm},left=10mm,top=10pt]
{geometry}
        \begin{document}
        \checkmark~~~\carriagereturn
        \end{document}
```

源程序运行结果如图 2-12 所示。

图 2-12

8）直接访问字体文件

非键盘符号无法从键盘直接输入,查找相关命令和宏包也很麻烦,如果知道所需字符在字体文件中的代码,就可以直接使用字符命令：

$$\text{\symbol\{代码\}}$$

代码是所需字符在字体文件中的编号，可以是十进制数，也可以是八进制数，还可以是十六进制数。

【**例 2.13**】 在当前字体中，分别使用三种记数方法显示希腊字母符号ϕ。
源程序：

```
        \documentclass{book}        %使用 book 文档类型格式排版
        \usepackage{ctex}                %调用支持中文的 ctex 宏包
        \usepackage[paperwidth=100mm,paperheight=20mm,text={80mm,40mm},left=10mm,top=10pt]
{geometry}
        \begin{document}
        \symbol{28}~~~\symbol{'34}~~~\symbol{"1C}
        \end{document}
```

源程序运行结果如图 2-13 所示。

22

图 2-13

9）TeX 家族的标识符号

TeX 家族的标识符号，必须使用专用的符号命令来生成，如表 2.6 所示。

表 2.6　TeX 家族的标识符号

标识符号	符号命令	所需宏包	说明
$\mathcal{A}_{\!M}\!S$-TEX	\AMSTEX、\AmSTeX、\AMSTeX	texnames	
BIBTEX	\BIBTEX、\BIBTeX、\BibTeX	texnames	文献管理
LATEX	\LaTeX		
LATEX 2$_\varepsilon$	\LaTeXe		
LuaLATEX	\LuaLaTeX	metalogo	
LuaTEX	\LuaTeX	metalogo	
METAFONT	\MF	mflogo、texnames	字体生成
METAPOST	\MP	mflogo	绘图工具
TEX	\TeX		
XƎLATEX	\XeLaTeX	metalogo	
XƎTEX	\XeTeX	metalogo	

【例 2.14】　编写 TeX 家族的标识符号生成的源程序。

源程序：

```
\documentclass{book}        %使用 book 文档类型格式排版
\usepackage{ctex}           %调用支持中文的 ctex 宏包
\usepackage{ texnames }
\usepackage{ metalogo }
\usepackage{ mflogo }
\usepackage{ metalogo }
\usepackage[paperwidth=100mm,paperheight=50mm,text={80mm,40mm},left=10mm,top=10pt]{geometry}
\begin{document}
\AMSTEX ~~~~\AmSTeX ~~~~\AMSTeX~~~~\BIBTEX~~\newline
\BIBTeX~~~~\BibTeX~~~~\LaTeX~~\LaTeXe~~~~\LuaLaTeX~\newline
\LuaTeX~~~~\MF~~~~\MP~~~~\TeX~~~~\XeLaTeX~~~~\XeTeX
\end{document}
```

23

源程序运行结果如图 2-14 所示。

AMS-TEX AMS-TEX AMS-TEX BIBTEX
BIBTEX BIBTEX LATEX LATEX 2ε LuaLATEX
LuaTEX METAFONT METAPOST TEX XƎLATEX
XƎTEX

图 2-14

2.4 LaTeX 排版模式

LaTeX 排版模式是 LaTeX 系统处理源文件的方式。LaTeX 系统具有左右模式、段落模式和数学模式三种排版模式。LaTeX 系统的绘图模式，主要用于绘图环境 picture，实际上是一种受限制的左右模式。左右模式和段落模式主要用于文本排版，很多系统命令都可以在这两种模式中使用，因此这两种模式又合称为文本模式。

2.4.1 左右模式

LaTeX 系统左右模式中，系统将其中的内容看成是由单词、标点符号和空白组成的一串字符，无论这串字符有多长，系统都将从左到右顺序排版而不换行；如果超出设定的行宽，系统将提示溢出：Overfull \hbox。在源文件中，\mbox、\fbox 与\framebox 等左右盒子命令中的内容，系统将按照左右模式排版。左右模式又称为受限制的水平模式。

2.4.2 段落模式

LaTeX 系统段落模式中，系统将其中的内容看成是由单词、标点符号和空白组成的一串字符，系统自动对这串字符进行分行、分段和分页处理。有些命令只能用在段落模式中。常规文本的排版都采用段落模式。段落模式是系统默认的排版模式。LaTeX 系统内部又将段落模式分解为水平模式和垂直模式。

2.4.3 数学模式

LaTeX 系统提供了一种专门用于排版数学式的数学模式。所有数学符号命令和数学式排版命令都必须在数学模式中使用。某些在文本模式中使用的命令也可以用于数学模式。在数学模式中，LaTeX 系统将其中的字母都认为是数学符号，并忽略所有符号之间的空白。在源文件中，两个 $ 符号之间的内容和各种数学环境中的内容，系统都将按照数学模式排版。

2.5 LaTeX 长度设置

在 LaTeX 源文件中，文本行的宽度、插图的高度等都可以作为相关命令中的长度参数由作者自己设定。因此，弄清楚 LaTeX 长度设置，对于编辑 LaTeX 源文件很有必要。

2.5.1 长度单位

在 LaTeX 源文件中可以使用的长度单位有两种：通用长度单位和专用长度单位。通用长度单位是指国际标准的长度单位。在源文件中可以使用的通用长度单位如表 2.7 所示。

表 2.7　通用长度单位

单位	名称	说明	单位	名称	说明
mm	毫米	1mm=2.845 pt	cm	厘米	1cm=10mm=28.453 pt
pt	点	1 pt = 0.351mm	cc	西塞罗	1cc=4.513mm=12dd=12.84pt
bp	大点	1bp=0.353mm≈1pt	in	英寸	1in=25.4mm=72.27pt
dd	迪多	1dd=0.376mm=1.07pt	ex	ex	1ex=当前字体中 x 的高度
pc	派卡	1pc=4.218mm=12pt	em	em	1em=当前字体尺寸≈m 的高度
sp	定标点	65536 sp=1pt			

表 2.7 中的通用长度单位可分为两种类型。

（1）绝对长度单位，它有固定不变的数值，例如 mm、cm 和 pt 等。

（2）相对长度单位，如 ex 和 em，其数值大小正比于字体尺寸。当字体尺寸确定后，相对长度单位也是定值。当前字体尺寸是 11pt，那 1em 就是 11pt。如果行距使用相对长度单位来设置，当字体尺寸改变时，行距也会随之自动改变。这两个相对长度单位分别由基本命令\fontdimen5 和\fontdimen6 来控制。

定标点 sp 是系统中最小的长度单位，$1sp≈5×10^{-6}mm$；在源文件里使用任何长度单位设定的长度，都将在系统内部转化为 1sp 的整数倍，可见，LaTeX 系统的排版精细程度。在源文件里所设置的各种长度都不得大于 $2^{30}sp$，相当于 16383pt 或 5758.3mm，否则系统将报错。

除了表 2.7 列出的通用长度单位外，系统还自行定义了两个专用长度单位。

（1）mu，数学长度单位，专用于在数学模式中使用的某些间距设置命令，18mu=1em。

（2）fil、fill 和 filll，这三个单位都表示任意长，其中 fill 的伸展力度大于 fil，而 filll 最大，但不推荐作为外部长度使用。通常都是用第一个档次的任意长 fil，只有当它无法伸展到的时候才能用第二个档次的任意长 fill。

2.5.2 刚性长度和弹性长度

在设置长度值时,有刚性长度和弹性长度两种类型可以选择。

（1）刚性长度，不会随着排版情况变化而变化的长度。例如，15pt、3em 以及长度数据命令\parindent 等都是刚性长度。

（2）弹性长度，根据排版情况有一定程度伸长或缩短的长度，它由设定长度、伸长范围和缩短范围三个部分组成。例如，2mm plus 0.2mm minus 0.3mm 表示这个长度的设定是 2mm，系统可以根据实际排版情况将它最多伸长 0.2mm,达到 2.2mm，或者最多缩短 0.3mm，变成 1.7mm。在设置章节标题与上下文之间的距离、插图或表格之间的距离、插图或表格与上下文之间的距离时最好使用弹性长度，给系统以充分的排版自主权。

2.5.3　长度命令

LateX 系统提供的长度命令可以分为三种类型。

（1）长度数据命令。仅代表某一程度值，不能单独使用，只能作为其他命令中的长度数据。例如，\parindent 是代表段落首行缩进宽度的长度数据命令，其默认值是 17pt。

（2）长度赋值命令。用于为长度数据命令赋值。例如，\setlength{\parindent}{10mm}，将首行缩进宽度\parindent 的默认值改为 10mm。

（3）长度设置命令。用于生成某一高度或者宽度的空白。例如，\hspace{2\parindent}，生成一段宽度是段落首行缩进宽度 2 倍的水平空白。

下面列出系统及公式宏包 amsmath 和算术宏包 cacl 提供的各种通用长度命令及其简单说明。表 2.8 所示为通用长度数据命令。

表 2.8　通用长度数据命令

长度数据命令	简单使用说明
\smallskipamout	代表的长度值是 3pt±1pt
\medskipamout	代表的长度值是 6pt±2pt
\bigskipamout	代表的长度值是 12pt±4pt
\fill（或\stretch{1}）	代表的长度值是 0pt 加 1fill，也就是从 0 到任意长
\stretch{n}	代表的长度值是 0pt 加 nfill，n 为伸展系数，是十进制数
\unitlength	单位长度，默认值是 1pt

表 2.9 所示为通用长度赋值命令。

表 2.9　通用长度赋值命令

长度赋值命令	简单使用说明
\addtolength{命令}{长度}	将长度与长度数据命令的原有值相加，生成新的长度值
\newlength{新命令}	新长度命令，用于自定义新的长度数据命令，其初值被自动赋值为 0pt
\setlength{命令}{长度}	用长度为长度数据命令赋值，长度可以使刚性长度也可以是弹性长度
\settodepth{命令}{字符串}	用字符串的深度为长度数据命令赋值
\settoheight{命令}{字符串}	用字符串的高度为长度数据命令赋值
\settototalheight{命令}{字符串}	用字符串的总高度为长度数据命令赋值，使用该命令前要调用 cacl 算术宏包
\settowidth{命令}{字符串}	用字符串的宽度为长度数据命令赋值

表 2.10 所示为通用长度设置命令。

表 2.10 通用长度设置命令

长度设置命令	简单使用说明
\addvspace{长度}	有条件地生成一段高度为长度、宽度为文本行宽度的垂直空白
\hspace{长度}	水平空白命令，生成一段高度为 0、宽度为长度的水平空白
\hspace*{长度}	\hspace{长度}产生的空白位于行开始或结尾，空白将被系统删除，用\hspace*{长度}可保留
\vspace{长度}	生成一段高度为长度,宽度为文本行宽度的垂直空白
\vspace*{长度}	\vspace{长度}产生的空白位于页开始或结尾，空白将被系统删除，用\vspace*{长度}可保留
\smallskip	生成一段高度为 3pt±1pt 的垂直空白
\medskip	生成一段高度为 6pt±2pt 的垂直空白
\bigskip	生成一段高度为 12pt±4pt 的垂直空白
\hphantom{字符串}	生成一段总高度为 0、宽度等于字符串宽度的水平空白，形成一个无形的水平支柱
\vphantom{字符串}	生成一段宽度为 0、总高度等于字符串高度的垂直空白，形成一个无形的支柱
	生成一块总高度和宽度分别等于字符串总高度和宽度的空白
\negthickspace	生成一段宽度为-0.2777em 的水平空白，实际是缩小原有间距。需调用 amsmath 公式宏包
\negmedspace	生成一段宽度为-0.2222em 的水平空白，实际是缩小原有间距。需调用 amsmath 公式宏包
\negthinspace 或\!	生成一段宽度为-0.16667em 的水平空白，实际是缩小原有间距。需调用 amsmath 公式宏包
\thinspace 或\,	生成一段宽度为 0.16667em 的水平空白，实际是缩小原有间距。该命令在各模式中通用
\medspace 或\:	生成一段宽度为 0.2222em 的水平空白，需调用 amsmath 宏包。该命令在各模式中通用
\thickspace 或\;	生成一段宽度为 0.2777em 的水平空白，需调用 amsmath 宏包。该命令在各模式中通用
\enskip	生成一段宽度为 0.5em 的水平空白
\enspace	生成一段宽度为 0.5em 的水平空白，可用于字符间距微调
\quad	生成一段宽度为 1em 的水平空白
\qquad	生成一段宽度为 2em 的水平空白
\vfil、\vfill	它们都表示将当前版面所剩余空间用空白填满，只是后者的伸展填充能力强于前者
\hfil、\hfill	它们都表示将当前行所剩余空间用空白填满，只是后者的伸展填充能力强于前者

【例 2.15】 编写源程序，在一行中，将 A，B，C 三个字母的间距按照 1:3 分配。
源程序：

```
\documentclass{book}
\usepackage[paperwidth=65mm,paperheight=5mm,text={62mm,30mm},left=1.5mm,top=0pt]
{geometry}
\renewcommand{\rmdefault}{ptm}
\usepackage[space]{ctex}
\begin{document}
\parindent=0pt
A\hspace{\stretch{1}}B\hspace{\stretch{3}}C
\end{document}
```

其中，BC 之间的空白宽度占该行总宽度的 3/4。源程序运行结果如图 2-15 所示。

```
| A        B                                          C |
```

图 2-15

【例 2.16】 编写源程序，说明\hfill 的衍生命令。水平空白命令\hfill 的许多衍生命令都是由\hfill 变化而来的，所以，这些命令的最后都有 fill。

源程序：

```
\documentclass{book}
\usepackage[paperwidth=65mm,paperheight=37mm,text={62mm,40mm},left=1.5mm,top=0pt]
{geometry}
\usepackage[space]{ctex}
\begin{document}
\parindent=0pt
\makebox[6cm]{\dotfill}\\
\makebox[6cm]{\hrulefill}\\
\makebox[6cm]{\downbracefill}\\
\makebox[6cm]{\upbracefill}\\
\makebox[6cm]{\leftarrowfill}\\
\fbox{\shortstack{左边\\文本}}
\rightarrowfill
\fbox{\shortstack{右边\\文本}}
\end{document}
```

源程序运行结果如图 2-16 所示。

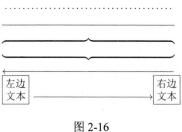

图 2-16

\shortstack 是由系统提供的堆叠命令，其格式：

◆ \shortstack[位置]{文本}

将文本堆叠成一列，其中位置可选参数用于设定堆叠文本行的对齐方向，它有 l、c 及 r 三个选项，分别表示左、中、右，c 为默认选项。

2.6 LaTeX 盒子

LaTeX 实际上就是一个计算机活字排版系统，它将活字排版的原理应用于计算机中。在 LaTeX 中，版面是由大大小小的盒子排列镶嵌而成。每个字符就是一个盒子，系统提供了多种命令和环境可生成三种类型的盒子：左右盒子、段落盒子和线段盒子。用户可以将需要多次使用的内容存放到自定义的盒子中，以便随时调用。每个盒子都是一个二维矩形区域，它可以用宽度、高度、深度和总高度这四个尺寸加以度量。

2.6.1 字符盒子

字符盒子有三个特点：

（1）盒子是一个不可拆分的整体，不能跨行也不能跨页。

（2）盒子的宽度、高度或深度可以是负值。

（3）盒子可以相互重叠。

字符盒子是最小的排版单元，文稿排版就是用一个个字符盒子进行堆砌，所有字符在设计时就确定了其盒子的各种尺寸。字符的外形不一定都处于盒子边线以内。字符盒子的设计理念适用于插图、表格和数学式等盒子。

2.6.2 左右盒子

LaTeX 系统对左右盒子中的内容按照左右模式处理，所以左右盒子中的内容不应超出一行，否则会造成版面溢出。表 2.11 给出 LaTeX 系统提供的一组创建左右盒子的命令及其简要说明，其中前五条命令可分别生成五种形态的左右盒子。

表 2.11　左右盒子命令

命令	简要说明
\mbox{对象}	创建一个内容是对象的左右盒子，其宽度、高度和深度等于对象的宽度、高度和深度。对象可以是文本、表格、插图、公式和小页等
\fbox{对象}	创建一个四周带有边框，内容为对象的左右盒子
\makembox[宽度][位置]{对象}	创建一个可指定宽度的左右盒子，其中可选参数宽度用于指定该盒子的宽度；可选参数位置用于设置对象在左右盒子中的水平位置，它有四个选项：l 表示对象在盒子中左对齐；c 表示默认对象居于盒子中间；r 表示对象在盒子中右对齐；s 表示对象从左向右伸展，间隔均匀地占满整个盒子
\framebox[宽度][位置]{对象}	创建一个可指定宽度，带有边框的左右盒子，其中可选参数宽度和位置的作用与\makembox 命令相同
\raisebox{位移}[高度][深度]{对象}	创建一个位置可上下垂直移动的左右盒子。其中位移参数用于指定该盒子的基线与当前文本行基线之间的垂直距离，正值表示将盒子向当前基线以上移动，负值表示向下移动。可选参数高度和深度用于设置该盒子的高度和深度
\fboxrule	边框线宽度，默认值为 0.4pt。若将该长度数据命令设置为 0pt，则边框消失
\fboxsep	边框与对象之间的距离，该长度数据命令默认值为 3pt

【例 2.17】 编写源程序，将中文"电子计算机"和英文 computer 分别在一行中均匀排列。

源程序：

```
\documentclass{book}
\usepackage[paperwidth=65mm,paperheight=16mm,text={62mm,40mm},left=1.5mm,top=0pt]{geometry}
\renewcommand{\rmdefault}{ptm}
\usepackage[space]{ctex}
\begin{document}
\parindent=0pt
```

```
\makebox[60mm][s]{电子计算机}\\
\makebox[60mm][s]{computer}\\
\makebox[60mm][s]{c o m p u t e r}
\end{document}
```

源程序运行结果如图 2-17 所示。

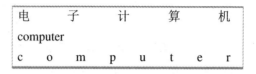

图 2-17

【例 2.18】 编写源程序，用零宽度盒子制作一个警示边框，以提示读者注意右侧文本的重要性。

源程序：

```
\documentclass{book}
\usepackage[paperwidth=72mm,paperheight=12mm,text={60mm,40mm},left=10.5mm,top=3pt]
{geometry}
\renewcommand{\rmdefault}{ptm}
\usepackage[space]{ctex}
\begin{document}
\noindent \makebox[0pt][r]{\fbox{注意}} \qquad 如果汽车前轮压线，将会被拍照罚款！
\end{document}
```

源程序运行结果如图 2-18 所示。

图 2-18

【例 2.19】 编写源程序，使用宏包 graphicx 提供的旋转对象命令\rotatebox，将零宽度盒子逆时针转 90°，制作一个与文本行垂直的边注。

源程序：

```
\documentclass{book}
\usepackage[paperwidth=72mm,paperheight=34mm,text={61mm,40mm},left=9.0mm,top=3pt]
{geometry}
\usepackage[space]{ctex}
\usepackage{graphicx}
\begin{document}
\noindent
\makebox[0pt][r]{\rotatebox{90}{%
\makebox[0pt][r]{零宽度盒子}}\quad}%
```

\qquad 尽管对象仍然被正确地排版，但系统认为它的宽度为零，与其前面的或后面的文本排版无关，从而造成相互重叠。通常这种现象显然不正常，但有时却可利用零宽度盒子的这一特点，制作出多种页面特效。

```
\end{document}
```

源程序运行结果如图 2-19 所示。

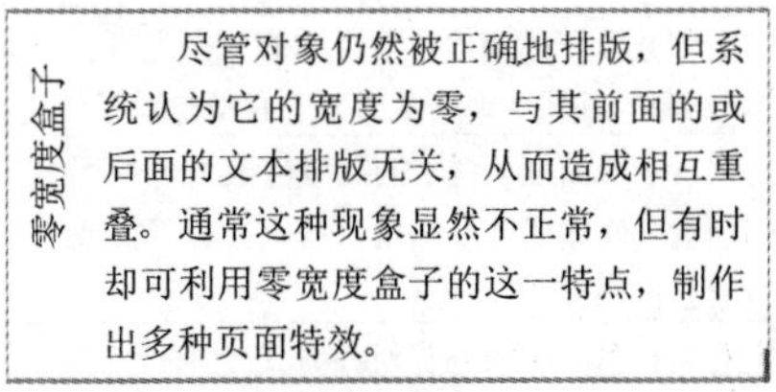

图 2-19

【例 2.20】 编写源程序，演示公式的附加说明文字装入零度盒子的用途。
源程序：

```
\documentclass{book}
\usepackage[paperwidth=65mm,paperheight=24mm,text={62mm,40mm},left=1.5mm,top=-22pt]
{geometry}
\renewcommand{\rmdefault}{ptm}
\usepackage[space]{ctex}
\begin{document}
\[a^{2}+b^{2}=c^{2}\]
\[a^{2}+b^{2}=c^{2}\makebox{~(勾股定理)}\]
\[a^{2}+b^{2}=c^{2}\makebox[0pt][l]{~(勾股定理)}\]
\end{document}
```

源程序运行结果如图 2-20 所示。

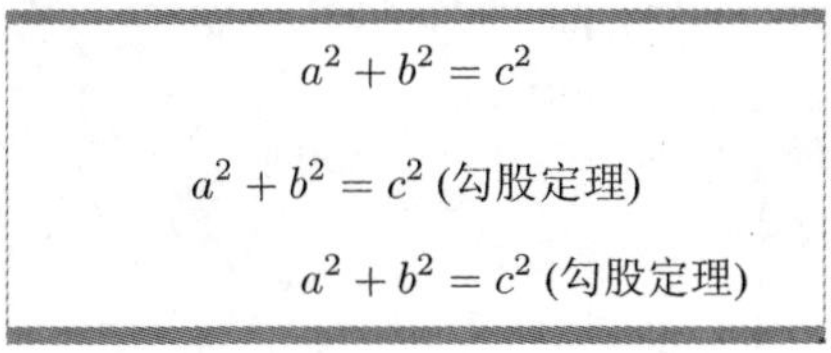

图 2-20

2.6.3 段落盒子

LaTeX 系统对段落盒子中的内容按照段落模式处理，通常其内容应长于一行。系统分别提供了一个小页环境 minipage：

```
\begin{minipage}[外部位置][高度][内部位置]{宽度}
        对象
    \end{minipage}
```

和一条段落盒子命令\parbox：

```
\parbox[外部位置][高度][内部位置]{宽度}{对象}
```

以上两者都可以用于创建段落盒子，它们常被用于将一个或多个段落插入图形或表格中。它们具有相同的参数，其定义也是相同的，如表 2.12 所示。

表 2.12　小页环境 minipage 与段落盒子命令\parbox 的参数选项

参数名称	简要说明
外部位置	可选参数，用于指定所创建盒子的基线位置，它有三个选项：c 为默认值，指定基线位于盒子的水平中线上；t 指定盒子中顶行对象的基线为盒子的基线；b 指定盒子中底行对象的基线为盒子的基线
高度	可选参数，设定所创建盒子的高度。盒子的高度值应大于或等于其中对象的高度，否则对象将根据位置的不同选项，从盒子的顶端、底端或两端凸出，与上文、下文或上下文重叠。如果省略高度参数，系统则将对象的自然高度作为盒子的高度
内部位置	可选参数，用于设定对象在盒子中的垂直对齐方式,它有四个选项：c 指定对象在盒子里居中对齐；t 指定对象与盒子的顶部对齐；b 指定对象与盒子的底部对齐；s 指定对象从盒子顶部均匀延展到底部，充满整个盒子的垂直空间。使用该选项，还要在环境中插入弹性行距命令
宽度	必要参数，用于设定盒子的宽度，它可以是具体的固定长度值，如 50mm 等，也可以是\textwidth 或 0.5\linewidth 等代表刚性长度的数据命令，系统将据此确定其中文本行的宽度。

【例 2.21】 编写源程序，将某学校学位论文封面的代码信息部分用小页环境编写，其中将代码信息文本的最大宽度作为小页环境的宽度,小页的顶行与外部文本行对齐。

源程序：

```
\documentclass{book}
\usepackage[paperwidth=65mm,paperheight=16mm,text={62mm,40mm},  left=1.5mm,top=0pt]{geometry}
\renewcommand{\rmdefault}{ptm}
\usepackage[space]{ctex}
\begin{document}
\noindent 分 类 号：U876 \hfill
\newlength{\Mycode}
\settowidth{\Mycode}{学\qquad 号：S2015000}
\begin{minipage}[t]{\Mycode}
单位代码：80000\\ 学\qquad 号：S2015000\\
密\qquad 级：公开
\end{minipage}
\end{document}
```

源程序运行结果如图 2-21 所示。

分 类 号：U876	单位代码：80000
	学　　号：S2015000
	密　　级：公开

图 2-21

【例 2.22】 编写源程序，使用段落盒子命令编排连续函数的性质：闭区间上的连续函数一定在闭区间上取得最大值与最小值。将性质的名称与性质内容分为两部分。

源程序：

```
\documentclass{book}
\usepackage[paperwidth=80mm,paperheight=17mm,text={62mm,40mm},left=1.5mm,top=3pt]
{geometry}
\usepackage[space]{ctex}
\begin{document}
\noindent 连续函数的性质：%
\parbox[t]{43mm}{\sl 闭区间上的连续函数一定在闭区间上取得最大值与最小值。}
\end{document}
```

源程序运行结果如图 2-22 所示。

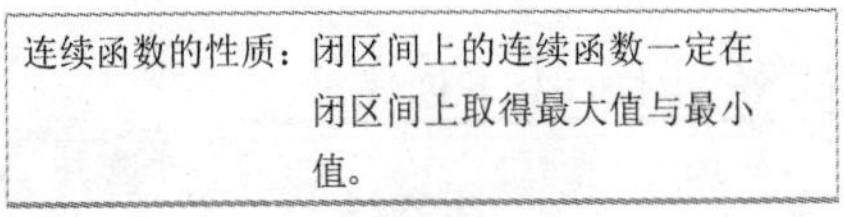

连续函数的性质：闭区间上的连续函数一定在
闭区间上取得最大值与最小
值。

图 2-22

2.6.4 线段盒子

线段盒子是一种将自身的矩形区域用黑色填充的盒子，就像是一段黑色的直线段，线段盒子的宽窄高低，也就是线段的长短粗细。LaTeX 系统提供的线段命令：

$$\text{\rule[垂直位移]\{宽度\}\{高度\}}$$

该命令用于创建任意尺寸的线段盒子，常用于画水平或垂直线段。其中：宽度用于设置线段盒子的宽度；高度用于设置线段盒子的高度；垂直位移为可选参数，用于设定线段盒子基线与当前行基线之间的距离，正值表示线段盒子向上移动，负值表示线段盒子向下移动。该参数的默认值是 0pt，即两基线重合对齐。

【例 2.23】 编写源程序，说明命令\rule[垂直位移]{宽度}{高度}的应用。

源程序：

```
\documentclass{book}
\usepackage[paperwidth=80mm,paperheight=17mm,text={62mm,40mm},left=1.5mm,top=3pt]
{geometry}
\usepackage[space]{ctex}
\begin{document}
\noindent 连续函数的性质：%
\parbox[t]{43mm}{\sl 闭区间上的\rule[1mm]{6mm}{3mm}连续函数一定在闭区间上取得\
\rule{6mm}{3mm}最大值与最小值。}
\end{document}
```

源程序运行结果如图 2-23 所示。

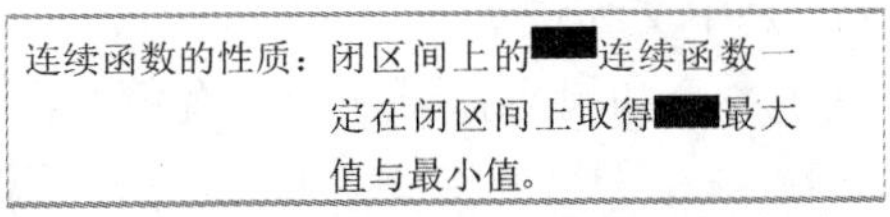

连续函数的性质：闭区间上的█连续函数一
定在闭区间上取得█最大
值与最小值。

图 2-23

【例 2.24】 编写源程序，用线段命令在一行文本的下方绘制一条下划线。

源程序：

```
\documentclass{book}
\usepackage{ctex}
\usepackage[paperwidth=65mm,paperheight=7mm,text={62mm,40mm},left=1.5mm, top=5pt]{geometry}
\begin{document}
\parbox{37mm}{给文本加上下划线。\par
\rule[4mm]{37mm}{1.5pt}}
\end{document}
```

源程序运行结果如图 2-24 所示。

给文本加上下划线。

图 2-24

除此之外，TeX 基本命令\hrule 也可以绘制线段，它的命令格式：

\hrule width 长度 height 长度 depth 长度

其中参数 width、height 和 depth 的默认长度分别为\linewidth、0.4pt 和 0pt，常用于绘制与行宽相等的标题装饰线或文本分隔线。命令\hrule 与\rule 的区别：\rule 可视为宽高可变的矩形字符；而\hrule 是从行左端起的独立水平线段，是一条纯粹的线段，它上下所占据的垂直空间高度为零。

【例 2.25】 编写源程序，说明盒子嵌套的应用。

源程序：

```
\documentclass{book}
\usepackage[paperwidth=65mm,paperheight=13mm,text={62mm,40mm},left=1.5mm,top=3pt]{geometry}
\renewcommand{\rmdefault}{ptm}
\usepackage[space]{ctex}
\begin{document}
\noindent\fbox{\parbox{57mm}{\CTEXindent 请在整个关机过程结束后再关闭显示器和打印机！}}
\end{document}
```

源程序运行结果如图 2-25 所示。

请在整个关机过程结束后再关闭
显示器 和打印机！

图 2-25

在上述源文件中，为了得到一个带边框的段落盒子，采用带边框的左右盒子与段落盒子相互嵌套，\CTEXindent 是中文缩进命令。

【例 2.26】 采用阴影盒子命令和段落盒子命令嵌套编写源程序。

源程序：

```
\documentclass{book}
```

```
\usepackage[paperwidth=65mm,paperheight=50pt,text={60mm,210mm}, left=-12pt,top=7pt]
{geometry}    %  页面设置
\usepackage{ctex}
\usepackage{fancybox}
\begin{document}
\shadowsize=2pt
\shadowbox{\parbox{57mm}{\CTEXindent 请在整个关机过程结束后再关闭显示器和打印
机！}}
\end{document}
```

源程序运行结果如图 2-26 所示。

请在整个关机过程结束后再关闭
显示器和打印机！

图 2-26

盒子自然尺寸的测量　自然尺寸就是实际尺寸。在盒子命令\makebox、\framebox、\raisebox、\savebox、\parbox 和 minipage 小页环境中，可分别用宽度、高度或深度参数来设置所创建盒子的尺寸。有时希望采用其中对象的自然尺寸作为设置这些参数的长度值，例如将宽度设置为对象的宽度的 2 倍，但又不知道对象确切的自然宽度，这时可在这些参数中使用 LaTeX 系统提供的如表 2.13 所示的尺寸测量命令，当系统创建这个盒子时，会自动设置这些尺寸测量命令。

表 2.13　尺寸测量命令

测量命令	简 要 说 明
\width	测量对象盒子的自然宽度
\height	测量对象盒子的自然高度
\depth	测量对象盒子的自然深度
totalheight	测量对象盒子的总高度，它等于\height+\depth

【例 2.27】　编写源程序，制作一个带有边框的标签，其边框宽度是标签文本宽度的 3 倍。

源程序：

```
\documentclass{book}
\usepackage[paperwidth=65mm,paperheight=8mm,text={62mm,40mm},left=1.5mm,top=3pt]
{geometry}
\usepackage[space]{ctex}
\begin{document}
\framebox[3\width]{家用电器}
\end{document}
```

源程序运行结果如图 2-27 所示。

家用电器

图 2-27

35

2.6.5　盒子的自定义及其存取

LaTeX 系统提供的如表 2.14 所示的盒子自定义及其存取命令。

表 2.14　盒子自定义及其存取命令

盒子自定义及其存取命令	简 要 说 明
\newsavebox{命令}	用于自定义可创建左右盒子的命令，不得与已有命令重名
\sbox{命令}{对象}	将对象存入命令创建的盒子中，注意在对象中不能使用命令\verb 和 verbatim
\savebox{命令}[宽度][位置]{对象}	功能与\sbox 相同，只是增加了两个可选参数宽度和位置
\usebox{命令}	调用命令所保存的对象

【例 2.28】 编写源程序，将一个用线段盒子制作的方框图存入自定义盒子,然后连续调用。

源程序：

```
\documentclass{book}
\usepackage[paperwidth=65mm,paperheight=13mm,text={62mm,40mm},left=1.5mm,top=5pt]{geometry}
\begin{document}
\newsavebox{\Mysquare}
\sbox{\Mysquare}{\fboxrule=1pt\framebox{\rule{7mm}{0pt}\rule{0pt}{7mm}}}
\usebox{\Mysquare}
\usebox{\Mysquare}
\end{document}
```

源程序运行结果如图 2-28 所示。

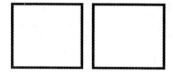

图 2-28

2.7　LaTeX 计数器

计数器就是能够实现计数运算的可控存储单元。LaTeX 系统提供专用的计数器为论文的章节、图表、公式、脚注和页码等文本元素自动排序。

2.7.1　LaTeX 计数器的名称及用途

LaTeX 系统内置了 23 个计数器，其中 17 个为序号计数器，6 个为控制计数器。表 2.15 列出了它们的名称及其用途的简要说明。

表 2.15 计数器名称及其用途简要说明

计数器名称	用途简要说明
part	部序号计数器
chapter	章序号计数器
section	节序号计数器
subsection	小节序号计数器
subsubsection	小小节序号计数器
paragraph	段序号计数器
subparagraph	小段序号计数器
figure	插图序号计数器
table	表格序号计数器
equation	公式序号计数器
footnote	脚注序号计数器
mpfootnote	小页环境中的脚注序号计数器
page	页码计数器
enumi	排序列表第 1 层序号计数器
enumii	排序列表第 2 层序号计数器
enumiii	排序列表第 3 层序号计数器
enumiv	排序列表第 4 层序号计数器
bottomnumber	控制每页底部可放置浮动体的最大数量，默认值为 1
dbltopnumber	双栏排版时,控制每页顶部可放置跨栏浮动体的最大数量,默认值是 2
secnumdepth	控制层次标题的排序深度，文类 book 和文类 report 的默认值是 2，文类 article 的默认值是 3
tocdepth	控制章节目录深度，文类 book 和文类 report 的默认值是 2，文类 article 的默认值是 3
topnumber	控制每页顶部可放置浮动体的最大数量，默认值为 2
totalnumber	控制每页中可放置浮动体的最大数量，默认值为 3

2.7.2 计数器的计数形式与计数器设置命令

计数器的计数形式有多种，表 2.16 给出各种计数形式命令及其计数形式说明。

表 2.16 计数形式命令及其计数形式说明

计数形式命令	计数形式说明
\alph{计数器}	将计数器设置为小写英文字母计数形式，其计数值应小于 27
\Alph{计数器}	将计数器设置为大写英文字母计数形式，其计数值应小于 27
\arabic{计数器}	将计数器设置为阿拉伯数字计数形式
\chinese{计数器}	将计数器设置为中文小写数字计数形式，这种计数形式是由宏包 ctex 提供的
\fnsymbol{计数器}	将计数器设置为脚注标识符计数形式，其计数值应小于 10
\roman{计数器}	将计数器设置为小写罗马数字计数形式
\Roman{计数器}	将计数器设置为大写罗马数字计数形式

LaTeX 系统还提供了一组有关计数器设置的命令，如表 2.17 所示，表中给出了计数器设置命令及其用途的简要说明，供读者参考使用。

表 2.17　计数器设置命令及其用途

计数器设置命	用途简要说明
\addtocounter{计数器}{数值}	计数器赋值命令，将数值与该计数器原有值相加，数值可以是整数
\newcounter{新计数器}[排序单位]	创建一个新计数器，其初值为零，默认计数形式为阿拉伯数字
\refstepcounter{计数器}	作用与\stepcounter命令相同，并将计数器的当前值作为其后书签命令\label 的值，从而可在任何位置使用\ref命令引用计数器的当前值
\setcounter{计数器}{数值}	计数器赋值命令，将计数器置为所设数值
\stepcounter{计数器}	将计数器的值加 1。如果计数器是层次标题的序号计数器，还将比其低一层的序号计数器清零
\the 计数器	显示计数器的值。该命令只适用于序号计数器
\usecounter{计数器}	专用于 list 通用列表环境的声明参数中，调用该计数器作为条目序号计数器
\value{计数器}	调用计数器的值，无论计数器计数形式如何，都将被转换为对应的阿拉伯数字

　　每当使用命令\newcounter 自命名一个新计数器时，系统将会自动地定义一条新命令：

　　　　\newcommad{\the 新计数器} {\arabic{新计数器}}

　　而\the 计数器命令可用于显示该新计数器的当前值。

2.7.3　交叉引用

　　写作论文时，经常会出现交叉应用的现象。交叉引用的作用是精简论述，减少不必要的内容重复。在 LaTeX 中，常采用援引被引用对象的序号，或是其所在章节的序号，或是其所在页面页码的方法来实现交叉引用。LaTeX 提供了三条交叉引用命令，如表 2.18 所示。

表 2.18　交叉引用命令及其简要说明

交叉引用命令	简要说明
\label{书签名}	书签命令，记录其所在位置。书签名通常是由区分大小写的英文字母和数字组成的字符串
\ref{书签名}	序号引用命令，插在引用处，用于引用命令\label 所在标题或环境的序号，或文本所在章节的序号
\pageref{书签名}	页码引用命令，插在引用处，用于引用书签命令所在页面的页码

　　【例 2.29】　编写源程序，在一个段落中使用上述三条交叉命令。
　　源程序：

```
\documentclass{book}
\usepackage[paperwidth=65mm,paperheight=21mm,text={62mm,40mm},left=1.5mm,top=3pt]
{geometry}
\renewcommand{\rmdefault} {ptm}
\usepackage[space]{ctex}
\begin{document}
\setcounter{chapter}{2}
\setcounter{section}{7}
```

```
\setcounter{subsection}{2}
\setcounter{page}{41}
\subsection{交叉引用}
```

% 注：以上是假设下例所在页的页码和该页所属章节的序号。

有关交叉引用方面的问题\label{text:cross}可以参考本书第 \pageref{text:cross} 页第 \ref{text:cross} 节的介绍。

```
\end{document}
```

源程序运行（需要编译运行两次）结果如图 2-29 所示。

2.7.3 交叉引用

有关交叉引用方面的问题可以参考本书第 41 页第 2.7.3 节的介绍。

图 2-29

2.8 LaTeX 排版环境

LaTeX 排版环境就是具有某一专项排版功能的软件模板。比如在表格环境中，只要按照规定的格式输入数据，LaTeX 系统就会自动完成表格的排版工作。

2.8.1 LaTeX 环境命令的格式

LaTeX 各种环境的排版功能是通过其环境命令来实现的，其基本格式：

```
\begin{环境名}
    内容
\end{环境名}
```

或者

```
\begin{环境名*}
    内容
\end{环境名*}
```

其中，环境名是所使用环境的名称，区分大小写。

2.8.2 文件环境

这是每个源程序都必须使用的环境。源程序的正文部分，也就是使用各种 LaTeX 命令和环境撰写的全部论文内容都必须置于文件环境中：

```
\begin{document}
    全部论文内容
\end{ document }
```

2.8.3 居中环境和命令

LaTeX 系统提供的居中环境格式：

```
\begin{center}
    居中的对象，如文本、插图、表格等
\end{center}
```

【例 2.30】 编写源程序，将某书的封面内容使用居中环境编排。

源程序：

```
\documentclass{book}
\usepackage[paperwidth=65mm,paperheight=23mm,text={62mm,40mm},left=1.5mm,top=5pt]
{geometry}
\usepackage[space]{ctex}
\begin{document}
\begin{center}
{\large 大学生数学竞赛指南}\\[4mm]
全一册\\[1mm]
李汉龙 等编\\
\end{center}
\end{document}
```

源程序运行结果如图 2-30 所示。

大学生数学竞赛指南

全一册

李汉龙 等编

图 2-30

在居中环境中，每行文本的末尾都用换行命令\\来指示换行；如果希望加大某行与下一行之间的距离，如要加大 4mm，可在该行的换行命令中使用其长度可选参数，即\\[4mm]。

LaTeX 系统还提供居中命令：

```
\centering
```

它可以将其后的所有文本内容关于文本行宽居中排版。命令\centering 是声明形式的命令，通常都是将其置于某一环境或者组合之中，用以限制它的作用范围，如{\centering 对象}。

【例 2.31】 编写源程序，将某书的封面内容使用居中命令编排。

源程序：

```
\documentclass{book}
\usepackage[paperwidth=65mm,paperheight=23mm,text={62mm,40mm},left=1.5mm,top=5pt]
{geometry}
\usepackage[space]{ctex}
```

```
\begin{document}
{\centering
{\large 高等数学典型题解答指南}\\[4mm]
第 2 版\\[1mm]
李汉龙 等编\\}
\end{document}
```

源程序运行结果如图 2-31 所示。

高等数学典型题解答指南

第2版

李汉龙 等编

图 2-31

如果只是需要将一行文本，或者某个插图、表格居中排版，也可以使用系统提供的行居中命令：\centerline{对象}。

2.8.4　LaTeX 左对齐环境和命令

LaTeX 系统提供的左对齐环境格式：

```
\begin{flushleft}
    左对齐的对象，如文本、插图、表格等
\end{ flushleft }
```

可以在左对齐环境中用换行命令\\来指示其中文本的换行处。

【例 2.32】　编写源程序，将某段文本内容使用左对齐环境编排。

源程序：

```
\documentclass{book}
\usepackage[paperwidth=80mm,paperheight=30mm,text={62mm,40mm},left=1.5mm,top=3pt]
{geometry}
\renewcommand{\rmdefault}{ptm}
\usepackage[space]{ctex}
\begin{document}
\begin{flushleft}
我们编写了这本书，参加编写的有：\\李汉龙\\隋英\\韩婷\\刘丹 等
\end{flushleft}
\end{document}
```

源程序运行结果如图 2-32 所示。

我们编写了这本书，参加编写的有：

李汉龙

隋英

韩婷

刘丹 等

图 2-32

LaTeX 系统还提供声明形式的左对齐命令：\raggedright。它可以将其后的对象与文本行左侧边对齐。通常该命令被置于某一环境或者组合之中，用以限制它的作用范围，如{\ raggedright 对象}。如果只是需要将一行文本，或者某个插图、表格靠文本行左侧排版，也可以使用系统提供的行左对齐命令：\leftline{对象}。

2.8.5 LaTeX 右对齐环境和命令

LaTeX 系统提供的右对齐环境格式：

```
\begin{flushright}
  右对齐的对象，如文本、插图、表格等
\end{ flushright }
```

可以在右对齐环境中用换行命令\\来指示其中文本的换行处。

【例 2.33】 编写源程序，将某段文本内容使用右对齐环境编排。

源程序：

```
\documentclass{book}
\usepackage[paperwidth=80mm,paperheight=30mm,text={62mm,40mm},left=1.5mm,top=3pt]{geometry}
\renewcommand{\rmdefault}{ptm}
\usepackage[space]{ctex}
\begin{document}
\begin{flushright}
我们编写了这本书，参加编写的有：\\李汉龙\\隋英\\韩婷\\刘丹 等
\end{flushright}
\end{document}
```

源程序运行结果如图 2-33 所示。

我们编写了这本书，参加编写的有：
李汉龙
隋英
韩婷
刘丹 等

图 2-33

LaTeX 系统还提供声明形式的右对齐命令：\raggedleft。它可以将其后的对象与文本行右侧边对齐。通常该命令被置于某一环境或者组合之中，用以限制它的作用范围，例{\ raggedleft 对象}。如果只是需要将一行文本，或者某个插图、表格靠文本行右侧排版，也可以使用系统提供的行右对齐命令：\rightline{对象}。

LaTeX 系统还提供抄录环境 verbatim, 抄录环境 verbatim 可以将\begin{verbatim}……\end{verbatim}中的文本按照原有的书写格式和字符形态，包括专用符合、空格以及换行位置等全部抄写记录下来，默认字体为等宽体。

2.8.6 LaTeX 绘图环境命令的格式

LaTeX 系统提供了 picture 绘图环境和一组在该环境中使用的绘图命令，其格式：

```
\begin{picture}(宽度，高度)（x 偏移，y 偏移）
绘图命令
\end{picture}
```

绘图环境命令的后两个参数都使用圆括号。这两个参数的用途说明如下：

（1）宽度，高度。必要参数，设定图形的宽度和高度，默认长度单位为 pt，所设定矩形区域的左下角即为图形的基准点。

（2）x 偏移，y 偏移。可选参数，设定坐标系的原点与图形基准点之间的水平和垂直偏移距离，默认长度单位为 pt，偏移量可以是负值，表示坐标原点位于基准点的右侧或上方；如果省略这个可选参数，其默认值是 0，0。

在绘图环境中设置各种尺寸和坐标时不需要填写长度单位，默认长度单位为 pt，若要改换长度单位，如改为毫米，可在环境中对单位长度命令重新赋值：\unitlength=1mm。下面介绍几条最常用的绘图命令，如表 2.19 所示。

表 2.19　常用的绘图命令及其简要说明

绘图命令	简要说明
\circle{直径}	绘制圆形命令，直径的最大值为 40pt
\circle*{直径}	绘制实心圆形命令
\line(x,y){长度}	绘制直线段命令，线段的斜率=y/x；x 和 y 只能是−6～6 的整数，并且互为质数。例如：（1，0）为水平线段；（0，1）为垂直线段。对于水平线段和垂直线段，其长度就是线段的实际长度；对于倾斜线段，其长度是用该线段在水平方向上的投影长度来表示的，其最小值是 10pt。长度不能取负值
\vector(x,y){长度}	向量命令，可绘制一端带有箭头的直线段
\put(x,y){图形元素}	将图形元素放置到绘图区域，其基准点位于坐标（x，y）。图形元素可以是文本、线段和圆形等
\thicklines	粗线命令，指定使用较粗的线条，宽度为 0.8pt
\thinlines	细线命令，指定使用较细的线条，宽度为 0.4pt

【例 2.34】　编写源程序，使用绘图环境绘制一个等腰直角三角形。

源程序：

```
\documentclass{book}
\usepackage[paperwidth=65mm,paperheight=63mm,text={62mm,70mm},left=2.0mm,top=3pt]
{geometry}
\renewcommand{\rmdefault}{ptm}
\usepackage{graphpap,xcolor}
\begin{document}
\noindent
\begin{picture}(200,170)(-20,-18)
\graphpaper(0,0)(150,150) \thicklines \color{red}
\put(17,22){\line(1,0){100}} \put(117,22){\line(0,1){100}}
\put(17,22){\line(1,1){100}} \color{red} \put(74,11){1} \put(122,71){1}
\put(63,90){$\sqrt{2}$}
\end{picture}
\end{document}
```

源程序运行结果如图 2-34 所示。

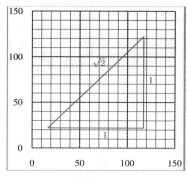

图 2-34

为了直观地显示坐标的位置，在导言中调用了坐标纸宏包 graphpap，并使用了其提供的坐标纸命令\graphpaper。

LaTeX 系统还提供了新环境定义命令：

\newenvironment{新环境}[参数数量][默认值]{开始定义}{结束定义}

新环境定义之后，就可以使用这个环境了。

\begin{新环境}{参数 1}{参数 2}…
内容
\end{新环境}

新环境定义命令中各种参数的用途说明如表 2.20 所示。

表 2.20　新环境定义命令中各种参数用途说明

参数	用途说明
新环境	自定义新环境的名称，它不能与已有的环境重名，也不能与已有的命令重名
参数数量	可选参数，用于指定该新环境所具有参数的个数，可以是 0～9 之间的一个整数，默认值是 0
默认值	可选参数，用于设定第一个参数的默认值。如果在新环境定义命令中给出默认值，则表示该新环境的第一个参数是可选参数。新环境中最多只能有一个可选参数，并且必须是第一个参数
开始定义	对进入新环境后所要执行的排版任务进行设定，涉及某个参数时用符合#n 表示，n 为 1～9 之间的一个整数，例如涉及第一个参数时用#1 代表，第二个参数时用#2 代表，……。每当系统运行到\begin{新环境}时就会执行开始定义
结束定义	对退出新环境前所要执行的排版任务进行设定。每当系统读到\end{新环境}时就会执行结束定义。表示参数的#1、#2 等不能在结束定义中使用

新环境定义命令中也有带星号的形式，即\newenvironment*，其功能是用于阻止所带参数中的文本超过一个段落。

【**例 2.35**】　编写源程序，自定义一个带有可选参数的定理环境 Theorem。
源程序：

```
\documentclass{book}
\usepackage[paperwidth=100mm,paperheight=7mm,text={90mm,63mm},left=1.5mm,top=3pt]
{geometry}
\usepackage[space]{ctex}
```

```
\begin{document}
\newenvironment{Theorem}[1][]{\par\noindent{\heiti 定理}#1\quad}{\par}
\begin{Theorem}[(必要条件)]
函数连续是函数可微分的必要条件
\end{Theorem}
\end{document}
```

源程序运行结果如图 2-35 所示。

定理 (必要条件)　　函数连续是函数可微分的必要条件

图 2-35

每定义一个新环境,新环境定义命令就会自动将其分解为两个新定义命令：

```
\newcommand{\新环境}[参数数量] {开始定义}
\newcommand{\end 新环境}{结束定义}
```

LaTeX 系统还提供重新定义环境命令：

```
\renewenvironment{已有环境}[参数数量][默认值]{开始定义}{结束定义}
```

2.9　LaTeX 加减乘除命令及条件判断命令

在设置表格的宽度或小页环境的高度时，需要做 LaTeX 加减乘除四则运算。例如，表格的宽度等于文本行的宽度减去 20mm，命令为\textwidth-20mm。

2.9.1　LaTeX 加减乘除命令

LaTeX 系统提供了四条命令对某一数值或长度值进行算术运算，即

```
\addtocounter{计数器}{数值}
\setlength{命令}{长度}
\ setcounter{计数器}{数值}
\ addtolength{命令}{长度}
```

LaTeX 系统没有给用户提供任何运算命令，在其内部，加减乘除是采用 TeX 基本命令\advance、\multiply 和\divide 来完成的，这些复杂的底层命令主要用于专家们编写文类和宏包。若需要对两个或两个以上的数值或长度做算术运算，可调用由 Kresten Krab Thorup 和 Frank Jensen 编写的 calc 算术宏包，它将上述四条命令中的数值和长度参数，分别由单一的整数和长度扩展为整数表达式和长度表达式。表达式可以是由常数和计数器数据命令或长度和长度数据命令、常规含义的二元算术运算符（＋、－、*、/）和可改变运算顺序的圆括号组成；在做常数乘除时，常数应为整数，如果含有小数，则需要使用转换命令。

在表达式中，不能直接用小数乘除，如果要用小数乘除时，应采用下列两条命令之一对小数进行整型转换：

```
\real{十进制数}
\ratio{长度表达式} {长度表达式}
```

其中，第一条命令是直接对非整数的十进制数进行转换；第二条命令是用两个长度表达式之比进行转换。

【例 2.36】 编写源程序，在整数表达式中使用小数乘法。

源程序：

```
documentclass{book}
\usepackage[paperwidth=63mm,paperheight=7mm,text={62mm,63mm},left=1.5mm,top=3pt]
{geometry}
\renewcommand{\rmdefault}{ptm}
\usepackage[space]{ctex}
\usepackage{calc}
\begin{document}
\newcounter{Mycounter}
\setcounter{Mycounter}{2*\real{2.5}}
2 乘 2.5 得 \theMycounter。
\setcounter{Mycounter}{2*\real{2.95}}
2 乘 2.95 得 \theMycounter。
\end{document}
```

源程序运行结果如图 2-36 所示。

> 2 乘 2.5 得 5。　 2 乘 2.95 得 5。

图 2-36

在进行长度运算时应该注意：长度表达式中的各项都必须是长度，其长度单位可以各不相同。例如，6mm+7pt 和 6mm+7pt*2 都是正确的，而 6mm+7 和 6mm+7*2 都是错误的而且无效。在乘法和除法中，被乘数和被除数必须是长度，乘数和除数必须是整数或是经过作整型转换的实数。例如，3mm*5 是正确的，而 5*3mm 和 3mm*5mm 都是错误而且无效的。弹性长度在作乘除时，其三个组成部分都将分别被乘除。

2.9.2　LaTeX 条件判断命令

LaTeX 系统没有给用户提供任何条件判断命令，在其内部，仍然采用 TeX 的原始条件判断命令，这些底层命令常用在新宏包和文类的开发，在论文写作时若遇到条件判断问题，通常是调用 ifthen 条件判断宏包或 multido 条件循环宏包，并使用其提供的条件命令，在原文件中编写简单易读的条件控制或条件循环程序。由 Leslie Lamport 等人编写的条件判断宏包 ifthen 提供了一个条件控制命令：

```
\ifthenelse{条件判断} {肯定语句}{否定语句}
```

其中，条件判断是对所设定的某种条件作出判断，如果判断的结果为真，就执行肯定语句；否则执行否定语句。语句参数可由文本和命令组成。条件判断宏包 ifthen 还提供了一个条件循环命令：

```
\whiledo{条件判断} {肯定语句}
```

如果判断的结果为真，就执行肯定语句；然后再进行条件判断，若结果还为真，则再执行一遍肯定语句；就这样形成循环，直到条件判断为否则结束循环。

2.10 LaTeX 颜色设置

LaTeX 本身不具备颜色处理能力。如果要对论文中的某种文本元素进行着色，就要调用由 Uwe kern 编写的颜色宏包 xcolor，它支持多种颜色模式，可以生成任意颜色，可对各种文本元素的前景和背景分别着色。

2.10.1 LaTeX 颜色模式

LaTeX 颜色模式主要有以下四种。

gray　　　灰度模式

灰度是指由白到黑的一系列颜色的过渡程度。在颜色宏包 xcolor 中，灰度使用一个 0～1 的数字来定义。例如，浅灰色 lightgray 的定义是[gray]{0.75}。

rgb　　　三基色模式

三基色是指红（red）、绿（green）、蓝（blue）这三种基本颜色。这三种基本颜色的混合比例是采用三个 0～1 的数字来定义的。例如，棕色 brown 的定义是[rgb]{0.75，0.5，0.25}。

RGB　　　另一种三基色模式

这种三基色模式是将红、绿、蓝三种基本颜色的混合比例采用三个 0～255 的数字来定义。例如：棕色是 225×0.75、225×0.5、225×0.25，即[RGB]{191，127.5，64}。

cmyk　　　四分色模式

四分色模式是彩色印刷时采用的一种套色模式，由青色（cyan）、红紫色（magenta）、黄色（yellow）和黑色（black）四种标准色油墨混合叠加而生成绝大部分的颜色。黑色用 k 表示，是为了避免与三基色的蓝色（b）混淆。在颜色宏包 xcolor 中，使用四个 0～1 的数字来定义四种标准色的混合比例。例如，[cmyk]{0，0，1，0.5}，它定义的是橄榄色 olive，若用 rgb 模式定义这个颜色，则为[rgb]{0.5，0.5，0}。

2.10.2 LaTeX 颜色的定义

在颜色宏包 xcolor 中，已分别使用上述颜色模式定义了 19 种颜色及其名称，分别是 red，green，blue，cyan，magenta，yellow，orange，violet，purple，brown，black，darkgray，gray，lightgray，lime，olive，pink，teal，white。也可以使用颜色宏包 xcolor 提供的颜色定义命令自行定义颜色，格式如下：

```
\definecolor{颜色}{模式}{定义}
```

其中颜色是为所需颜色起的名称。例如：

```
\definecolor{mygray}{gray}{0.65}
\definecolor{myblue}{rgb}{0,0,0.63}
```

```
\definecolor{myred}{cmy}{0,1,0.13,0}
```

这三条颜色命令分别定义了三种颜色，其名称分别为 mygray、myblue 和 myred。

2.10.3　LaTeX 颜色表达式

在各种颜色模式的基础上，颜色宏包 xcolor 提供了一个新的颜色表示方法：颜色表达式，其最典型的表示方法：

颜色！百分数 1！颜色 1！百分数 2！颜色 2！…百分数 n！颜色 n！

在颜色表达式中，颜色可以是颜色宏包 xcolor 中已经定义的颜色名称，如 blue、green 等，也可以是自定义的颜色名称；感叹号！是分隔符，百分数是[0，100]区间的实数，它表示某种颜色的混合比例。如果颜色表达式的最后一项不是颜色名称，其默认值就是 white。

【例 2.37】 编写源程序，用颜色表达式制作一套由红、白、蓝、绿、灰按照一定混合比例生成的六色卡。

源程序：

```
\documentclass{book}
\usepackage[paperwidth=65mm,paperheight=8mm,text={62mm,50mm},left=1.5mm,top=3pt]{geometry}
\usepackage{xcolor}
\begin{document}
\newcommand{\Y}[1]{\color{#1}\rule{6mm}{4mm}\hspace{7pt}}
\Y{red!75}
\Y{red!75!green}
\Y{red!75!green!50}
\Y{red!75!green!50!blue}
\Y{red!75!green!50!blue!25}
\Y{red!75!green!50!blue!25!gray}
\end{document}
```

源程序运行结果如图 2-37 所示。

图 2-37

2.10.4　LaTeX 颜色的应用

颜色宏包 xcolor 提供了多种不同用途的颜色设置命令，分别说明如下。

（1）两种声明形式的颜色命令：

```
\color{颜色}
\color[模式]{定义}
```

这两种声明形式的颜色命令可将其后各种的各种文本元素都改变为所设定的颜色，直到当前的组合或者环境结束。文本元素可以是文本、标题、线段、表格和数学公式等。

（2）两种参数形式的颜色命令：

> \textcolor{颜色}{对象}
> \textcolor[模式]{定义}{对象}

这两种参数形式的颜色命令可将对象设置为所需要的颜色。其作用仅限于大括号中的参数，即对象。它等效于{\color{颜色}对象}或{\color[模式]{定义}对象}。

（3）彩色盒子命令和彩色边框命令：

> \colorbox{颜色}{对象}
> \colorbox[模式]{定义}{对象}

对象可以是文本、表格和数学公式等。该命令可以为对象设置背景颜色：

> \fcolorbox{边框颜色}{背景颜色}{对象}
> \fcolorbox[模式]{边框颜色定义}{背景颜色定义}{对象}

（4）页面颜色命令和常规颜色命令：

> \pagecolor{颜色}
> \pagecolor[模式]{定义}
> \normalcolor

【例2.38】 编写源程序，分别用颜色命令将一段文字改为绿色和一个线段染成红色。
源程序：

```
\documentclass{book}
\usepackage[paperwidth=65mm,paperheight=14mm,text={62mm,50mm},left=1.5mm,top=3pt]
{geometry}
\usepackage{xcolor,ctex}
\begin{document}
\color{green} 文本的颜色为绿色\\
\color[rgb]{1,0,0}\rule{6cm}{1pt}
\end{document}
```

源程序运行结果如图2-38所示。

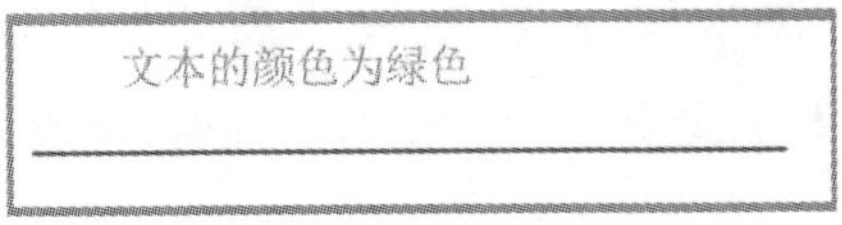

图2-38

【例2.39】 编写源程序，分别将一段文本和一个表格装入彩色盒子，文本的底色用颜色表达式设置，表格的底色设置为橙色。
源程序：

```
\documentclass{book}
\usepackage[paperwidth=65mm,paperheight=16mm,text={62mm,50mm},left=1.5mm,top=3pt]
{geometry}
\usepackage{xcolor,ctex}
```

```
\begin{document}
\centering
\colorbox{green!35!blue!75}{文本元素的颜色设置}
\colorbox{orange}{%
\begin{tabular}{|c|c|}\hline
123 & 456 \\
789 & 101 \\ \hline
\end{tabular}}
\end{document}
```

源程序运行结果如图 2-39 所示。

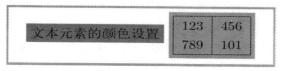

图 2-39

2.11 本 章 小 结

本章从 LaTeX 源文件的结构、LaTeX 文档类型、LaTeX 命令、LaTeX 排版模式、LaTeX 长度设置、LaTeX 盒子、LaTeX 记数器、LaTeX 排版环境、LaTeX 加减乘除命令及条件判断命令、LaTeX 颜色设置等方面介绍了 LaTeX 的一些基础知识，同时给出了一些实用的例题。读者可以参照这些例题进行 LaTeX 源程序的编辑和修改。

习 题 2

1. 利用中文 LaTeX 排版系统 CTeX 编写下列短文的源程序：在书籍文章排版中经常需要用到许多图。这些图大体可分为两类：矢量图形与点阵图像。这个分类是按照图形的存储、表现方式区分的。矢量图形用数学表示，保存图的几何特征，其中的数据如直线的端点、样条曲线的控制结点、填充的颜色、文字标注的字体等；点阵图像则通常直接以矩阵形式表示图像的每个像素点的颜色，其中可能经过复杂的算法进行压缩。

2. 编写源程序：定义一条新命令，用来生成隋英的英文姓名。

3. 编写源程序：定义一条带有一个参数的新命令，用来将部分文本转换为黑体字体。

4. 编写源程序：调用宏包 textcomp 生成美元货币符号。

5. 编写源程序：使用绘图环境绘制一个直角三角形。

6. 编写源程序：自定义一个带有可选参数的定理环境 Theorem，并将定理内容字体显示为红色。

7. 编写源程序：用颜色命令\color{颜色}将一段文字改为蓝色。

习题 2 答案

1．源程序：

```
\documentclass{article}      %使用 article 文档类型格式排版
\usepackage{ctex}            %调用支持中文的 ctex 宏包
\begin{document}
```

　　在书籍文章排版中经常需要用到许多图。这些图大体可分为两类：矢量图形与点阵图像。这个分类是按照图形的存储、表现方式区分的。矢量图形用数学表示，保存图的几何特征，其中的数据如直线的端点、样条曲线的控制结点、填充的颜色、文字标注的字体等；点阵图像则通常直接以矩阵形式表示图像的每个像素点的颜色，其中可能经过复杂的算法进行压缩。

```
\end{document}
```

2．源程序：

```
\documentclass{book}
\usepackage[paperwidth=65mm,paperheight=16mm,text={62mm,20mm},left=1.5mm,top=0pt]
{geometry}
\usepackage{xspace}
\newcommand{\myname}{suiying\xspace}
\usepackage[space]{ctex}
\begin{document}
\myname is my English name.我的中文名字叫隋英。
\end{document}
```

3．源程序：

```
\documentclass{book}
 \usepackage[paperwidth=65mm,paperheight=5mm,text={62mm,20mm},left=1.5mm,top=0pt]
{geometry}
 \usepackage[space]{ctex}
\begin{document}
\newcommand{\myzdy}[1]{{\heiti#1}}方程%
有两种：\myzdy{恒等式}和\myzdy{条件等式}
\end{document}
```

4．源程序：

```
\documentclass{book}
\usepackage{ctex}
\usepackage{textcomp}
\usepackage[paperwidth=100mm,paperheight=20mm,text={80mm,40mm},left=10mm,top=10pt]
{geometry}
\begin{document}
```

货币符号

\textdollar

\end{document}

5．源程序：

```
\documentclass{book}
\usepackage[paperwidth=65mm,paperheight=63mm,text={62mm,70mm},left=2.0mm,top=3pt]{geometry}
\renewcommand{\rmdefault}{ptm}
\usepackage{graphpap,xcolor}
\begin{document}
\noindent
\begin{picture}(200,170)(-20,-18)
\graphpaper(0,0)(150,150) \thicklines \color{red}
\put(17,22){\line(1,0){30}} \put(47,22){\line(0,1){40}}
\put(17,22){\line(3,4){30}} \color{red}
\end{picture}
\end{document}
```

6．源程序：

```
\documentclass{book}
\usepackage[paperwidth=100mm,paperheight=7mm,text={90mm,63mm},left=1.5mm,top=3pt]{geometry}
\usepackage[space]{ctex}
\begin{document}
\newenvironment{Theorem}[1][]{\par\noindent{\heiti 定理}#1\quad}{\par}
\begin{Theorem}[(必要条件)]
\color{red}函数连续是函数可微分的必要条件
\end{Theorem}
\end{document}
```

7．源程序：

```
\documentclass{book}
\usepackage[paperwidth=65mm,paperheight=14mm,text={62mm,50mm},left=1.5mm,top=3pt]{geometry}
\usepackage{xcolor,ctex}
\begin{document}
\color{blue} 文本的颜色为蓝色
\end{document}
```

第 3 章　LaTeX 应用实例

本章概要

- 一小段文字的简单排版
- 一篇小短文的排版
- LaTeX 字体设置
- LaTeX 版面设计
- LaTeX 文本格式
- LaTeX 标题格式设置
- LaTeX 使用插图

3.1　一小段文字的简单排版

有了第 2 章的一些基础知识，我们可以进一步学习如何在中文 LaTeX 系统 CTeX 下进行文档的编辑和排版。需要注意的是，我们的工作是在 CTeX 系统的 WinEdt7.0 版本编辑器中进行的。

3.1.1　编写排版框架

一小段文字就相当于没有标题和目录的一段短文。其源程序基本框架如下：

```
\documentclass{article}          %使用 article 文档类型格式排版。
\usepackage{amsmath}             %调用公式宏包。
\usepackage{graphicx}            %调用插图宏包。
\usepackage{ctex}                %调用支持中文的 ctex 宏包。
......                           %调用其他宏包和设置命令。
\begin{document}                 %短文开始排版。
短文内容
\end{document}                   %短文排版结束。
```

3.1.2　加入要排版的短文内容

加入要排版的短文内容得到下列源程序：

```
\documentclass{article}          %使用 article 文档类型格式排版。
\usepackage{ctex}                %调用支持中文的 ctex 宏包。
\begin{document}                 %短文开始排版。
这是一小段文字的简单排版，之所以叫简单排版，是因为只要把文本内容粘贴在这个地方即
可。其他的事不用做。当然也许效果并不令人满意。
\end{document}                   %短文排版结束。
```

3.1.3 在 **CTeX** 系统的 **WinEdt** 编辑器中运行源程序

（1）单击"WinEdt 编辑器"图标 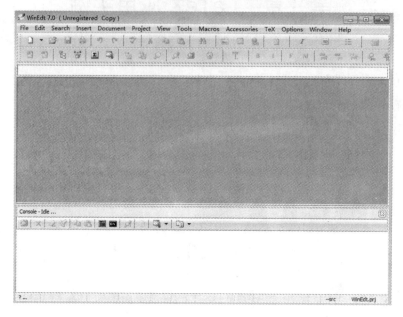 打开编辑器，如图 3-1 所示。

图 3-1

（2）新建一个文件，另存为"一小段文字的简单排版.tex"，并保存在一个专用的文件夹中，如图 3-2 所示。

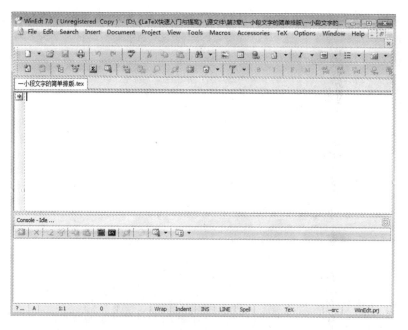

图 3-2

（3）将 3.1.2 节中的源程序复制粘贴在编辑器中，保存，如图 3-3 所示。

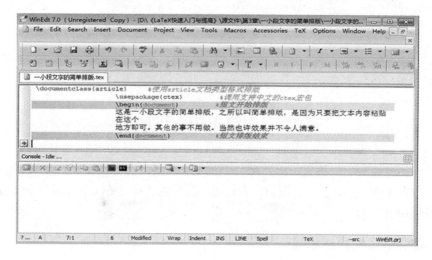

图 3-3

（4）单击 WinEdt 编辑器中"编译"图标 中的小三角打开下拉菜单，选择其中的 PDFLaTeX 选项，再单击"编译"图标 对源程序进行编译。单击 WinEdt 编辑器中的 "pdf 预览"图标 即可显示排版结果，如图 3-4 所示。

这是一小段文字的简单排版，之所以叫简单排版，是因为只要把文本内容
粘贴在这个地方即可。其他的事不用做。当然也许效果并不令人满意。

图 3-4

图 3-4 就是要编辑排版的一小段文字，不太令人满意，字体也有些小。下面以例题的形式对它进行修改。

【例 3.1】 编写源程序：对下列一段文字进行编辑排版，要求大字体显示，字体颜色为红色。

这是一小段文字的简单排版，之所以叫简单排版，是因为只要把文本内容
粘贴在这个地方即可。其他的事不用做。当然也许效果并不令人满意。

源程序：

```
\documentclass{article}        %使用 article 文档类型格式排版。
\usepackage{ctex}                   %调用支持中文的 ctex 宏包。
\usepackage[paperwidth=65mm,paperheight=22mm,text={62mm,20mm},left=1.5mm,top=0pt]
{geometry}
\begin{document}                    %短文开始排版。
\color{red}这是一小段文字的简单排版，之所以叫简单排版，是因为只要把文本内容粘贴在
这个地方即可。其他的事不用做。当然也许效果并不令人满意。
\end{document}                      %短文排版结束。
```

源程序运行结果如图 3-5 所示。

> 这是一小段文字的简单排版，之所以叫简单排版，是因为只要把文本内容粘贴在这个地方即可。其他的事不用做。当然也许效果并不令人满意。

图 3-5

这样的排版效果达到了要求。

3.2 一篇小短文排版

一篇小短文结构上应该包括标题部分、摘要、目录、几节的正文、参考文献和最后的附录。内容包括文字、公式、图形、表格等。我们的工作是在 CTeX 系统的 WinEdt7.0 版本编辑器中进行的。

3.2.1 编写小短文排版框架

一篇小短文的源程序基本框架如下：

```
\documentclass{article}       %所有 tex 文件开头都规定文档类型,有 article, book, report, beamer 。
\usepackage{amsmath}          %调用公式宏包。
\usepackage{graphicx}         %调用插图宏包。
\usepackage{ctexcap}          %调用支持中文标题的 ctexcap 宏包。
\usepackage[a6paper,centering,scale=0.8]{geometry} %调用版面设置宏包。
\begin{document} %开始写文章内容.以\begin{document}开始,以\end{document}结束。
\title{ }                     %生成标题。
\author{ }                    %生成作者。
\date{ }                      %日期.{}内填日期,{}为空不显示日期，\date{\today}显示当天日期。
\maketitle                    %生成标题命令,如果没有该命令，以上所有标题内容将不显示。
\begin{abstract}              %摘要部分，所有摘要内容写在\begin{abstract}和\end{abstract}之间。
\end{abstract}                %结束摘要。
\tableofcontents              %生成目录。需要编译两次。
\section{前言}                %前言作为第一节。
前言内容。                    %前言内容。
\section{正文}                %正文作为第二节。
正文内容。                    %正文内容。
\section{后记}                %后记作为第三节。
后记内容。                    %后记内容。
\begin{thebibliography}{99}       %参考文献开始。
\bibitem{1}                       %参考文献 1。
\bibitem{2}                       %参考文献 2。
\end{thebibliography}             %参考文献结束。
\begin{appendix}                  %附录开始。
\section{附录}                    %附录内容。
\end{appendix}                    %附录结束。
\end{document}                    %短文排版结束。
```

3.2.2 加入小短文内容，编写源程序

加入要排版的小短文内容得到下列源程序：

```
\documentclass{article}        %所有 tex 文件开头都规定文档类型,有 article, book, report,
beamer。
\usepackage{amsmath}          %调用公式宏包。
\usepackage{graphicx}         %调用插图宏包。
\usepackage{ctexcap}          %调用支持中文标题的 ctexcap 宏包。
\usepackage[a6paper,centering,scale=0.8]{geometry}        %调用版面设置宏包。
\begin{document}              %开始书写文章内容,以\begin{document}开始,以\end{document}结束。
\title{\LaTeX~中文文档模板}     %生成标题。
\author{李汉龙}               %生成作者。
\date{\today }                %\date{\today}显示当天日期。
\maketitle                    %生成标题命令,如果没有该命令,以上所有标题内容将不显示。
\begin{abstract}              %摘要部分,所有摘要内容写在\begin{abstract}和\end{abstract}之间。
这是一篇关于\LaTeX~中文文档模板的论文。
\end{abstract}    %结束摘要。
\tableofcontents              %生成目录。需要编译两次。
\section{前言}                %前言作为第一节。
你好，CTeX~文档类。CTeX~就是常用的中文\LaTeX。      %前言内容。。
\section{中文\LaTeX}                   %中文\LaTeX 作为第二节。
世界你好！CTeX~就是常用的中文\LaTeX。要注意，我们的工作是在 CTeX 系统的 WinEdt7.0
版本编辑器中进行的。编译的时候选择的是 PDFLaTeX 选项。
\section{后记}                        %后记作为第三节。
CTeX~非常好！                         %后记内容。
\begin{thebibliography}{99}           %参考文献开始。
\bibitem{1}                           %参考文献 1。
\bibitem{2}                           %参考文献 2。
\end{thebibliography}                 %参考文献结束。
\begin{appendix}                      %附录开始。
\section{附录}                        %附录内容。
\end{appendix}                        %附录结束。
\end{document}                        %短文排版结束。
```

3.2.3 在 CTeX 系统的 WinEdt 编辑器中运行小短文源程序

将 3.3.2 节中的小短文源程序复制粘贴在编辑器中，保存。单击 WinEdt 编辑器"编译"图标 中的小三角打开下拉菜单，选择其中的 PDFLaTeX 选项，再单击"编译"图标 对源程序进行编译。单击 WinEdt 编辑器中的"pdf 预览"图标 即可显示排版结果，如图 3-6 所示。

研究实际效果会发现一些问题。该论文可能属于某个基金项目，作者可能不唯一，论文内容中可能包含文字、公式、图形、表格等。下面通过具体例题加以说明。

【例 3.2】 编写源程序：对图 3-7 所示小短文进行编辑排版。要求把单作者改为多作者，并加上作者信息。

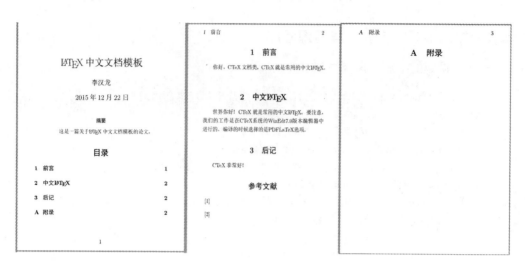

图 3-6

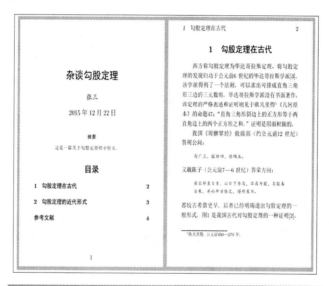

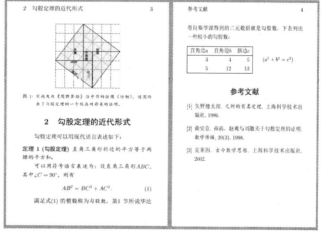

图 3-7

58

源程序：

```
\documentclass{article}      %所有 tex 文件开头都规定文档类型,有 article, book, report, beamer。
\usepackage{amsmath}         %调用公式宏包。
\usepackage{graphicx}        %调用插图宏包，就可以用命令\includegraphics 插入图像。
\usepackage{ctexcap}         %调用支持中文标题的 ctexcap 宏包。
\usepackage[a6paper,centering,scale=0.8]{geometry}   %调用版面设置宏包。
\newenvironment{myquote}{\begin{quote}\kaishu\zihao{-5}}{\end{quote}} %定义新环境 myquote。
\newtheorem{thm}{定理}        %定义标题为定理的定理类环境 thm。
\newcommand\degree{^\circ}   %定义新命令\degree。
\begin{document}   %开始书写文章内容以\begin{document}开始以\end{document}结束。
\title{\heiti 杂谈勾股定理\thanks{省教育厅项目资助}}  %标题, 项目资助等,显示于文章首页下方。
\author{\kaishu 李汉龙 \thanks{沈阳建筑大学理学院}}
\and\kaishu 隋英\thanks{沈阳建筑大学理学院}
\and\kaishu 韩婷\thanks{沈阳电视大学文法学院}}       %作者及其信息,多个作者用and 连接。
\date{\today }     %\date{\today}显示当天日期。
\maketitle         %生成标题, 如果没有该命令, 以上所有标题内容将不显示。
\begin{abstract}   %摘要部份, 所有摘要内容写在\begin{abstract}和\end{abstract}之间。
```

这是一篇关于勾股定理的小短文。其中内容可能包含文字、公式、图形、表格等。

```
\end{abstract}             %摘要结束。
\tableofcontents           %生成目录。需要编译两次。
\section{勾股定理在古代}     %文章第一节, 标题为勾股定理在古代。
\label{sec:ancient}        %插入名为 ancient 的节书签。
```

西方称勾股定理为毕达哥拉斯定理，将勾股定理的发现归功于公元前 6 世纪的毕达哥拉斯学派\cite{Kline}。该学派得到了一个法则，可以求出可排成直角三角形三边的三元数组。毕达哥拉斯学派没有书面著作，该定理的严格表述和证明则见于欧几里得\footnote{欧几里得，公元前 330—275 年。}《几何原本》的命题 47："直角三角形斜边上的正方形等于两直角边上的两个正方形之和。"证明是用面积做的。\par 我国《周髀算经》载商高（约公元前 12 世纪）答周公问：

```
% \cite{Kline}引用参考文献 Klin; \footnote{欧几里得，约公元前 330--275 年。}在页面下
方加入脚注: 欧几里得，约公元前 330—275 年; \par 另起一行。
\begin{myquote}                    %新环境 myquote 开始。
勾广三，股修四，径隅五。
\end{myquote}                      %新环境 myquote 结束。
又载陈子（公元前 7—6 世纪）答荣方问：
\begin{myquote}                    %新环境 myquote 又开始。
若求邪至日者，以日下为勾，日高为股，勾股各自乘，并而开方除之，得邪至日。
\end{myquote}                      %新环境 myquote 又结束。
都较古希腊更早。后者已经明确道出勾股定理的一般形式。图\ref{fig:xiantu}是我国古代对勾
股定理的一种证明\cite{quanjing}     %\ref{fig:xiantu}用于读取标签\label{fig:xiantu}},需要
编译两次。
```

```
\begin{figure}[!ht]\centering          %开始插入图形，居中。
\includegraphics[scale=0.5]{xiantu.pdf}  %插入图形，缩小0.5。
\caption{\zihao{-5}\kaishu 宋赵爽在《周髀算经》注中作的弦图（仿制），该图给出了勾股定
理的一个极具对称美的证明。\label{fig:xiantu}}  %图形标题为楷书。
\end{figure}                           %结束插入图形。
\section{勾股定理的近代形式}            %文章第二节，注意：每一节的标号自动按先后顺序生成。
```

勾股定理可以用现代语言表述如下：

```
\begin{thm}[勾股定理]                   %开始定理环境。
直角三角形斜边的平方等于两腰的平方和。
\par 可以用符号语言表述为：设直角三角形 $ABC$，其中 $\angle C=90\degree$，则有
\begin{equation}\label{eq:gougu}        %开始单行公式环境equation，其后加了书签gougu。
AB^2 = BC^2 + AC^2.
\end{equation}                          %结束单行公式环境 equation
\end{thm}                               %结束定理环境。
满足式 \eqref{eq:gougu} 的整数称为\emph{勾股数}。第 \ref{sec:ancient}节所说毕达哥拉斯
学派得到的三元数组就是勾股数。下表列出一些较小的勾股数：\par
% \eqref{eq:gougu}读入书签 gougu；emph{勾股数}，强调勾股数；\ref{sec:ancient}读入书签
ancient；\par 另起一行。
\vspace{3mm}                            %空一行。
\begin{tabular}{|c|c|c|}\hline          %开始表格环境，{|c|c|c|}表示文字居中的三列，\hline…
                                          \hline 表示画两条并排的水平线。\hline 必须用于首
                                          行之前或者换行命令\\之后。
直角边$a$ & 直角边$b$ & 斜边$c$ \\ \hline
3& 4 & 5   \\ \hline
5&12 & 13 \\ \hline                      %&为数据分列符号，数据可以为空，但分列符号不能少。
\end{tabular}                           %结束表格环境
($a^2 + b^2 = c^2$)                      %$…$表示数学环境，行内公式。
\begin{thebibliography}{99}             %参考文献开始。参考文献会自动编号，最大号码99。
\bibitem{1}矢野健太郎.几何的有名定理.上海科学技术出版社,1986.    %参考文献1。
\bibitem{quanjing} 曲安金.商高、赵爽与刘辉关于勾股定理的证明.数学传播,20(3),1998. %参
考文献2。
\bibitem{Kline}克莱因.古今数学思想.上海科学技术出版社,2002.      %参考文献3。
\end{thebibliography}                   %参考文献结束。
\addcontentsline{toc}{section}{参考文献}    %在目录中添加"参考文献"的标记。
\begin{appendix}                        %附录开始。
\section{附录}勾股定理又叫商高定理，国外也称百牛定理。          %附录内容。
\end{appendix}                          %附录结束。
\end{document}                          %文章结束，写在此后的所有内容都不起作用。
```

源程序运行结果如图 3-8 所示。

60

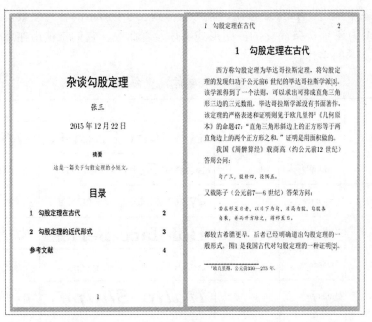

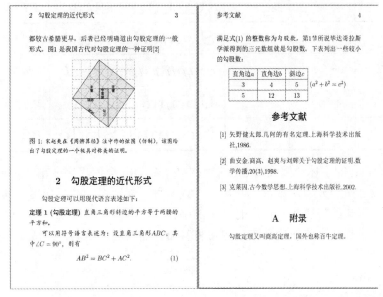

图 3-8

3.3 LaTeX 字体设置

在 LaTeX 中，字体分为文本字体和数学字体两类，通常文本字体只能在文本模式中使用，数学字体只能在数学模式中使用。本节主要介绍文本字体的使用。

3.3.1 LaTeX 英文字体设置命令

在中文 LaTeX 系统 CTeX 的 WinEdt7.0 版本编辑器工具栏中，单击 ∑ 按钮，在分出的符号工具条中单击 Typeface 按钮，就可以得到表 3.1 所示的各种参数形式的字体设置命令。表 3.1 中还有 7 条简化的声明形式字体设置命令，它们常被用在某一环境或组合之中来设置文本的字体。

表 3.1　字体设置命令

参数形式	声明形式	简化形式	字　样	说　明
\textrm{文本}	\rmfamily	\rm	Roman Family	罗马体字族
\textsf{文本}	\sffamily	\sf	Sans Serif Family	等线体字族
\texttt{文本}	\ttfamily	\tt	Typewriter Family	等宽体字族（打字机体）
\textbf{文本}	\bfseries	\bf	Boldface Series	粗宽序列
\textmd{文本}	\mdseries		Medium Series	常规序列
\textit{文本}	\itshape	\it	Italic Shape	斜体形状
\textsc{文本}	\scshape	\sc	SMALL CAPS SHAPE	小型大写形状
\textsl{文本}	\slshape	\sl	Slanted Shape	倾斜形状
\emph{文本}	\em		emphasized text	强调某段文字
\textup{文本}	\upshape		Upright Shape	直立形状
\textnormal{文本}	\normalfont		Normal Style	常规字体

表 3.1 中，有的字体设置命令也会影响中文。\textbf 会使汉字变粗，\textsl 会使汉字倾斜。字体设置命令分为参数形式和声明形式两种：参数形式的只作用于其必要参数中的文本；声明形式的将影响其后所有文本的字体，直到当前环境或者组合结束。如果要明确界定字体设置命令的作用范围，也可将其命令名作为环境名，组成字体设置环境。格式：

```
\begin{bfseries}
    文本字体设置小环境。
\end{bfseries}
```

和

```
\begin{bf}
    文本字体设置小环境。
\end{bf}
```

3.3.2　LaTeX 英文复合字体设置命令

通过组合各种字体设置命令可以生成复合字体。以罗马体为例，如表 3.2 所示。

表 3.2 字体设置命令组合与符号字体

字体设置命令	字　样	说　明
\textrm{Roman}	Roman	罗马体
\textit{Roman}	*Roman*	斜罗马体
\textsl{Roman}	*Roman*	倾斜罗马体
\textsc{Roman}	ROMAN	小型大写罗马体
\textbf{Roman}	**Roman**	粗宽罗马体
\textbf{\textit{Roman}}	***Roman***	粗宽斜罗马体
\textbf{\textsl{Roman}}	***Roman***	粗宽倾斜罗马体

3.3.3 LaTeX 字体尺寸设置命令

字体尺寸设置命令用于设定英文和中文字体的尺寸，改变字体的大小。字体尺寸设置命令都是声明形式的命令，它将改变其后所有字体的尺寸，包括数学模式中的数学字体，直到当前环境或组合结束，如表 3.3 所示。

表 3.3 字体尺寸设置命令所对应的字体点数值

字体尺寸设置命令	10pt(默认值)	11pt	12pt
\tiny	5pt	6pt	6pt
\scriptsize	7pt	8pt	8pt
\footnotesize	8pt	9pt	10pt
\small	9pt	10pt	10.95pt
\normalsize	10pt	10.95pt	12pt
\large	12pt	12pt	14.4pt
\Large	14.4pt	14.4pt	17.28pt
\LARGE	17.28pt	17.28pt	20.74pt
\huge	20.74pt	20.74pt	24.88pt
\Huge	24.88pt	24.88pt	24.88pt

从表中看出：各种字体尺寸命令所对应的字体大小，也就是字体的点数，与所用文类的常规字体尺寸参数有关。对于这个参数，book、report 和 article 这三个标准文类都给出了 10pt、11pt 和 12pt 共三个选项，其中 10pt 是共同的默认值。如果要明确界定字体尺寸命令的作用范围，也可将其命令名作为环境名，组成字体尺寸环境。格式：

```
\begin{footnotesize}
  文本字体尺寸小环境。
\end{ footnotesize }
```

【例 3.3】 编写源程序：说明字体尺寸命令的应用。

源程序：

```
\documentclass{article} %tex 文件开头都规定文档类型,有 article,book,report,beamer。
```

```
\usepackage{amsmath}                    %调用公式宏包。
\usepackage{graphicx}                   %调用插图宏包。
\usepackage{ctexcap}                    %调用支持中文标题的 ctexcap 宏包。
\usepackage[a4paper,centering,scale=0.8]{geometry} %调用版面设置宏包。
\begin{document}                        %文档开始排版。
\begin{center}                          %居中小环境开始。
  表 3.4 字体尺寸命令的应用\par          % \par 表示另起一行。
\vspace{3mm}                            % \vspace{3mm}表示空一行。
\begin{tabular} {|l|c|l|r|}             %开始表格环境，{|l|c|l|r|}表示文字左(left)、中(center)、
                                         左(left)、右(right)对齐的四列，\hline···\hline 表示画
                                         两条并排的水平线。\hline 必须用于首行之前或者换
                                         行命令\\之后。

\hline
字体尺寸命令 & 排版效果&字体尺寸命令&排版效果\\
\hline
\verb|\tiny| & \tiny CTeX&\verb|\large|&\large CTeX\\
\verb|\scriptsize| & \scriptsize CTeX&\verb|\Large|&\Large CTeX\\
\verb|\footnotesize|&\footnotesize CTeX&\verb|\LARGE|&\LARGE CTeX\\
\verb|\small| & \small CTeX&\verb|\huge|&\huge CTeX\\
\verb|\normalsize| & \normalsize CTeX&\verb|\Huge|&\Huge CTeX\\
                                        %\verb 符号文本符号为用于一行的抄录命令，文本被
                                         置于两个相同的符号之间，这里的符号通常采用无
                                         方向的双引号 " 或界定符|。若要抄录一段文本，则
                                         使用抄录环境\begin{verbatim}一段文本\end{verbatim}。
                                         &为数据分列符号，数据可以为空，但分列符号不能少。
\hline
\end{tabular}                           %结束表格环境。
\end{center}                            %居中小环境结束。
\end{document}                          %文档排版结束。
```

源程序运行结果如表 3.4 所示。

表 3.4　字体尺寸命令的应用

字体尺寸命令	排版效果	字体尺寸命令	排版效果
\tiny	CTeX	\large	CTeX
\scriptsize	CTeX	\large	CTeX
\footnotesize	CTeX	\LARGE	CTeX
\small	CTeX	\huge	CTeX
\normalsize	CTeX	\Huge	CTeX

3.3.4　LaTeX 中文字体设置命令

LaTeX 系统不能直接处理中文，当用中文写论文或论文中有汉字时，必须在导言中调用由 CTeX 提供的中文字体宏包 ctex，调用命令为\usepackage[格式]{ctex}。其中可选参数[格式]有六种选项：[nocap]表示保留英文日期格式。[nopunct] 表示中文标点符号和汉字一样被作为全角字符来处理。[space]表示保留汉字与英文或数字之间的空格。[noindent]表示每个章

节的首段首行不缩进。[fancyhdr]表示调用版式设置宏包 fancyhdr，该宏包用于设置页眉页脚的格式。[fntef]表示调用下划线宏包 CJKfntef，它可以绘制多种类型的下划线。

CTeX 系统配置了四种好用的 Windows 的 TrueType 中文字体，它们分别是宋体、黑桃、仿宋和楷书，并提供了四条相对应的中文字体命令，如表 3.5 所示。

表 3.5　中文字体命令及其字样

字　体	宋　体	黑　体	仿　宋	楷　书
命令	\songti	\heiti	\fangsong	\kaishu
字样	宋体	**黑体**	仿宋	楷书

另外，关于中文字号的设置，ctex 宏包提供了一个字号命令，其格式如下：

\zihao{代码}

其中代码有 16 个可选值，它们所对应的字号如表 3.6 所示。

表 3.6　字号命令中代码与其对应的字号

字号	初号	小初	一号	小一	二号	小二	三号	小三	四号	小四	五号	小五	六号	小六	七号	八号
代码	0	-0	1	-1	2	-2	3	-3	4	-4	5	-5	6	-6	7	8

【例 3.4】　编写源程序：　说明中文字体命令和字号命令中代码的应用。

源程序：

```
\documentclass{article}        %所有 tex 文件开头都规定文档类型,有 article,book,report,beamer。
\usepackage{ctexcap}           %调用支持中文标题的 ctexcap 宏包。
\usepackage[a6paper,centering,scale=0.8]{geometry}    %调用版面设置宏包。
\begin{document}               %开始文档环境。
\title{\ 中文字体命令和字号命令中代码的应用}        %生成标题。
\author{李汉龙}                 %生成作者。
\date{\today}                  %日期，{}内填写日期,{}为空不显示日期,\date{\today}显示当天日期。
\maketitle                     %生成标题命令,如果没有该命令,以上所有标题内容将不显示。
\begin{center}                 %开始居中环境。
1. 字体示例\par                 %\par 表示另起一行。
\vspace{3mm}                   %空一行。
\begin{tabular} {|l|c|}        %开始表格环境,{|l|c|}表示文字左对齐、居中两列,\hline…\ hline
                                 表示画两条并排的水平线。\hline 必须用于首行之前或者换行
                                 命令\\之后。

\hline
\textbf{\CTeX 命令}&\textbf{效果}\\ %\textbf{文本}表示文本用粗宽体显示。
\hline
\verb|\songti 宋体| & \songti 宋体 \\
\hline
\verb|\heiti 黑体| & \heiti 黑体\\
\hline
\verb|\fangsong 仿宋| & \fangsong 仿宋\\
\hline
\verb|\kaishu 楷书| & \kaishu 楷书\\
\hline                         %\verb 符号文本符号为用于一行的抄录命令，文本被置于两个相同
```

```
                          的符号之间，这里的符号通常采用无方向的双引号＂或界定符|。若
                          要抄录一段文本，则使用抄录环境\begin{verbatim}一段文本\end
                          {verbatim}。&为数据分列符号，数据可以为空，但分列符号不能少。
\end{tabular}             %结束表格环境。
\end{center}              %结束居中环境。
\begin{center}            %又开始居中环境。
2. 字号示例 \\
{\zihao{0}初号}
{\zihao{1}一号}
{\zihao{2}二号}
{\zihao{3}三号}
\end{center}              %结束居中环境。
\end{document}            %结束文档环境。
```

源程序运行结果如图 3-9 所示。

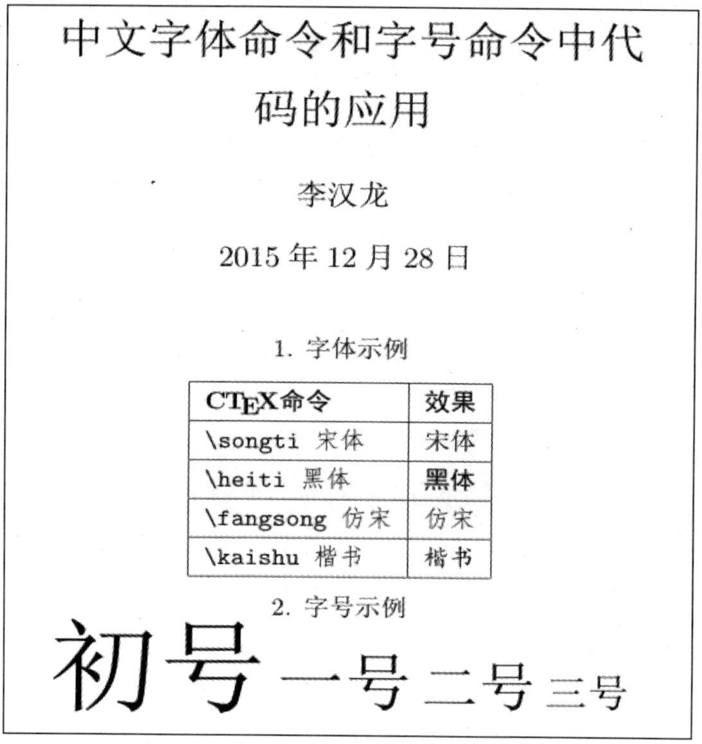

中文字体命令和字号命令中代码的应用

李汉龙

2015 年 12 月 28 日

1. 字体示例

CTEX命令	效果
\songti 宋体	宋体
\heiti 黑体	**黑体**
\fangsong 仿宋	仿宋
\kaishu 楷书	楷书

2. 字号示例

初号 一号 二号 三号

图 3-9

关于字号的设置，如果要设置任意尺寸的字体，可以利用字体属性命令或者缩放盒子命令来实现。具体格式如下：

```
    \fontsize{尺寸}{行距}\selectfont %对其后的汉字进行任意尺寸设置，如\fontsize{50}{50}
\selectfont 汉字。
    \resizebox{宽度}{高度}{文本}  %放盒子命令对文本进行缩放，如\resizebox{!} {30mm}
{China  中国}，将 China  中国按比例放大到 30mm，命令中的“!”表示对文本按高度值缩放，
同时保持高度比不变，这种方法对中文和英文都适用。
```

3.4 LaTeX 版面设计

LaTeX 是优秀的版面设计师。利用 LaTeX 提供的一系列修改版面格式的版面设置命令，调用相关的宏包可以很方便地进行版面设计。需要注意的是，我们的工作是在 CTeX 系统的 WinEdt7.0 版本编辑器中进行的。

3.4.1 LaTeX 版面元素

版面就是书刊每一页的整面，由版心、页眉、页脚和边注以及四周空白构成，它们被称为版面元素。版心位于版面的中心，论文的所有内容除边注外都排版于版心中，页眉和页脚分别位于版心的上方和下方，主要用来排版当前页所属章节的标题和页码。

3.4.2 LaTeX 版面尺寸

版面尺寸用于限定各种版面元素的区域范围和相互之间的距离。当在导言的第一条命令，即文档类型命令中选定文类名及其字体尺寸和纸张幅面后，系统将会根据最典型的版面格式自动设置所有版面尺寸。各种版面尺寸命令和说明如表 3.7 所示。

表 3.7 版面尺寸命令及其含义

尺寸命令	说明	实测值
\baselineskip	两相邻文本行基线之间的距离，即行距	12pt
\columnsep	双栏版面中两栏之间的距离	10pt
\columnseprule	双栏版面中两栏垂直分隔线的宽度	0pt
\columnwidth	栏宽度，在单栏版面中等于\textwidth	345pt
\evensidemargin	若双页排版，为左页左侧附加空白的宽度；若单页排版，该命令失效	79pt
\footskip	版心中最后一行文本基线与页脚基线之间的距离	25pt
\headheight	页眉高度	12pt
\headsep	页眉与版心之间的距离	18pt
\hoffset	垂直基准线水平偏移量	0pt
\linewidth	当前文本行的宽度，它通常等于\textwidth	345pt
\marginparpush	边注与边注之间的最短距离	5pt
\marginparsep	边注与版心之间的距离	7pt
\marginparwidth	边注的宽度	115pt
\oddsidemargin	若双页排版，为右页左侧附加空白宽度；若单页排版，为所有页左侧附加空白宽度	28pt
\paperheight	页面高度	845pt
\paperwidth	页面宽度	597pt
\textheight	版心的高度	598pt
\textwidth	版心的宽度	345pt
\topmargin	页眉与水平基准线的距离	23pt
\topskip	版心顶边到第一行文本基线的最短距离，其值等于常规字体尺寸	10pt
\voffset	水平基准线垂直偏移量	0pt

3.4.3 LaTeX 版面设置宏包 geometry

若使用版面设置宏包 geometry，设置将变得容易。如\usepackage[text={140mm, 240mm}, centering]{ geometry}；\usepackage[margin=20mm]{ geometry}。版面设置宏包 geometry 提供有大量的可选参数，通过选取这些可选参数，可以灵活设置版面元素的区域范围和相互距离。调用版面设置宏包格式如下：

\usepackage[参数1=选项，参数2=选项，……]{ geometry}

其中最常用的可选参数及其说明如表 3.8 所示。

表 3.8　版面设置宏包 geometry 最常用的可选参数及其说明

可选参数	说　　明
bottom=长度	页面底边与版心之间的距离，即下边空的高度
centering	版心水平和垂直居中于页面，等同于 centering = true
footnotesep=长度	版心中最后一行文本与脚注文本之间的距离
headsep=长度	页眉与版心之间的距离
height=长度	版心的高度
includefoot	将页脚的高度和与版心的距离计入版心高度
includehead	将页眉的高度和与版心的距离计入版心高度
includeheadfoot	相当于同时采用 includehead 和 includefoot
landscape	横向版面，默认为纵向版面
left=长度	页面左边与版心的距离，若双页排版，为左右页内侧边空的宽度；若单页排版，为所有页左边空的宽度
lines=行数	用常规字体的文本行数表示版心的距离，行数必须是正整数
margin=长度	四周边框宽度
nohead	取消页眉，相当于设置\headheight=0pt 和\headsep=0pt
paperheight=长度	页面高度
paperwidth=长度	页面宽度
right=长度	页面右边与版心的距离，若双页排版，为左右页外侧边空的宽度；若单页排版，为所有页右边空的宽度
text={宽度，高度}	版心的宽度和高度
top=长度	页面顶边与版心的距离，即上边空的高度
vmarginratio=比例	上边空高度与下边空高度的比例，如 1:1、2:3 等，比例数必须是正整数
width=长度	版心的宽度

版面设置宏包 geometry 提供的选项虽然很多，但是可以顾名思义，很好理解。例如：

\usepackage[text={140mm,210mm},left=45mm,vmarginratio=1:1]{ geometry}

还可以在正文中使用\newgeometry{参数1=选项，参数2=选项，……}命令，改变其后的版面尺寸，或者使用\restoregeometry 命令恢复之前的版面设置。另外，还可以使用如下命令进行版面的调整与修改。

> \flushbottom   %版心底部对齐,它可以自动微调各种文本元素之间的垂直距离,使每个版面的文本高度\textheight 都达到设定值。
>
> \raggedbottom   %版心底部免对齐,该命令主要控制各种元素之间的自然距离,允许文本的实际高度与设定高度\textheight 之间存在一定的偏差。

以上两条命令既可以在导言中使用,控制全文所有版心底部是否对齐,也可以用在正文中,对其后所有版心底部的对齐与否进行设置。如果是双页或者双栏排版,默认使用\flushbottom 命令;若为单页排版,默认使用\raggedbottom 命令。

> \enlargethispage{高度}   %适当增大当前页面的文本高度,其中高度为所需增加的高度,它可以为负值或长度数据命令,最大可设值为 8191pt。该命令仅对当前版面有效。
>
> \enlargethispage*{高度}   %适当增大当前页面的文本高度的带星号的形式,它可将当前版面中的垂直弹性空白缩减到最小值,例如,使用\enlargethispage*{0pt}能解决不良换页问题。

通过调用由 Will Robertson 和 Peter Wilson 编写的更改版面宏包 changepage,可以利用其提供的调整版心宽度环境 adjustwidth 来进行局部版心宽度调整。格式如下:

> \begin{adjustwidth}{左边空}{右边空}
> 文本
> \end{adjustwidth}

该命令还有带星号的形式,如\begin{adjustwidth*}{}{-8mm},可以使奇数页的右边空或者偶数页的左边空,也就是使所有页的外侧边空宽度减少 8mm。

通过在导言中调用由 Heiko Oberdiek 编写的横向版面宏包 pdflscape,可以利用其提供的横向排版环境 landscape 来进行局部横向排版。格式如下:

> \begin{landscape}
> 横向排版的内容
> \end{ landscape }

页面尺寸是 185mm×260mm,即 16 开图书外形尺寸的版面设置可用如下命令:

> \usepackage[paperwidth=185mm,paperheight=260mm,text={148mm,220mm},left=21mm,top=25.5mm]{geometry}

3.5 LaTeX 文本格式

文本格式的设置,包含字距、行距等的设置,是对 LaTeX 版面细节的进一步修饰,而影响排版质量的正是这些细节。

3.5.1 LaTeX 断词

若希望给某个单词设置或增加断词位置,可以使用系统提供的如下断词命令:

> \-   %插在希望断词的地方,指示系统这是一个可断点,可在此处断词。如 logari\-thm。

如果一篇论文中有许多相同的需要设置可断点的单词，可在导言中使用声明形式的断词命令：

> \hyphenation{单词 1 的断词方式　单词 2 的断词方式…}　　　%单词 1 可在某某位置断词，单词 2 可在某某位置断词。如\hyphenation{loga-ri-thm　Windows}。

若不希望专有名词被断词，可以在导言中插入命令\uchyph=0，使全文中所有专有名词被禁止断词。命令中的 0 表示禁止大写名词被断词，若是 1 则表示可以断词。命令\uchyph 的默认值是 1。命令\uchyph 也可以用于正文中，以控制其后的专有名词是否被禁止断词。如果想了解系统对某些单词是如何断词的，可以使用显示断词命令：

> \showhyphens{单词 1　单词 2…}　　　%在编译过程文件中给出所列单词的可能断词位置。

调用断词宏包 hyphenat,可以使用许多控制断词的功能。启用选项 none 将禁止全文出现断词；启用 htt 选项后可对等宽体字体的单词断词；使用\nohyphens{文本}命令，可使文本中的单词不被断词。有时要把几个单词连接为一个整体，不要因为换行而被断开，可以使用连词符号 "~"。如 Prof.~D.~E.~Knuth,编译时，Prof. D. E. Knuth 就不会被断开了。

3.5.2　LaTeX 字距

全文字距的修改，可以调用宏包 microtype，并使用其可选参数调整各种尺寸字体的字距，其格式如下：

> \usepackage[参数 1=选项，参数 2=选项，…] {microtype}

表 3.9 给出了 microtype 宏包用于字距调整的子参数及其选项说明。

表 3.9　microtype 宏包用于字距调整的子参数及其选项说明

tracking	选择需要调整字距的字体，该参数有以下多个选项： false　默认值，取消该参数的选择功能。 alltext　选择源文件中所有文本字体，不包括数学字体。 allmath　选择源文件中所有字体，包括数学字体。 basictext 选择源文件中罗马体字族、常规序列和尺寸为\large、\normalsize、\small 和\footnotesiz 的字体。 normalfont　选择源文件中所有尺寸为\normalsize 的字体。 footnotesize　选择源文件中所有尺寸小于\small 的字体。 scriptsize　选择源文件中所有尺寸小于\footnotesize 的字体
letterspace	字母间距系数，默认值为 100，可取值为-1000~1000，相当于字母间距为-1em~1em

宏包 microtype 还提供字距调整命令.

> \textls[字距系数]{文本}

其中字距系数默认值为 100，可取值为-1000~1000，文本可以是任意字符。

3.5.3　LaTeX 行距

LaTeX 系统会根据文类的常规字体尺寸选项的不同，自动对行距作出相应的调整；当调用中文字体宏包 ctex 后，行距也会自动加以放大。如果在导言中调用了中文字体宏包 ctex，还可以使用系统提供的行距系数修改命令修改行距。格式如下：

```
\linespread{系数}
```

其中系数的默认值为 1，系数必须大于或等于 1 才有意义。这条命令通常只用于导言，规定全文的行距。如果要修改局部行距，可以使用如下命令修改其后的行距。

```
\linespread{系数}\selectfont
```

如果要修改单行行距，可以在该行插入命令\vadjust{垂直空白}，其中垂直空白通常为正值，若取负值，将缩短该行与下一行的距离。

段落与段落之间除了行距以外，还附加一段垂直距离，它由命令\parskip 控制。如果需要对某个段落的形状进行修改，需要用到以下几条命令：

```
\leftskip        %段落左侧移动宽度，默认值是 0pt，可使用长度赋值命令修改其值，正值
向右、负值向左移动。
\rightskip       %段落右侧移动宽度，默认值是 0pt，可使用长度赋值命令修改其值，正值
向左、负值向右移动。
\hangafter       %段落悬挂缩进的行数，默认值是 1，可使用赋值命令\hangafter=整数，修
改其值，正值表示段落前整数行的位置不变，负值表示段落前整数行从左侧向右或从右侧向左缩
进，其后所有行的位置不变。
\hangindent      %段落悬挂缩进的宽度，默认值是 0pt，可使用长度赋值命令修改其值，修
改其值，正值表示从左侧向右缩进，负值表示从右侧向左缩进。
```

如果要将一个段落的首行缩进或者禁止其缩进，可在该段落首行之前分别使用缩进命令和无缩进命令：

```
\indent          %段落首行缩进。
\noindent        %段落首行无缩进。
```

这两条命令对于表格、插图或小页也适用，但在段落文本中使用失效。

如果要考虑是否进行换页，可以使用如下命令：

```
\newpage 或者\clearpage 或者\cleardoublepage        %立即换页。
\pagebreak[优先级]   %智能换页，参数优先级共有 0~4 五个等级。如\pagebreak[0]，告诉系
统可以在此换页，\pagebreak 即\pagebreak[4]则是命令系统必须在此换页。
\nopagebreak[优先级]  %通知系统能否不在此处换页，参数优先级共有 0~4 五个等级。如
\nopagebreak[0]，告诉系统可以不在此换页，\nopagebreak 即\pagebreak[4]则是命令系统不得在此换页。
```

如果需要留一个空白页，可以使用命令\newpage \mbox{} \newpage。要强调某些词语，可以使用加下划线命令\underline{文本}。它可以在文本模式，也可以在数学模式中使用。也可以调用下划线宏包 ulem，并使用它提供的一组命令生成下划线、双下划线等。如果在中文字体宏包 ctex 的调用命令中添加 fntef 选项，它将会自动加载下划线宏包 CJKfntef，该宏包也提供了一组下划线命令。

【例3.5】 编写源程序：说明调用下划线宏包 ulem 的应用。

源程序：

```
\documentclass{book}
\usepackage[paperwidth=65mm,paperheight=30mm,text={55mm,50mm},left=5.0mm,top=3pt]
{geometry}
```

```
\usepackage[space]{ctex}
\usepackage{ulem}
\begin{document}
\centering
\uline{important  重要}\\
\uuline{urgent  急迫}\\
\uwave{prompt  提示}\\
\sout{wrong  错误}\\
\xout{removed  删除}
\end{document}
```

源程序运行结果如图 3-10 所示。

图 3-10

【例 3.6】 编写源程序：说明在中文字体宏包 ctex 的调用命令中添加 fntef 选项，自动加载下划线宏包 CJKfntef 的应用。

源程序：

```
\documentclass{book}
\usepackage[paperwidth=65mm,paperheight=35mm,text={55mm,50mm},left=5.0mm,top=3pt]{geometry}
\usepackage[space,fntef]{ctex}
\begin{document}
\centering
\CJKunderdot{important  非常重要}\\
\CJKunderline{notice  注意}\\
\CJKunderdblline{urgent  必须}\\
\CJKunderwave{prompt  提示}\\
\CJKsout{wrong  错误}\\
\CJKxout{removed  删除}
\end{document}
```

源程序运行结果如图 3-11 所示。

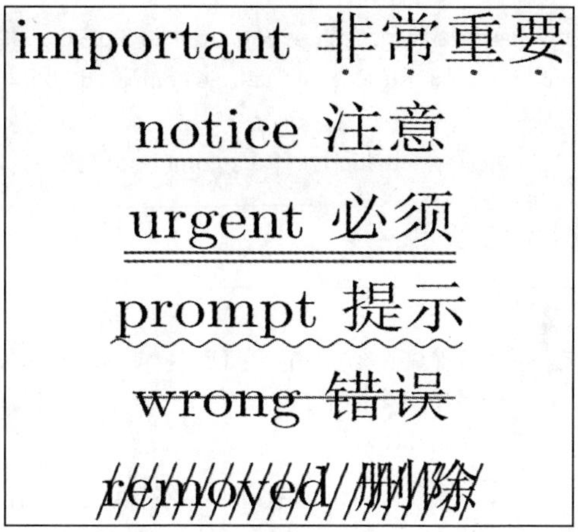

图 3-11

3.5.4　LaTeX 首字下沉与上浮

调用由 Daniel Flipo 编写的 lettrine 宏包，它提供了一条首字母沉浮命令：

```
\lettrine[参数 1=数值，参数 2=数值，…]{首字母}{文本}
```

该命令有多个可选子参数：

lines：首字母下沉的行数，默认值是 2；如果取 1，首字母将上浮一行。

lhang：首字母向左侧边框凸进的宽度与首字母宽度的比值，它的取值范围为(-1,1]，默认值为 0。若选取 0.5，表示首字母有一半凸进左边框。

loversize：首字母高度与其原高度的比值，取值范围为(-1,1]，默认值为 0。若选取 0.2，表示首字母增高 20%。首字母增高的同时，其宽度也成比例增加。

调用 contour 宏包，可以定义一个轮廓线命令：

```
\contour {颜色}{文本}
```

它可以为文本添加所设颜色的轮廓线或阴影。

【例 3.7】　编写源程序：说明 lettrine 宏包的应用。

源程序：

```
\documentclass{book}
\usepackage[paperwidth=65mm,paperheight=60mm,text={60mm,100mm},left=3.5mm,top=18pt]{geometry}
\usepackage[space]{ctex}
\usepackage{lettrine}
\begin{document}
\lettrine[lines=1,lhang=0.1,loversize=0.1]
```

{我}{} 们已经知道古代中国人用三作为 π 的值或他们按三比一来计算圆周与直径之比。

```
\lettrine[lines=3,lhang=0.2,loversize=0.2]
```

{W}{} e already know that the ancient Chinese employed for π the value
3, or that they counted the circumference of a circle compared with
diamenter as 3 to 1.
\end{document}   %也可通过\lettrine[l...]{\textcolor{red}{我}}{}对首字母着色。

源程序运行结果如图 3-12 所示。

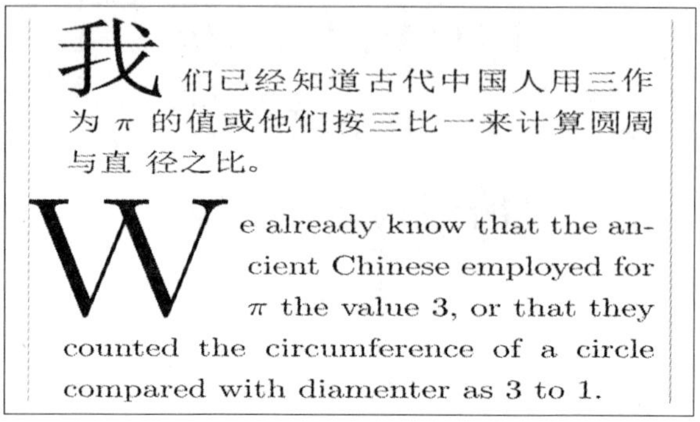

图 3-12

【例 3.8】 编写源程序：说明 contour 宏包的应用。
源程序：

```
\documentclass[12pt]{book}
\usepackage[paperwidth=65mm,paperheight=82pt,text={60mm,36mm},left=1.5mm,top=4pt]
{geometry}
\usepackage{contour,xcolor,ctex}
\begin{document}
\centering
\definecolor{shadow}{gray}{0.65}
\contour{shadow}{\color{black} \fontsize{40}{50pt}\selectfont \kaishu 论文集}
\Huge\bf \color{green} \contour{black}{LaTeX 源程序}
\end{document}
```

源程序运行结果如图 3-13 所示。

图 3-13

3.5.5 LaTeX 版式及页码

LaTeX 版式是指版面中页眉与页脚的格式。页眉包括页眉文本行和页眉线。页脚包括页脚文本行和页脚线。通常学位论文都要用到页眉和页脚。LaTeX 系统可以提供四种版式，其名称和格式如下：

empty：页眉和页脚都空置，即没有页眉和页脚。

plain：页眉空置,页脚中间是页码，无页脚线。若论文用 report 或 article 文类，则该版式为默认版式。

headings：文类 book 的默认版式，左页（偶数页）页眉的左端是页码，右端是章标题；右页（奇数页）页眉的右端是页码，左端是节标题；无页眉线和页脚；新章另起一页，该章标题页的版式为 plain。如果改为单页排版，则所有页的页眉左端均为章标题。该版式由 book 文类提供。

myheadings：格式与 headings 版式相同，只是左页页眉的右端和右页页眉的左端都空置，其内容必须由作者用命令自行设置。该版式由 book 文类提供。

使用 LaTeX 系统提供的版式设置命令：

$$\text{\textbackslash pagestyle\{版式\}}$$

可以在导言中设置全文的版式，也可以在正文中设置当前页及后续页的版式。还可以使用本页版式设置命令\thispagestyle{版式}在正文中设置当前页的版式。也可以使用本页版式命令\thispagestyle{empty}清空封面的页眉和页脚区域。这里要注意空白页的页眉：若在文档类型命令中没有启用 openany 选项，文类 book 默认每个新章都从右页开始，很可能造成多处左页完全空白，而页眉仍然存在。这种空白页是自动生成的，无法用空白版式命令\thispagestyle{empty}来清除空白页的页眉。遇到这种情况，可在前一章的结尾处添加清理命令来解决问题。加清理命令为\clearpage{\pagestyle{empty}\ cleardoublepage}。

以上述四种版式为基础，文类 book 还提供三条分区命令：\frontmatter、\mainmatter 和\backmatter。它们可将正文部分再根据不同的内容划分为三个版式区域，其使用方法如表 3.10 所示。

表 3.10　三条分区命令及其使用说明

\begin{document}	
\include{cover}	调入封面子源文件 cover.tex
\frontmatter	
\include{abstract}	调入摘要子源文件 abstract.tex
\tableofcontents	创建目录命令
\mainmatter	
\include{chapter1}	调入第 1 章子源文件 chapter1.tex
\include{chapter2}	调入第 2 章子源文件 chapter2.tex
……	
\backmatter	
\include{reference}	调入参考文献子源文件 reference.tex
\end{ document }	

在\frontmatter 和\mainmatter 之间的部分称为前文区，在\mainmatter 和\backmatter 之间的部分称为主文区，\backmatter 之后的部分称为后文区。这三条命令对其后区域中的页码计数形式、章节标题序号和首章位置等都有不同的作用，如表 3.11 所示。

表 3.11　三条分区命令的作用对照

	\frontmatter	\mainmatter	\backmatter
页码形式	小写罗马数字	阿拉伯数字	阿拉伯数字，续此前页码
章标题	无序号，可入目录	有序号，可入目录	无序号，可入目录
其他标题	有序号，可入目录	有序号，可入目录	有序号，可入目录
首章位置	右页	右页	任何页
涉及内容	前言、摘要和目录	论文正文	参考文献、索引和附录等

LaTeX 系统默认的页码计数形式为阿拉伯数字。可以使用页码设置命令

$$\text{\textbackslash pagenumbering}\{计数形式\}$$

修改当前页及后续页的页码计数形式。其中计数形式有下列选项：

alph：计数页码为小写英文字母，顺序为 a、b、c、⋯。

Alph：计数页码为大写英文字母，顺序为 A、B、C、⋯。

arabic：计数页码为阿拉伯数字，顺序为 1、2、3、⋯。

roman：计数页码为小写罗马数字，顺序为 i 、ii、iii、⋯。

Roman：计数页码为大写罗马数字，顺序为 I 、II、III、⋯。

摘要和目录的页码，常用大写罗马数字，即\pagenumbering{ Roman }。正文以后的页码采用阿拉伯数字，即\pagenumbering{ arabic }。若需要在某页从某个页码开始排序，可在该页的源程序中使用计数器设置命令：

$$\text{\textbackslash setcounter}\{page\}\{页码\}$$

其中，page 是系统定义的页码计数器，页码是所需设定起始页码的数字。若希望页码以章为排序单位，并在页码前加入章序号，可以重新定义页码设置命令：

```
\renewcommand{\pagenumbering }[1]{ \setcounter{page}{1}
\renewcommand{\thepage}{\thechapter-\csname@#1\endcsname{\value{page}}}}
```

调用 chappg 宏包也可得到同样的效果。

3.5.6　版式设置宏包 fancyhdr

版式设置宏包 fancyhdr 是由 Piet van Oostrum 编写的。调用版式设置宏包 fancyhdr，可以紧跟其后使用如下版式设置命令进行版式设置：

$$\text{\textbackslash usepackage}\{fancyhdr\}\quad \text{\textbackslash pagestyle}\{fancy\}$$

fancy 是版式设置宏包 fancyhdr 提供的一种自定义版式，它将页眉和页脚各分为左、中、右三个部位。可使用版式设置宏包 fancyhdr 提供的页眉和页脚命令

```
\ fancyhead[位置]{页眉内容}
\ fancyfoot[位置]{页脚内容}
```

对每个部位的内容分别进行设置。其中可选参数位置的选项及其所代表的位置如表 3.12 所示。

表 3.12　页眉和页脚可选参数位置选项及含义

页眉和页脚可选参数位置选项	
EL	左页的左端
EC	左页的中间
ER	左页的右端
OL	右页的左端
OC	右页的中间
OR	右页的右端

页眉和页脚可选参数位置的选项各有六个选项，其中字母 E 和 O 分别表示左页和右页，字母 L、C 和 R 分别表示左、中及右。如[EL,OR],表示左页的左端和右页的右端，也可以使用小写字母，其含义不变。若选项中没有标明 E 或 O，则表示其设置适用于所有页。这两条页眉和页脚设置命令可用在导言中对全文的页眉和页脚内容进行设置，也可以用于正文中对部分页面的页眉和页脚内容进行设置。

自定义版式 fancy 的默认格式是由以下页眉和页脚等设置命令预定义的：

```
\fancyhead[ER,OL]{\slshape   \leftmark}      %页眉参数位置选项为左页的右端和右页的左端，
倾斜字体。
\fancyhead[EL,OR]{\slshape   \rightmark}     %页眉参数位置选项为左页的左端和右页的右端，
倾斜字体。
\fancyfoot[C]{\thepage}                      %页脚参数位置选项为中间。
\newcommand{\headrulewidth} {0.4pt}          %修改页眉线的高度。
\newcommand{\footrulewidth} {0pt}            %修改页脚线的高度。
```

其中\leftmark 是系统内部的文本数据命令，其内容是当前页中的章标题；若当前页没有章标题，则是此前最近页中的章标题。每个章命令\chapter 都将该数据命令刷新，同时把数据命令\rightmark 清空。\rightmark 也是系统内部的文本数据命令，其内容是当前页中第一个节标题；若当前页没有节标题，则是此前最近页中的节标题。这条数据命令是由当前页中的第一个节命令\section 来刷新。\headrulewidth 和\footrulewidth 都是长度数据命令，分别表示页眉线的高度和页脚线的高度。此外在文类 book 内部使用命令\MakeUppercase,可以将页眉文本中的所有小写字母都转换为大写字母。若选用 article 文类，命令\leftmark 的内容是当前页中最后一个节标题；如果当前页中没有节标题，则是此前最近页中的节标题。而命令\rightmark 的内容是当前页中第一个小节标题；如果当前页中没有小节标题，则是此前最近页中的小节标题。

如果要将自定义版式 fancy 的默认格式的字体由倾斜形状改为直立形状，可在版式设置命令\pagestyle{fancy}之后插入页眉和页脚设置命令：

```
\fancyhf { }    \fancyhead[ER,OL] {\leftmark}
\fancyhead[EL,OR]{\rightmark}    \fancyfoot[C]{\thepage}\
```

其中命令\fancyhf { }的作用是清空对页眉和页脚的原有设置。

如果要将学校的名称置于左页页眉的中部，章标题放在右页页眉的中部，可以使用

页眉和页脚设置命令：

```
\fancyhf { }    \fancyhead[EC] {\fangsong 沈阳建筑大学硕士学位论文}
\fancyhead[OC]{ \fangsong \rightmark}    \fancyfoot[C]{\thepage}
```

对于文类 book 来说，它将每一新章另起一页，该页默认版式为 plain，即页眉空白，页码置于页脚中部。若希望所有章标题页的版式与其他页的版式保存一样，就需要修改 plain 版式的定义。版式设置宏包 fancyhdr 提供一条版式修改命令：

```
\fancypagestyle{ 版式}{设置命令}
```

其中版式是所要修改版式的名称。如在页眉和页脚设置命令：

```
\fancyhf { }    \fancyhead[EC] {\fangsong 沈阳建筑大学硕士学位论文}
\fancyhead[OC]{ \fangsong \rightmark} \fancyfoot[C]{\thepage}
```

之后插入下列版式修改命令：

```
\fancypagestyle{plain}{\fancyhf { }
\fancyhead[EC] {\fangsong 沈阳建筑大学硕士学位论文}
\fancyhead[OC]{ \fangsong \rightmark} \fancyfoot[C]{\thepage}}
```

就可以使新章起始页与其他页的版式保存一样。版式修改命令中\fancyhf { }的作用是清除对 plain 版式的原定义。另外，调用末页标签宏包命令 lastpage 可以得到"第 12/28 页"这样的页码形式。只需要将页脚设置命令改为

```
\fancyfoot[C]{第\ thepage/\pageref{LastPage}页}
```

若要改用中文页码，可在页码设置中使用 ctex 宏包提供的中文数字转换命令。例如：

```
\fancyhead[EL,OR]{ \CTEXdigits{\Chnum} {\thepage}\Chnum}
```

使用版式设置宏包 fancyhdr 提供的非大写命令\nouppercase，可以保持章节标题中的小写英文字母不被转换成大写形式。例如：

```
\fancyhf { }    \fancyhead[EC] {\nouppercase {\leftmark}}
\fancyhead[OC]{ \nouppercase{ \rightmark}} \fancyhead [EL,OR]{\thepage}}
```

关于多行页眉或页脚，可使用换行命令\\生成，但要事先增加页眉或页脚的高度，防止出现左、右页的页眉线或页脚线的位置高低不一的问题。例如：

```
\addtolength{\headheight}{\baselineskip} \fancyhf{}
\fancyhead[EC] {\fangsong 沈阳建筑大学\\工学硕士学位论文}
\fancyhead[OC]{ \fangsong \leftmark} \fancyfoot[C]{\thepage}
```

其中第一条命令为长度赋值命令，它将页眉增高一行。

关于自定义版式 fancy 的页眉线和页脚线高度，可分别用长度数据命令 headrulewidth 和 footrulewidth 表示，其默认值分别为 0.4pt 和 0pt，这两条命令是用\newcommand 命令定义的，不能修改，只能重新定义命令：

```
\renewcommand{\headrulewidth}{高度}
\renewcommand{\footrulewidth}{高度}
```

通过这两条重新定义的命令来重新设定页眉线和页脚线的高度。页眉线和页脚线通常是一条高度为 0.4pt 的细实线。也可以对页眉线命令\headrule 或页脚线命令\footrule 重新定义，以创建新的页眉线或页脚线式样。例如创建双页眉线命令：

```
\renewcommand{\headrule}{
\hrule width\headwidh    height1.2pt \vspace{1pt}\hrule width\headwidth}
```

其中\headwidth 是版式设置宏包提供的页眉宽度数据命令，其默认值是\textwidth,可用长度赋值命令修改其值。重新定义的双页眉线命令可画出两条平行的页眉线，上一条线的高度是 1.2pt，下一条线是 0.4pt，两条线间距为 1pt，一细一粗，常常称为文武线。

关于页脚线与页脚文本行顶端之间的距离为\footruleskip,它的默认值是行距的 30%，可以使用重新定义命令，比如\renewcommand{\footruleskip}{8pt},重新设定页脚线与页脚文本行顶端之间的距离。

关于页眉和页脚文字的水印效果，自定义版式 fancy 也可以做到。例如将页眉和页脚都改为灰色，可以使用如下命令：

```
\fancyhf { }    \fancyhead[EC] {\color{gray}\leftmark}
\fancyhead[OC]{\color{gray}\rightmark}\fancyfoot[C]{\color{gray}\thepage}
\renewcommand{\headrule}{\color{gray}\hrule   width\headwidth}
```

关于超宽页眉，可以使用版式设置宏包 fancyhdr 提供的超宽页眉命令进行设置，命令如下：

```
\fancyheadoffset[位置]{宽度}
```

其中宽度用于设置超出部分的宽度，可取负值，如果调用了 calc 算术宏包，还可以采用长度表达式。如要将页眉外侧超宽 20pt，其命令如下：

```
\fancyhf { }
\fancyheadoffset[RO,LE] {20pt}
\fancyhead[OC]{\color{gray}\rightmark}\fancyfoot[C]{\color{gray}\thepage}
\renewcommand{\headrule}{\color{gray}\hrule   width\headwidth}
```

一本书的版式设置可以使用中文标题宏包 ctexcap 的 fancyhdr 选项，并在导言中对版式做如下设置：

```
\usepackage[fancyhdr,fntef,nocap,space]{ctexcap}
\pagestyle{fancy} \fancyhf{} \fancyhead[EL,OR]{\thepage}
\fancyhead[OC]{\nouppercase{\fangsong\rightmark}}
\fancyhead[EC]{\nouppercase{\fangsong\leftmark}}
\fancypagestyle{plain}{\renewcommand{\headrulewidth}{0pt}\fancyhf{}}
```

其中第一行调用中文标题宏包 ctexcap；最后一行的版式修改命令用于修改系统的 plain 版式，使所有章标题页的页眉和页脚都为空白。注意，当调用中文标题宏包 ctexcap

后，不能再调用 fancyhdr 宏包。若要修改版式，应启用中文标题宏包 ctexcap 的 fancyhdr 选项，并对其中某些命令重新定义，以正确显示中文页眉。

3.6　LaTeX 标题格式设置

论文写作中常用到三种标题：论文标题（title）、层次标题（heading）以及图表标题（caption）。下面通过具体实例加以说明。

3.6.1　论文标题

LaTeX 系统提供了一组论文标题命令：\title{论文标题名称}；\author{作者姓名}；\and；\thanks{脚注内容}；\today 当天日期；\date{日期}；\date{}不显示日期；\maketitle 标题生成命令。注意：\maketitle 标题生成命令是由所选文类提供的。book 及 report 文类默认创建单独的标题页，而 article 默认标题与正文相连，不单独设标题页。

若是 book 及 report 文类，又希望标题与正文相连，可使用这两种文类都有的 notitlepage 选项；若是 article 文类，又希望创建单独的标题页，可使用该文类的 titlepage 选项。

【例 3.9】　使用论文标题命令编写一个具有两位作者的论文标题页源程序。

源程序：

```
\documentclass{book}                    %文类为 book
\usepackage[paperwidth=185mm,paperheight=210mm,text={148mm,210mm},top=-30mm,hmarg
inratio=1:1,vmarginratio=1:1,includehead]{geometry}      %用版面尺寸设置宏包 geometry 设置版面。
\usepackage[space]{ctex}                %调用支持中文字体的宏包。
\renewcommand{\rmdefault}{ptm}          %修改默认罗马体字族命令\rmdefault 为 ptm（times）。
\begin{document}                        %开始文档。
\title{\vspace{-30mm}\heiti\Huge 信息时代的大学数学教育\vspace{9mm}} % \vspace{长度}为
垂直空白命令。
\author{李汉龙\thanks{硕士、副教授}\\[2mm]沈阳建筑大学理学院\\      %\\为换行命令。
\texttt{954455019@qq.com}\and           %等宽字体显示文本命令\texttt{文本}。
隋英\thanks{硕士、副教授}\\[2mm] 沈阳建筑大学理学院\\   %\and 为并列命令，用于\author
命令中分隔。
\texttt{954455020@qq.com}}              %\thanks{脚注}为脚注命令，用于\title 或\author
                                         中，在题目页底部生成脚注，但没有脚注线。
\date{2016.1.26}                        %日期命令 date{日期}，date{today}显示当天日期。
\maketitle                              %题目生成命令，即所谓制造标题。
\end{document}                          %结束文档。
```

源程序运行结果如图 3-14 所示。

在独立的标题页中，\thanks{脚注内容}命令生成的脚注不带脚注线,脚注序号为阿拉伯数字,脚注字体尺寸为\small;如是标题与正文同页，\thanks{脚注内容}命令生成的脚注附带一条脚注线，脚注序号改为星号等标识符号，脚注字体尺寸为\footnotesize。如果希望修改日期格式为"日/月/年"，可调用日期格式宏包：

```
\usepackage[ddmmyyyy]{datetime}
```

信息时代的大学数学教育

李汉龙[1]　　　　隋英[2]

沈阳建筑大学理学院　　沈阳建筑大学理学院

954455019@qq.com　　954455020@qq.com

2016.1.26

图 3-14

若要对论文标题页进行艺术设计，通常会用到标题页环境命令 titlepage，其命令格式如下：

```
\begin{titlepage}
论文标题、作者姓名、日期等
\end{titlepage}
```

【例 3.10】 使用标题页环境 titlepage 编写一个具有两位作者的论文标题页源程序。

源程序：

```
\documentclass{book}                    %文类为 book
\usepackage[paperwidth=185mm,paperheight=150mm,text={148mm,148mm},top=-30mm,hmarg
inratio=1:1,vmarginratio=1:1,includehead]{geometry}        % 页面设置
\usepackage[space]{ctex}                 %调用支持中文字体的宏包。
\renewcommand{\rmdefault}{ptm}           %修改默认罗马体字族命令\rmdefault 为 ptm（times）。
\begin{document}                         %开始文档。
\begin{titlepage}                        %开始标题页环境 titlepage。
\vspace*{40mm}                           %若命令\vspace{长度}产生的垂直空白位于一页的开
                                          始或结尾，该空白将被删除，如需要保留这段空白，
                                          可改用命令\vspace*{长度}。
\begin{center}                           %开始居中环境 center。
{\heiti\Huge 信息时代的大学数学教育}\\[30mm]    %题目为黑体，大字体，换行。
{\Large 李汉龙\footnote{硕士、副教授}}\\[5mm]  %大字体姓名，加脚注，换行。
沈阳建筑大学理学院\\                       %\\换行。
\texttt{954455019@qq.com}\\[9mm]          %等宽字体显示文本命令\texttt{文本}，换行。
{\Large 隋英}\\[5mm]                       %大字体姓名
沈阳建筑大学理学院\\                       %\\换行。
\texttt{954455020@qq.com}\\[15mm]         %等宽字体显示文本命令\texttt{文本}，换行。
2016.1.28                                %日期
\end{center}                             %结束居中环境 center。
\end{titlepage}                          %结束标题页环境 titlepage。
\end{document}                           %结束文档。
```

源程序运行结果如图 3-15 所示。

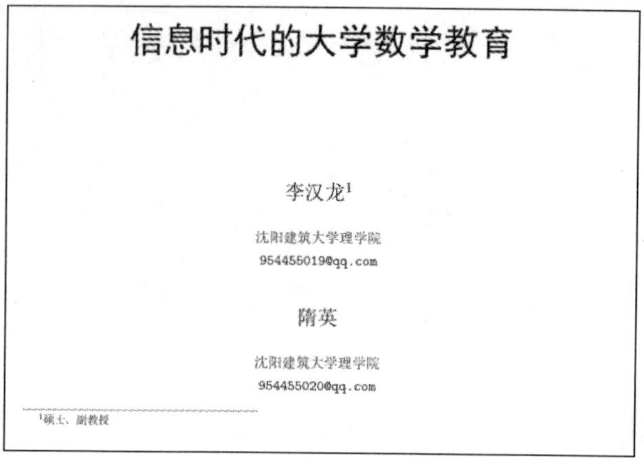

信息时代的大学数学教育

李汉龙[1]

沈阳建筑大学理学院
9544550190qq.com

隋英

沈阳建筑大学理学院
9544550200qq.com

[1]硕士、副教授

图 3-15

论文标题命令\title{论文标题名称}、\author{作者姓名}、\and、\thanks{脚注内容}、\today、\date{日期}、\date{}、和\maketitle 中，只有日期命令\today 在标题页环境 titlepage 中有效，其他命令均无效。latex 一行的结尾常加一个%，因为使用 ctex 宏包 space 选项在换行时会自动插入空格，所以为了消除在换行处自动插入的空格，在每行末尾加一个注释符%再回车，LaTeX 将忽略注释符右侧的任何字符和空格。Latex 系统中的"~"是不可换行的空格符，即不允许在该符号所处的位置换行，ctex 宏包将其重新定义，使其成为可以换行的空格符。如果希望维持该符号定义，可在正文中使用命令\standardtilde 将其后的所有"~"改为不可换行的空格符。也可使用命令\CJKtilde 将其所有的"~"再改为可换行的空格符。如果已定义可换行，又希望论文中有些中文与其他字符组成的词汇之间的空格处不出现换行，则可在空格前插入空格命令\nbs 或\nobreakspace，前者由 CJK 宏包提供，后者由 LaTeX 提供。

【例 3.11】 使用标题页环境 titlepage 编写一个完整的学位论文封面源程序。
源程序：

```
\documentclass[11pt]{book}                    %文类为 book，字号大小为11pt 。
\usepackage[paperwidth=160mm,paperheight=235mm,text={128mm,210mm},left=15mm,top=
15mm]{geometry}
                                              %页面设置
\usepackage[space]{ctex}                      %调用支持中文字体的宏包 ctex。
\usepackage{ulem}                             %调用下划线宏包 ulem。
\renewcommand{\rmdefault}{ptm}                %修改默认罗马体字族命令\rmdefault 为 ptm（times）。
\renewcommand{\sfdefault}{phv}                %修改默认等线体字族命令\sfdefault 为 phv 等线体。
\begin{document}                              %开始文档
\begin{titlepage}                             %开始标题页环境 titlepage。
\begin{center}                                %开始居中环境 center。
分 类 号：U129 \hfill                          %\hfill 表示将当前行所剩余空间用空白填满，即让"分
                                                类号:U129"居左。

\newlength{\Mycode}
\settowidth{\Mycode}{学\qquad 号：xh1000000}   %\settowidth{命令}{字符串}用字符串的
                                                宽度给长度数据命令赋值。即命令"\Mycode"
                                                等于"学\qquad 号：xh1000000"，\qquad
```

	表示生成一段宽度为 2em 的水平空白，\quad 表示生成一段宽度为 1em 的水平空白，1em=当前字体尺寸，若当前字体是 10pt 的罗马体，1em=10pt，如是 10pt 粗罗马体，1em=10.5pt。
\begin{minipage}[t]{\Mycode}	%开始小页环境 minipage，文本宽度为\Mycode，制作学位论文封面代码信息，采用小页环境，位置参数 t 为 top，即小页环境 minipage 顶对齐，因此，小页环境页面居右。
单位代码：110168\\	%\\换行。
\qquad 号：xh1000000\\	%\\换行。
密\qquad 级：公开	
\end{minipage}	%结束小页环境 minipage。
\linespread{2.2}\vspace{18mm}\\	%利用 ctex 宏包提供的行距系数命令\linespread{系数}修改行距。系数是系统默认的倍数，它是一个十进制数，其默认值是 1。如\linespread{1.25}表示将系统默认行距扩大 0.25 倍，使其宽度为字体尺寸的 1.5 倍，故称 1.5 倍行距。而\linespread{1.667}则被称为 2 倍行距。\vspace{18mm}为垂直空白命令，生成一段高度为 18mm 的垂直空白。\\为换行命令。
\centerline{\Huge 东海大学硕士学位论文}	%\centerline{\Huge}居中最大字体"东海大学硕士学位论文"。
\vspace{26mm}	%生成一段高度为 26mm 的垂直空白。
\heiti\large	%黑体，较大字体。
\renewcommand{\ULthickness}{0.6pt}	%修改下划线的粗细为 0.6pt，下划线命令\ULthickness，默认值为 0.4。
\setlength{\ULdepth}{4pt}	%\setlength{命令}{长度}用长度为长度数据命令赋值，\ULdepth 表示下划线与文本的距离，即是设置下划线与文本距离为 4pt。
题\qquad 名\uline{\hfill\kaishu{数学物理方程的弱解}\hfill}\par	%\qquad 表示生成一段宽度为 2em 的水平空白；\uline 画一条下划线命令，\uuline 画两条下划线命令；\hfill 将当前行所剩余空间用空白填满；\uline{\hfill\kaishu{数学物理方程的弱解}\hfill}即是在楷书字体"数学物理方程的弱解"下划线；\par 为强制换行。
英\qquad 文\uline{\hfill\sf{The weak solution on Partial Differential Equations}\ hfill}\par	%\qquad 表示生成一段宽度为 2em 的水平空白；\uline 画一条下划线命令；\hfill 将当前行所剩余空间用空白填满；\uline{\hfill\sf{The weak solution on Partial Differential Equations}\hfill}即是在等线体字族(sf)"The weak solution on Partial Differential Equations"下划线；\par 为强制换行。
~\qquad\qquad \uline{\hfill\sf{of MathematicalPhysics}\hfill}\par	%~表示空格，\qquad 表示生成一段宽度为 2em 的水平空白；\par 为强制换行。
\vspace{20mm} 研究生姓名\uline{\hfill\kaishu{李晓龙}\hfill}\par	%\vspace{20mm}生成一段高为 20mm 的垂直空白。
专\qquad\quad 业\uline{\kaishu\makebox[45mm]{基础数学}}\hfill	%\makebox[宽度]{对象}

83

创建一个盒子，\makebox[45mm]{基础数学}创建一个宽度为45mm的盒子，其中的对象为"基础数学"。

研究方向\uline{\kaishu\makebox[35mm]{发展方程}}\par　　　　　%\makebox[35mm]{发展方程}创建一个宽度为35mm的盒子，其中的对象为"发展方程"，\par强制换行。

导\qquad\quad 师\uline{\kaishu\makebox[45mm]{张国明}}\hfill　　　　%\makebox[45mm]{发展方程}创建一个宽度为45mm的盒子，其中的对象为"张国明"　。

职\qquad 称\uline{\kaishu\makebox[35mm]{副教授}}\par　　　　%\makebox[35mm]{副教授}创建一个宽度为35mm的盒子，其中的对象为"副教授"　\par强制换行。

\vspace{20mm} 论文报告提交日期\uline{\kaishu\makebox[30mm]{2016年4月}}\hfill

学位授予日期\uline{\kaishu\makebox[30mm]{~~~}}\par　　　　%\makebox[30mm]{~~~}创建一个宽度为30mm的盒子，其中的对象为"~~~"，代表三个空格，\par强制换行。

授予学位单位名称和地址\uline{\hfill\kaishu{东海大学}\hfill}\par

\end{center}　　　　%结束居中环境 center。

\end{titlepage}　　　　%结束小页环境 center。

\end{document}　　　　%结束文档。

源程序运行结果如图 3-16 所示。

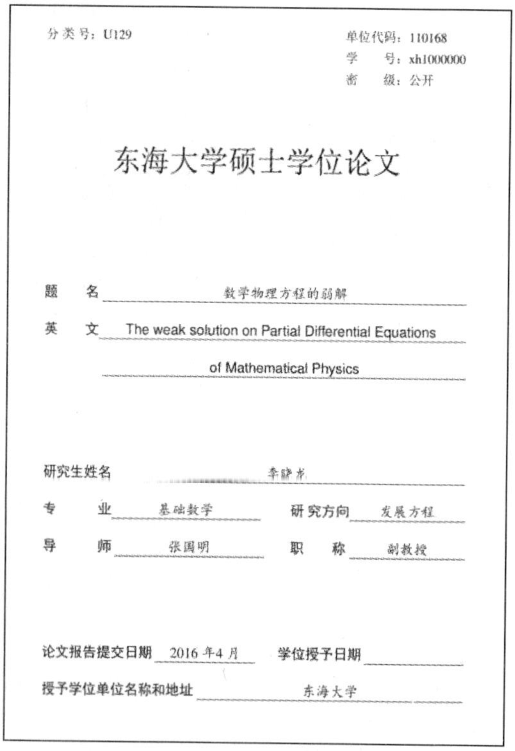

图 3-16

3.6.2　层次标题

通常一篇论文由许多章组成，每一章又由许多节组成，每一节又可能由许多个小节组成，……。所有这些章节，小节的标题即是所谓的层次标题。各种层次标题是由所选文类提供的各种章节命令生成的。book 和 report 文类都提供以下七种章节命令：

```
\part{标题内容}
\chapter{标题内容}
\section{标题内容}
\subsection{标题内容}
\subsubsection{标题内容}
\paragraph{标题内容}
\subparagraph {标题内容}
```

它们的意义分别为部、章、节、小节、小小节、段和小段，使用它们可以生成不同格式的层次标题。article 文类也提供了其中六种章节命令，只是缺少\chapter{标题内容}命令。

【例 3.12】 使用章节命令\chapter{标题内容}、\section{标题内容}、\subsection{标题内容}和\subsubsection{标题内容}编写 LaTeX 源程序,并展示其排版效果。

源程序：

```
\documentclass[11pt,a4paper,openany]{book}   %LaTeX 源程序的第一条命令,就是文档类型命令:
                                              \documentclass[参数 1，参数 2，…]{文类}[日期],
                                              其中日期可选参数常被省略。\documentclass[11pt, a4paper,
                                              openany]{book}表示使用 book 文档类型格式排版,
                                              字体尺寸为 11pt，版面为 a4 纸，openany 表示新的
                                              一章从左页或者右页开始都可以。
\usepackage[paperwidth=65mm,paperheight=57mm,text={60mm,100mm},left=1.5mm,top=-64pt]
{geometry}
                                              %调用页面设置宏包 geometry 进行页面设置。
\usepackage{ctex}                             %调用支持中文字体的宏包 ctex。
\linespread{0.8}                              %利用 ctex 宏包提供的行距系数命令\linespread{系数}
                                              修改行距。系数是系统默认的倍数，它是一个十进
                                              制数，其默认值是 1 。如\linespread{1.25}表示将系
                                              统默认行距扩大 0.25 倍,使其宽度为字体尺寸的 1.5
                                              倍，故称 1.5 倍行距。而\linespread{1.667}则被称为
                                              2 倍行距。
\begin{document}                              %开始文档。
\chapter{LaTeX 介绍}                          %第 1 层次标题为章标题。
\section{TeX 和 LaTeX}                        %第 2 层次标题为节标题。
\subsection{关于 TeX}                         %第 3 层次标题为小节标题。
\subsubsection{TeX 是 Donald E.Knuth 研制的}   %第 4 层次标题为小小节标题。
\end{document}                                %结束文档。
```

源程序运行结果如图 3-17 所示。

Chapter 1

LaTeX介绍

1.1　TeX和LaTeX

1.1.1　关于TeX

TeX是Donald E.Knuth研制的

图 3-17

文类 book 和 report 提供的部命令\part{标题内容}可生成单独的部标题页，而 article 文类提供的部命令\part{标题内容}则不专设一页。部标题的作用是将具有很多章的长篇论著分成若干个部分。部标题单独用罗马数字排序，如 Part I、Part II 等，不参与其他层次的标题排序。部标题的有无不影响其他层次标题的排序。因此，部命令\part{标题内容}是一个可以根据论文篇幅选用的命令。

【例 3.13】　使用章节命令\chapter{标题内容}、\section{标题内容}、\subsection{标题内容}和\subsubsection{标题内容}编写 LaTeX 源程序,并展示其排版效果。

源程序：

```
\documentclass{book}                      %文类为 book。
\usepackage[paperwidth=210mm,paperheight=42mm,text={80mm,100mm},left=30pt,top=60pt]
{geometry}
                                          %调用页面设置宏包 geometry 进行页面设置。
\usepackage[space]{ctex}                  %调用支持中文字体的宏包 ctex。
\renewcommand{\rmdefault}{ptm}            %修改默认罗马字族命令\rmdefault 为 ptm（times）。
\begin{document}                          %开始文档。
\setcounter{chapter}{2}                   %计数器\setcounter{计数器名}{数值}，初值为数值的
                                              计数器。
\section[高斯公式]{高斯公式的证明与应用}    %节命令\ section[目录标题内容]{标题内
                                              容}。通常在使用章节命令时都省略目录标题内容可
                                              选参数，如果给出，则标题内容只排版到论文的正
                                              文中，而将目录标题内容排入章节目录和页眉中。
                                              有时标题内容很长，为了避免在目录中出现多行标
                                              题或多行页眉，就可以灵活使用章节命令中的可选
                                              参数，其主要作用就是简化标题内容。也可使用章
                                              节命令的可选参数来改变目录中的标题字体。由于
                                              计数器\setcounter{chapter}{2}是从 2 章开始，因此，
                                              这里的节应该是 2.1 节。
```

86

```
\end{document}                          %结束文档。
```

源程序运行结果如图 3-18 所示。

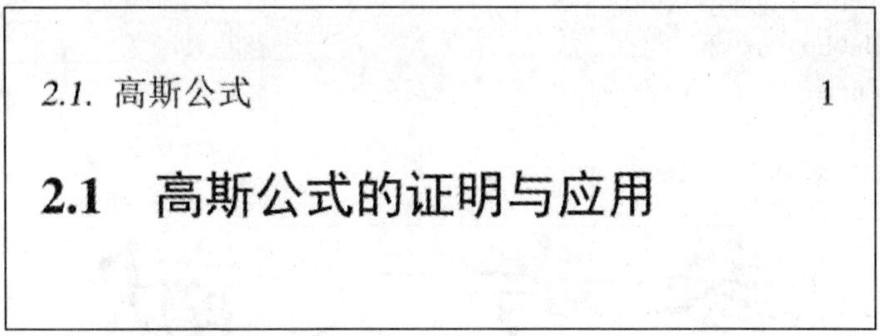

2.1　高斯公式的证明与应用

图 3-18

层次标题的层次名是由层次命令直接生成的。如层次名 Chapter 是由层次目录 \chapter 生成。这些自动生成的标题名称是系统预先定义的，称为预定名。LaTeX 系统中各种预定名及其定义命令如表 3.13 所示。

表 3.13　各种预定名与其定义命令

定义命令	预 定 名	中 文 名	说 明
\abstractname	Abstract	摘要	用于 article 和 report 文类
\appendixname	Appendix	附录	用于 book 和 report 文类
\bibname	Bibliography	参考文献	用于 book 和 report 文类
\chaptername	Chapter	章	用于 book 和 report 文类
\contentsname	Contents	目录	章节目录
\indexname	Index	索引	
\listfigurename	List of Figures	插图	插图目录
\listtablename	List of Tables	表格	表格目录
\partname	Part	部	
\refname	References	参考文献	用于 article 文类

注意：表 3.13 中的中文名是在调用中文标题宏包 ctexcap 后可自动转换而成；如果需要修改表中的某个预定名，可以对其定义命令进行修改，重新定义。

【例 3.14】 编写 LaTeX 源程序，将参考文献的标题由 Bibliography 改为中文仿宋字，并展示其效果。

源程序：

```
\documentclass{book}                          %文类为 book。
\usepackage[paperwidth=65mm,paperheight=22mm,text={62mm,70mm},left=1.5mm,top=-60pt]
{geometry}
    %调用页面设置宏包 geometry 进行页面设置。
\usepackage[space]{ctex}                       %调用支持中文字体的宏包 ctex。
\renewcommand{\rmdefault}{ptm}                 %修改默认罗马体字族命令\rmdefault 为
                                                 ptm（times）。
```

```
\begin{document}                                      %开始文档。
\renewcommand{\bibname}{\fangsong 参考文献}            %修改参考文献命令\ bibname 为
                                                       \fangsong 参考文献。
\begin{thebibliography}{99}                            %开始参考文献。
\end{thebibliography}                                  %结束参考文献。
\end{document}                                         %结束文档。
```

源程序运行结果如图 3-19 所示。

图 3-19

3.6.3　图表标题

首先介绍两个环境：一个是 figure，称为图形浮动环境；另一个是 table，称为表格浮动环境。其次介绍命令\caption，即图表标题命令，它们的命令结构分别为

```
\begin{figure}[位置]                    \begin{table}[位置]
插图命令或绘图环境                        \caption[目录标题内容]{标题内容}
\caption[目录标题内容]{标题内容}          表格环境
\end{figure}                            \end{table}
```

浮动环境中的图形或表格称为浮动体。其中可选参数位置具有的选项如表 3.14 所示。

表 3.14　可选参数位置的选项及说明

可选参数位置选项	说明
h	浮动体就地放置（here）
t	浮动体放置在当前页或者下一页的顶部（top）
b	浮动体放置在当前页或者下一页的底部（bottom）
p	浮动体放置在当前页（或当前栏）后的单独一页（或一栏），该页称为浮动体页（page of floats）
!	取消浮动体数量和占据版面比例的大部分限制，该选项应与其他选项组合使用

可选参数位置选项可以由一个或多个组成，其排列顺序并不影响系统对浮动体的浮动定位运算，因为系统总是按照 h→t→b→p 的试探顺序来确定放置浮动体的位置。如果在双栏版面中，浮动体的宽度超过栏宽或希望浮动体置于两栏之间横跨两栏，就要使用带星号的浮动环境：

```
begin{figure*}[位置]                    \begin{table*}[位置]
插图命令或绘图环境                        \caption[目录标题内容]{标题内容}
\caption[目录标题内容]{标题内容}          表格环境
\end{figure*}                           \end{table*}
```

其中可选参数位置只有 t 和 p 两个选项，默认值是 t。\caption[目录标题内容]{标题内容}只能在浮动环境中使用。

88

【例 3.15】 编写 LaTeX 源程序，将两幅插图放置于一个图形浮动环境 figure 之中。
源程序：

```
\documentclass{book}                              %文类为 book。
\usepackage[a6paper,centering,scale=1]{geometry}  %调用页面设置宏包。
\usepackage[space]{ctex}                           %调用支持中文字体的宏包 ctex。
\usepackage{graphicx}                              %调用插图宏包 graphicx，提供命令\includegraphics。
\begin{document}                                   %开始文档。
\renewcommand{\figurename}{\kaish 图}             %修改插图名命令\figurename 为命令\kaish 图。
\setcounter{chapter}{2}                            %初值为 2 的章计数器\ setcounter{chapter}{2}。
\begin{figure}[!ht]                                %开始图形浮动环境，位置为!ht。
\centering                                         %居中。
\includegraphics[scale=0.3]{graphics1.png}         %插入 graphics1.png 图，图形缩放系数 scale=0.3。
\caption{\kaishu 莫比乌斯环}                        %图形标题为楷书莫比乌斯环。
\smallskip                                         %生成一段高度为 3pt plus 1pt minus 1pt 的垂直空白。
\includegraphics[scale=0.6]{graphics2.jpg}         %插入 graphics2.jpg 图，图形缩放系数 scale=0.6。
\caption{\kaishu 蝴蝶花}                            %图形标题为楷书蝴蝶花。
\end{figure}                                        %结束插图。
\end{document}                                      %结束文档。
```

源程序运行结果如图 3-20 所示。

图 2.1: 莫比乌斯环

图 2.2: 蝴蝶花

图 3-20

3.6.4 图表标题格式的修改

在 book 或者 report 文类中，图表标题都是以章为排序单位，而在 article 文类中，图表标题是以全文为排序单位。若希望将图表标题的排序单位改为节，可以利用公式宏包 amsmath 提供的排序单位命令：

```
\numberwithin{figure}{section}
\numberwithin{table}{section}
```

3.7 LaTeX 使用插图

一篇优秀的论文往往会涉及到许多图表，但是 LaTeX 的绘图功能却比较简单。因此，需要通过其他软件先把图形画好，再插入到 LaTeX 源文件中。

3.7.1 LaTeX 图形的插入

LaTeX 源文件中可以直接插入的图形文件格式：EPS 文件，即 Encapsulated Post Script，是一种混合图形文件格式；PS 文件，即 PostScript，一种页面描述和编程语言，它可以精确描绘任何平面文字和图形；JPG（JPEG），即 Joint Photographic Experts Group，联合图像专家组，是一种有损压缩格式的图形；PNG，即 Portable Network Graphics，便携网络图形文件格式，是一种无损压缩位图图形文件格式；PDF，即 Portable Document Format，便携式文件格式。当要在源程序中插入图形时，首先要调用 graphicx 插图宏包，然后在插图处使用该宏包提供的相关命令。调用 graphicx 插图宏包命令为

\usepackage[参数 1，参数 2，…]{ graphicx}

插图宏包的可选参数具有多个选项，其中最常用的有两个：draft，将正文中所有插图用与其外形尺寸相同的方框替代，在方框内只显示插图名，这样可以加快文件的显示或打印速度；final，默认值，可用于抑制文档类型命令中通用选项 draft 对插图宏包的作用。

在插图宏包 graphicx 提供的各种命令中，最常用的就是插图命令：

\includegraphics[参数 1=选项，参数 2=选项，…]{ 插图名称}

其中，插图名称是指需要插入图形的名称，包括扩展名；可选参数分为三类参数，即外形参数、裁剪参数和布尔参数，下面分别加以说明。外形参数名称及选项说明如表 3.15 所示。

表 3.15　外形参数名称及选项说明

外形参数名称	选项说明
height	设定插图高度
totalheight	设定插图总高度。总高度=高度+深度
width	设定插图宽度
scale	设定插图缩放系数，为任意 10 进制数：如 scale=2 表示将插图实际尺寸放大 2 倍后插入文件中，如果取负值，则表示缩放的同时，将插图顺时针旋转 180 度
angle	设定旋转插图的度数，正值表示逆时针旋转，而负值表示顺时针旋转。如 angle=90 表示将插图逆时针旋转 90 度插入文件中
origin	设定插图旋转点的位置，默认值是插图的基准点，共有 12 个选项。如图 3-21 所示，origin=c 表示围绕插图中心旋转
bb	设定 EPS 格式插图的 BoundingBox 值。如 bb=0 0 150 300，它表示插图的左下角坐标是（0，0），右上角坐标是（150，300）

插图旋转点可选参数 origin 共有 12 个选项，它们分别表示的旋转点位置如图 3-21 所示。图中：l、c、r 分别表示左边、中线、右边共三条垂直线；t、c、B、b 分别表示顶线、中线、基线、底线共四条水平线。这七条线的 12 个交点就是图形旋转点的可选位置。如 cB 与 Bc 都表示基线中点；字母 c 是表示水平中线还是垂直中线，这要视与其组合的字母而定，如 cb 表示垂直中线与底线的交点，即底线中点；如果旋转点位置仅仅指定了一个字母，那另一个字母即默认为 c，如 c 等同于 cc，r 等效于 rc 等。其中点 lB 又称为基准点。

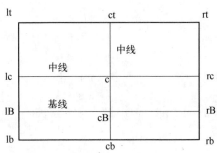

图 3-21　可选参数 origin 的 12 个选项

外形参数用于设定图形的外形，包含高度、宽度、缩放系数、旋转角度等。除此之外，还需要设定插图的可显示区域，这时需要用到裁剪参数。裁剪参数的名称及选项说明如表 3.16 所示。

表 3.16　裁剪参数名称及选项说明

裁剪参数名称	选项说明
viewport	设定插图的可显示区域。该参数由四个数字确定，前两个是可显示区域左下角的坐标值，后两个是右上角的坐标值，坐标长度单位是 bp。类似于 bb 参数，所不同的是该坐标是相对于 BoundingBox 的左下角。例如，BoundingBox: 0　0　300　400，设定 viewport=0　0　71　71,则表示只显示插图左下角 25mm^2 的区域；若 viewport=229　329　300　400，则表示只显示插图右上角 25mm^2 的区域。必须使用 clip 或 clip=true 才能遮蔽显示区域以外的图形
trim	也是用于设定插图的显示区域，不过它设定的四个数字分别表示要从插图的左、下、右、上四个边裁剪或拼接的宽度值，长度单位是 pb，正值表示裁剪宽度，负值表示拼接宽度。例如，trim=14　28　0　-14 表示将图形的左边裁 5mm，下边裁 10mm 右边不裁，上边拼接 5mm 宽的空白。从这里，可知 1mm=2.8bp。　必须使用 clip 或 clip=true 才能遮蔽显示区域以外的图形

在进行插图时，除了外形参数和裁剪参数之外，还要考虑布尔参数。布尔参数的名称及其选项说明如表 3.17 所示。

表 3.17　布尔参数名称及其选项说明

布尔参数名称	选项说明
keepaspectratio	若设定的宽度与高度或总高度不成比例，就会造成插图失真。设置该参数后，将按照原图的高宽比例缩放到所设定的宽度或高度，但不会超出所设定的高度或宽度值
clip	若 clip=false，默认值，表示显示整个插图，即使部分图形在显示区域以外；若是 clip 或 clip=true，表示使用 viewport 或 trim 参数设定的显示区域以外部图形将不显示
draft	草稿形式，若 draf=false，默认值，表示正常插入图形；若是 draf 或 draf=true，将用一个与插图尺寸相同的方框取代所插图形，方框内是插图名，这样可加快文件的显示或打印速度
final	定稿形式，默认值，表示正常插入图形

上述三类参数可以多个同时选用，各参数之间使用半角逗号分隔；bb、viewport 和 trim 选项的默认长度单位都是 bp，也可以改用系统认可的其他通用长度单位。

【例 3.16】 编写 LaTeX 源程序，将一幅插图放置于单独一行之中。

源程序：

```
\documentclass{book}                      %文类为 book。
\usepackage[paperwidth=65mm,paperheight=10mm,text={62mm,60mm},left=1.5mm,top=5pt]
{geometry}
                                          %调用页面设置宏包 geometry 进行页面设置。
\usepackage[space]{ctex}                   %调用支持中文字体的宏包 ctex。
\usepackage{graphicx}                      %调用插图宏包 graphicx，提供命令\includegraphics。
\begin{document}                           %开始文档。
这张图
\includegraphics[scale=0.2]{graphics.pdf}  %插入 pdf 图形 graphics.pdf，缩放系数 scale=0.2 。
是 PDF 格式的图形。
\end{document}                             %结束文档。
```

源程序运行结果如图 3-22 所示。

这张图 是 PDF 格式的图

图 3-22

【例 3.17】 编写 LaTeX 源程序说明：在段落之中或在段落之间，通常都将插图置于单独一行之中。

源程序：

```
\documentclass{book}                      %文类为 book。
\usepackage[paperwidth=65mm,paperheight=30mm,text={62mm,60mm},left=1.5mm,top=5pt]
{geometry}
                                          %调用页面设置宏包 geometry 进行页面设置。
\usepackage[space]{ctex}                   %调用支持中文字体的宏包 ctex。
\usepackage{graphicx}                      %调用插图宏包 graphicx，提供命令\includegraphics。
\begin{document}                           %开始文档。
这张图
\begin{center}                             %开始居中环境。
\includegraphics[scale=0.1]{graphics.jpg}  %插入 jpg 图形 graphics.jpg，缩放系数 scale=0.1。
\end{center}                               %结束居中环境。
是 JPG 格式的图形。
\end{document}                             %结束文档。
```

源程序运行结果如图 3-23 所示。

这张图

是 JPG 格式的图形。

图 3-23

【例 3.18】 编写 LaTeX 源程序说明：论文中的插图应在其前的正文中明确提及。因此，插图都是置于图形浮动环境之中，这样可以使用图表标题命令为插图生成带有序号的标题。

源程序：

```
\documentclass{book}                                        %文类为 book。
\usepackage[paperwidth=65mm,paperheight=40mm,text={62mm,60mm},left=1.5mm,top=5pt]{geometry}
                                                            %调用页面设置宏包 geometry 进行页面设置。
\usepackage{ctexcap}                                        %调用支持中文字体和标题的宏包 ctexcap。
\usepackage[labelfont=bf,labelsep=quad]{caption}  %调用插图和表格标题格式设置宏包
                                                            caption。labelfont=bf 设置标题标志和分隔
                                                            符的字体为粗宽体，labelsep=quad 设置分
                                                            隔符的样式为空白命令\quad,相对于 1em
                                                            的空白。
\DeclareCaptionFont{kai}{\kaishu}                           %这是宏包 caption 提供的声明标题字体的命令，
                                                            格式为\DeclareCaptionFont{字体名}{字体命
                                                            令}，这里为楷书。
\captionsetup{textfont=kai}                                 %这是宏包 caption 提供的标题设置命令，格式为
                                                            \captionsetup[浮动体类型]{参数 1=选项，参数
                                                            2=选项，…}，浮动体类型为 figure 或 table,
                                                            如果省略，则对两种浮动体都适用。textfont=kai
                                                            设置标题内容的字体为楷体，即楷书。
\usepackage{graphicx}                                       %调用插图宏包 graphicx，提供命令\includegraphics。
\begin{document}                                            %开始文档。
\setcounter{chapter}{3}                                     %计数器\setcounter{计数器名}{数值}，初值为 3
                                                            的计数器。
\setcounter{figure}{6}                                      %图形计数器，初值默认为 0，这里设为 6。
\songti 图~\ref{fig:1} 是~PNG
格式的图形。是使用数学软件 Mathematica 绘制的。
                                                            %\songti 字体命令，表示宋体；空格符~产生一
                                                            个不可换行的空格；\ref{书签名}为序号引用
                                                            命令，插在引用处，用于引用书签命令\label
                                                            所在标题或环境序号，或文本所在章节的序号。
```

\begin{figure}[!ht]	%开始图形浮动体环境，位置为!ht。
\centering	%居中。
\includegraphics[scale=0.1]{graphics.png}	%插入图形 graphics.png，此图必须与 tex 文件放在同一文件夹中，缩放系数 scale=0.1。
\caption{插图标题\label{fig:1}}	%这是宏包 caption 提供的声明标题的命令，插图标题后加了一个书签\label{书签名}，书签名为 fig:1，供前面的\ref{书签名}序号引用命令引用，需要编译两次。
\end{figure}	%结束图形浮动体环境
\end{document}	%结束文档。

源程序运行结果（需要编译运行两次）如图 3-24 所示。

图 3.7 是 PNG 格式的图形。是使用数学软件Mathematica绘制的。

图 3.7　插图标题

图 3-24

【**例 3.19**】　编写 LaTeX 源程序说明：同一幅 pdf 格式的图，同样的旋转角度和总高度，只因为在插图命令中给出的先后顺序不同，而产生的排版效果明显不同。

源程序：

\documentclass{book}	%文类为 book。
\usepackage[paperwidth=65mm,paperheight=22mm,text={62mm,60mm},left=1.5mm,top=5pt]{geometry}	
	%调用页面设置宏包 geometry 进行页面设置。
\usepackage{graphicx}	%调用插图宏包 graphicx，提供命令\includegraphics。
\begin{document}	%开始文档。
\begin{center}	%开始居中环境。
\includegraphics[scale=0.3]{graphics.pdf}	%插入图形 graphics. pdf，缩放系数 scale=0.3。
\includegraphics[angle=90,totalheight=10mm]{graphics.pdf}	
	%第 2 次插入图形 graphics. pdf，逆时针转 90 度，总高度为 10mm。
\includegraphics[totalheight=10mm,angle=90]{graphics.pdf}	
	%第 3 次插入图形 graphics. pdf，逆时针旋转 90 度，总高度为 10mm。
\end{center}	%结束居中环境。
\end{document}	%结束文档。

源程序运行结果如图 3-25 所示。

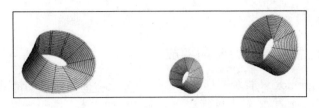

图 3-25

注意：若不是 pdf 格式的图形，排版效果将不会产生变化。

若不需要显示用 viewport 或 trim 参数设定的显示区域以外的图形，也可以不使用 clip 参数而改用带星号的插图命令。例如：

\includegraphics[viewport=0　0　15　15,clip]{ graphics.eps}

\includegraphics*[viewport=0　0　15　15,clip]{ graphics.eps}

这两条命令是等效的。

【例 3.20】 编写 LaTeX 源程序说明：当多个 pdf 格式插图并排，其中有的插图旋转 90 度，为了使所有插图的底边对齐或顶边对齐，可重新设定插图的旋转点位置。

源程序：

```
\documentclass{book}                    %文类为 book。
\usepackage[paperwidth=180mm,paperheight=130mm,text={180mm,130mm},left=1.5mm,top=5pt]
{geometry}
                                        %调用页面设置宏包 geometry 进行页面设置。
\usepackage{graphicx}                   %调用插图宏包 graphicx，提供命令\includegraphics。
\begin{document}                        %开始文档。
\begin{center}                          %开始居中环境。
\includegraphics[scale=0.2]{graphics.png}   %插入图形 graphics. png，缩放系数 scale=0.2。
\includegraphics[origin=rb,angle=-90]{graphics.pdf}
                                        %第 2 次插入图形 graphics. pdf，以右下角为旋转
                                          中心，顺时针旋转 90 度。
\includegraphics{graphics.pdf}          %第 3 次插入图形 graphics. pdf。
\includegraphics[origin=lt,angle=-90]{graphics.pdf}
                                        %第 4 次插入图形 graphics. pdf，以左上角为旋转
                                          中心，顺时针旋转 90 度。
\end{center}                            %结束居中环境。
\end{document}                          %结束文档。
```

源程序运行结果如图 3-26 所示。

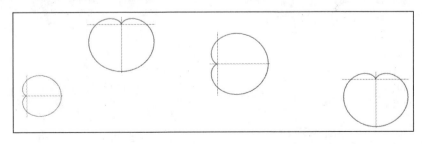

图 3-26

95

3.7.2　LaTeX 任意对象的旋转和缩放

命令\includegraphics 只能对图形进行旋转或缩放，插图宏包 graphicx 提供了另外五条命令，可以对任意 LaTeX 对象进行旋转或缩放，如文本、图形、表格。第 1 条为旋转命令：

> \rotatebox[参数 1=选项，参数 2=选项，...]{ 角度}{对象}

其中，对象可以是文本、图形、表格或数学式等任意 LaTeX 对象；角度设定旋转对象的旋转角度值，正数表示逆时针旋转，负数表示顺时针旋转；可选参数有三个，其名称及其选项说明如表 3.18 所示。

表 3.18　旋转命令可选参数名称及其选项说明

名称	选 项 说 明
origin	设置对象的旋转点，其位置选项与插图命令中的 origin 参数相同，默认旋转点是对象的基准点
x,y	以对象的基准点为坐标原点，给出旋转点的坐标值。例如，x=6mm，y=8mm，表示旋转点位于基准点以上 8mm，向右 6mm
units	设置旋转角度的单位，默认为度并逆时针旋转，若 units=−360，则表示旋转单位为度且顺时针旋转；若 units=4.135236，则表示旋转单位为弧度且逆时针旋转

【例 3.21】　编写 LaTeX 源程序说明：将一个表格逆时针旋转 90 度。
源程序：

```
\documentclass{book}                              %文类为 book。
\usepackage[paperwidth=65mm,paperheight=45mm,text={62mm,60mm},left=1.5mm,top=3pt]
{geometry}
                                                  %调用页面设置宏包 geometry 进行页面设置。
\usepackage[space]{ctex}                          %调用支持中文字体的宏包 ctex。
\usepackage{graphicx}                             %调用插图宏包 graphicx，提供命令\rotatebox{90}。
\begin{document}                                  %开始文档。
\begin{center}                                    %开始居中环境。
\rotatebox{90} {%                                 %旋转命令 rotatebox{90}；% 用来分割不允许
                                                  有空格或分行的较长输入文本。
\begin{tabular} {|c|c|c|}\hline                   %开始执行表格环境，{|c|c|c|}表示文字居中的三
                                                  列，\hline…\hline 表示画两条并排的水平线。
                                                  \hline 必须用于首行之前或者换行命令\\之后。
姓名 & 性别 & 证件号码 \\ \hline
张三 & 男 & 00685 \\ \hline
李四 & 男 & 00686 \\ \hline
王五 & 女 & 00687 \\ \hline
\end{tabular}}                                    %结束表格环境。
\end{center}                                      %结束居中环境。
\end{document}                                    %结束文档。
```

源程序运行结果如图 3-27 所示。

注意：LaTeX 中百分号%的作用，一是当 LaTeX 在处理源文件时，　　图 3-27

96

如果遇到一个百分号字符%，那么 LaTeX 将忽略%后的该行文本，分行符以及下一行开始的空白字符。这样，用户就可以在源文件中写一些注释，而不会担心它们会出现在最后的排版结果中。% 也可以用来分割不允许有空格或分行的较长输入文本。例如：

> This is an % start
> % Better: instructive <----
> example: Supercal%
> ifragilist%
> icexpialidocious

结果如下：This is an example: Supercalifragilisticexpialidocious。二是 LaTeX 在排列图形的时候实际上与排列其他像文字这样的对象是一样的，了解到这一点很重要。举例来说，如果行尾不是以%结束，则 LaTeX 会自动在两行之间加进一个字符的水平间距。例如：

> 朋友
> 你好

在输出结果中"朋友"和"你好"之间会有一个字符的水平间距：

> \includegraphics{file.eps}
> \includegraphics{file.eps}

则在图形之间有一个字符的水平间距。在第一行的行尾加上一个%：

> \includegraphics{file.eps}%
> \includegraphics{file.eps}

就会使图形之间没有水平间距。如果需要，可用\hspace 命令在图形之间加进指定长度1或用\hfill 来加进一个可填充可能的间距的橡皮长度。例如：

> \includegraphics{file.eps}\hfill
> \includegraphics{file.eps}

将两个图形尽量向左右分开。而

> \hfill\includegraphics{file.eps}%
> \hfill\includegraphics{file.eps}\hspace*{\fill}

使得图形的两边和中间的间距都相等。由于换行符前的\hfill 命令将被忽略，所以需要用\hspace*{\fill} 来替代它。用\textwidth 或\em 等的函数作为\hspace 的参数，而不是采用一固定度量，可提高文档的通用性。

第 2 条是利用旋转宏包 rotating 与\rotatebox 等命令结合定义的三个能够旋转任意对象的旋转环境：

\begin{sideways}	\begin{turn}{角度}	\begin{rotate}{角度}
对象	对象	对象
\end{ sideways }	\end{ turn }	\end{ rotate }

其中：第 1 个环境可将对象逆时针旋转 90 度；第 2 个和第 3 个环境都可以将对象旋转任意角度，而且第 3 个环境将对象视为一个空格，无论如何旋转，都不会改变对象的高度和宽度，这样，对象可能会与上下文重叠，但也可以利用此特性制作出各种文字特效。

【例 3.22】 编写 LaTeX 源程序说明：将列标题逆时针旋转 45 度以避免表格过宽。
源程序：

```
        \documentclass{book}                    %文类为 book。
        \usepackage[paperwidth=65mm,paperheight=33mm,text={60mm,40mm},left=0mm,top=-14pt]
{geometry}
                                                %调用页面设置宏包 geometry 进行页面设置。
        \usepackage{rotating,ctex}              %旋转宏包 rotating 和支持中文字体的宏包 ctex。
        \renewcommand{\rmdefault}{ptm}          %修改默认罗马体字族命令\rmdefault 为 ptm（times）。
        \begin{document}                        %开始文档。
        \vspace*{10mm}                          %垂直空白命令，生成一段高为 10mm，宽为文
                                                 本行宽的垂直空白，产生的空白于一页的开始
                                                 或结尾都保留。
        \centering                              %居中。
        \begin{tabular} {cccc}                  %开始表格环境，{ccc}表示文字居中的三列，表
                                                 格没有竖直边框线，\hline···\hline 表示画两条
                                                 并排的水平线。\hline 必须用于首行之前或者
                                                 换行命令\\之后。
        \begin{rotate}{45}目标行星\end{rotate}&   %&为数据分列符号，数据可为空，但分列符号
                                                 不能少。
        \begin{rotate}{45}发射速度\end{rotate}&
        \begin{rotate}{45}环绕速度\end{rotate}&
        \begin{rotate}{45}逃逸速度\end{rotate}\\\hline   % 旋转环境 begin{rotate}{45}对象\end
                                                          {rotate}，转 45 度。
        月球&10.5& 1.7& 2.4\\
        火星&11.5& 3.5& 5.0\\
        水星&13.5& 3.0& 4.3\\\hline
        \end{tabular}                           %结束表格环境。
        \end{document}                          %结束文档。
```

源程序运行结果如图 3-28 所示。

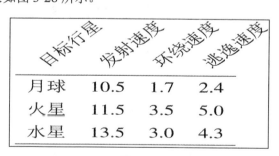

图 3-28

【例 3.23】 编写 LaTeX 源程序说明：使用旋转环境 rotate 制作图形特效。
源程序：

```
        \documentclass{book}                    %文类为 book。
        \usepackage[paperwidth=65mm,paperheight=33mm,text={60mm,40mm},left=0mm,top=-14pt]
{geometry}
```

\usepackage{rotating}	%调用旋转宏包 rotating。
\usepackage{xcolor}	%调用颜色宏包 xcolor。
\begin{document}	%开始文档。
\vspace*{10mm}	%垂直空白命令，生成一段高为 10mm，宽为文本行宽的垂直空白，产生的空白于一页的开始或结尾都保留。
\centering	%居中。
\begin{rotate}{20}\color{red}\circle{20}\end{rotate}	%旋转环境\begin{rotate}{角度}对象\end{ rotate }的应用。对象为\color{red}\circle{20}，即直径为 20 的红色圆周；旋转 20 度；即将直径为 20 的红色圆周旋转 20 度。
\begin{rotate}{40}\color{red}\circle{20}\end{rotate}	%将直径为 20 的红色圆周旋转 40 度。
\begin{rotate}{60}\color{red}\circle{20}\end{rotate}	%将直径为 20 的红色圆周旋转 60 度。
\begin{rotate}{80}\color{red}\circle{20}\end{rotate}	%将直径为 20 的红色圆周旋转 80 度。
\begin{rotate}{20}\color{red}\circle{20}\end{rotate}	%将直径为 20 的红色圆周旋转 20 度。
\begin{rotate}{40}\color{red}\circle{20}\end{rotate}	%将直径为 20 的红色圆周旋转 40 度。
\begin{rotate}{60}\color{red}\circle{20}\end{rotate}	%将直径为 20 的红色圆周旋转 60 度。
\begin{rotate}{80}\color{red}\circle{20}\end{rotate}	%将直径为 20 的红色圆周旋转 80 度。下同。
\begin{rotate}{20}\color{red}\circle{20}\end{rotate}	
\begin{rotate}{40}\color{red}\circle{20}\end{rotate}	
\begin{rotate}{60}\color{red}\circle{20}\end{rotate}	
\begin{rotate}{80}\color{red}\circle{20}\end{rotate}	
\begin{rotate}{20}\color{red}\circle{20}\end{rotate}	
\begin{rotate}{40}\color{red}\circle{20}\end{rotate}	
\begin{rotate}{60}\color{red}\circle{20}\end{rotate}	
\begin{rotate}{80}\color{red}\circle{20}\end{rotate}	
\begin{rotate}{20}\color{red}\circle{20}\end{rotate}	
\begin{rotate}{40}\color{red}\circle{20}\end{rotate}	
\begin{rotate}{60}\color{red}\circle{20}\end{rotate}	
\begin{rotate}{80}\color{red}\circle{20}\end{rotate}	
\begin{rotate}{20}\color{red}\circle{20}\end{rotate}	
\begin{rotate}{40}\color{red}\circle{20}\end{rotate}	
\begin{rotate}{60}\color{red}\circle{20}\end{rotate}	
\begin{rotate}{80}\color{red}\circle{20}\end{rotate}	
\end{document}	%结束文档。

源程序运行结果如图 3-29 所示。

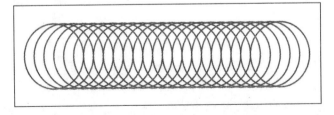

图 3-29

若将源程序修改为：

```
\usepackage{xcolor}
\begin{document}
\vspace*{10mm}
\centering
\begin{rotate}{20}\color{green}\circle{1}\end{rotate}
\begin{rotate}{40}\color{green}\circle{2}\end{rotate}
\begin{rotate}{60}\color{green}\circle{3}\end{rotate}
\begin{rotate}{80}\color{green}\circle{4}\end{rotate}
\begin{rotate}{100}\color{green}\circle{5}\end{rotate}
\begin{rotate}{120}\color{green}\circle{6}\end{rotate}
\begin{rotate}{140}\color{green}\circle{7}\end{rotate}
\begin{rotate}{160}\color{green}\circle{8}\end{rotate}
\begin{rotate}{180}\color{green}\circle{9}\end{rotate}
\begin{rotate}{200}\color{green}\circle{10}\end{rotate}
\begin{rotate}{220}\color{green}\circle{11}\end{rotate}
\begin{rotate}{240}\color{green}\circle{12}\end{rotate}
\begin{rotate}{260}\color{green}\circle{13}\end{rotate}
\begin{rotate}{280}\color{green}\circle{14}\end{rotate}
\begin{rotate}{300}\color{green}\circle{15}\end{rotate}
\begin{rotate}{320}\color{green}\circle{16}\end{rotate}
\begin{rotate}{340}\color{green}\circle{17}\end{rotate}
\begin{rotate}{360}\color{green}\circle{18}\end{rotate}
\end{document}
```

则运行程序结果如图 3-30 所示。

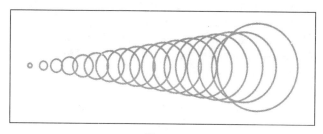

图 3-30

插图宏包 graphicx 提供的第 3 条和第 4 条命令为缩放命令。一条是设定缩放系数，另一条是直接设定缩放对象的外形尺寸。

\scalebox{ 水平缩放系数}[垂直缩放系数]{对象}

其中，水平缩放系数是设定对象宽度的放大倍数；垂直缩放系数是设定对象高度的放大倍数，若该可选参数没有给出，即默认其等于水平缩放系数；若水平缩放系数设为负值，表示还要将对象左右反转 180 度；若垂直缩放系数设为负值，表示还要将对象上下颠倒 180 度；若两个系数都为负值，则表示既要反转又要颠倒。

\resizebox{宽度}{高度}{对象}　　　\resizebox*{宽度}{高度}{对象}

其中，\resizebox*{宽度}{高度}{对象}是带星号的形式。两者的区别在于高度的控制，前者控制插图的高度，后者控制总高度。如果命令中的宽度或高度用感叹号！代替，则表示将对象按照高度或宽度并保持原高宽比进行缩放。

【例 3.24】 编写 LaTeX 源程序说明：缩放命令\scalebox{ 水平缩放系数}[垂直缩放系数]{对象}和\resizebox{宽度}{高度}{对象}的使用。

源程序：

```
\documentclass{book}                          %文类为 book。
\usepackage[paperwidth=65mm,paperheight=32mm,text={62mm,60mm},left=1.5mm,top=5pt]
{geometry}
                                              %调用页面设置宏包 geometry 进行页面设置。
\usepackage[space]{ctex}                       %调用支持中文字体的宏包 ctex。
\usepackage{graphicx}                          %调用支持插图的宏包 graphicx。
\usepackage{xcolor}                            %调用颜色宏包 xcolor。
\begin{document}                               %开始文档。
\begin{center}                                 %开始居中环境。
\scalebox{5}[1]{\color{red}缩小}与%            %使用命令\scalebox{水平缩放系数}[垂直
                                                 缩放系数]{对象}。
\scalebox{2}[4]{\color{green}放大}             %使用命令\scalebox{水平缩放系数}[垂直
                                                 缩放系数]{对象}。
\end{center}                                   %结束居中环境。
\begin{center}                                 %又开始居中环境。
\resizebox{5\width}{\height}{缩小}与%          %使用命令\resizebox{宽度}{高度}{对象}。
\resizebox{2\width}{4\height}{放大}            %使用命令\resizebox{宽度}{高度}{对象}。
\end{center}                                   %又结束居中环境。
\end{document}                                 %结束文档。
```

源程序运行结果如图 3-31 所示。

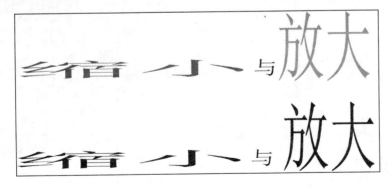

图 3-31

【例 3.25】 编写 LaTeX 源程序说明：用缩放命令\scalebox{ 水平缩放系数}[垂直缩放系数]{对象}和\resizebox{宽度}{高度}{对象}制作文字特效。

源程序：

```
\documentclass{book}                          %文类为 book。
```

```
\usepackage[paperwidth=80mm,paperheight=80mm,text={80mm,80mm},left=1.5mm,top=5pt]
{geometry}
```
　　%调用插图宏包 graphicx、颜色宏包 xcolor 和中文宏包 ctex。

```
\usepackage{graphicx,xcolor,ctex}
```

```
\begin{document}
```
　　%开始文档。
```
\vspace*{1mm}
```
　　%垂直空白命令，生成一段高为 1mm、宽为文本行宽的垂直空白，产生的空白于一页的开始或结尾都保留。

```
\begin{center}
\Huge\bf\makebox[0pt][l]{\scalebox{1}[-1]{%
\color[gray]{0.7}{Hello CHINA}}}Hello CHINA
```
　　%\Huge\bf 表示巨大粗宽字体；\makebox[宽度][位置]{对象}创建一个可以制定宽度的左右盒子。缩放命令\scalebox{水平缩放系数}[垂直缩放系数]{对象}的应用：若垂直缩放系数设为负值，表示还要将对象上下颠倒 180 度。\color[模式]{定义}对象，颜色模式有四种：灰度模式（gray），在 xcolor 宏包中，灰度是用一个 0～1 的数字定义的，如浅灰色 lightgray 的定义是[gray]{0.75}；三基色（rgb）模式，即 red、green、blue 三种基本颜色按不同比例混合而成，这三种基本颜色的混合比例是采用三个 0～1 的数字定义的，如棕色 brown 的定义是[rgb]{0.75,0.5,0.25}；大写 RGB 模式，这也是一种三基色模式，只是 Red、Green、Blue 三种基本颜色的混合比例采用三个 0～255 之间的数字来定义，如棕色是 255×0.75、255×0.5、255×0.25，即[RGB]{191,127.5,64}；cmyk 模式，四分色模式，它是彩色印刷的套色模式，用青色 cyan、红紫色 magenta、黄色 yellow 和黑色 black 四种标准色油墨混合叠加，黑色用 k 表示是为了与三基色的蓝色 b 产生混淆。在 xcolor 宏包中，用四个 0～1 的数字来定义。例如橄榄色 olive 的定义是[cmyk]{0,0,1,0.5}，而 rgb 模式定义时则是[rgb]{0.5,0.5,0}……

```
\end{center}
```
　　%结束居中环境。
```
\begin{center}
```
　　%又开始一个居中环境。
```
\Huge\bf\makebox[0pt][l]{\scalebox{1}[-1]{%
\color[gray]{0.7}{您好！中国}}}您好！中国
```
　　%解释同上。
```
\end{center}
```
　　%结束居中环境。
```
\begin{center}
```
　　%再开始一个居中环境。
```
\fbox{\resizebox{5cm}{20mm}{\rotatebox{45}{\parbox{30mm}{
\LaTeXe 排版系统\\
\LaTeXe 排版系统\\
```

```
\LaTeXe 排版系统\\
\LaTeXe 排版系统}}}}                    %\fbox{对象}创建一个四周带有边框，内容
                                        为对象的左右盒子；\resizebox{宽度}{高
                                        度}{对象}为缩放命令；\rotatebox{角度}
                                        {对象}为旋转命令；\parbox{宽度}{对象}
                                        为段落盒子命令。
\end{center}                            %结束居中环境。
\end{document}                          %结束文档。
```

源程序运行结果如图 3-32 所示。

图 3-32

插图宏包 graphicx 提供的第 5 条命令为镜像命令。镜像命令能够将对象左右反转 180 度，从而产生镜像的效果，其格式为

```
\reflectbox{对象}                       %作用相当于缩放命令\scalebox{-1}[1]{对象}。
```

【例 3.26】 编写 LaTeX 源程序说明：用镜像命令\reflectbox{对象}制作对象特效。
源程序：

```
\documentclass{book}                    %文类为 book。
\usepackage[paperwidth=80mm,paperheight=60mm,text={62mm,60mm},left=1.5mm,top=5pt]
{geometry}
\usepackage[space]{ctex}                %调用中文宏包 ctex。
\usepackage{graphicx,xcolor}            %调用插图宏包 graphicx、颜色宏包。
\begin{document}                        %开始文档。
\vspace*{1mm}                           %垂直空白命令，生成一段高为 1mm、宽为文本
                                        行宽的垂直空白，产生的空白于一页的开始或
                                        结尾都保留。
\begin{center}                          %开始居中环境。
\color{green}镜像\reflectbox{\color[gray]{0.6}{镜像}}        %命令\reflectbox{对象}的应用。
\end{center}                            %结束居中环境。
```

```
\begin{center}                                          %又开始一个居中环境。
\includegraphics[scale=0.1]{graphics.jpg}               %插入图形 graphics.jpg。
\reflectbox{\color[gray]{0.9}{\includegraphics[scale=0.1]{graphics.jpg}}}
                                                        %使用命令\reflectbox{对象}对插入图形
                                                         graphics.jpg 做反转。
\end{center}                                            %又结束居中环境。
\end{document}                                          %结束文档。
```

源程序运行结果如图 3-33 所示。

图 3-33

以上介绍的五条命令也可以用于图形的处理。例如：

```
\rotatebox{90}{\includegraphics{graphics.pdf}}
\scalebox{2}{\includegraphics{graphics.pdf}}
\resizebox{20mm}{!}{\includegraphics{graphics.pdf}}
```

当然，这三条命令可以分别使用下列三条插图命令来代替：

```
\includegraphics[angle=90]{graphics.pdf}
\includegraphics[scale=2]{graphics.pdf}
\includegraphics[width=20mm]{graphics.pdf}
```

两种命令的排版效果是一样的，但是使用插图命令效率会更高。

3.7.3　LaTeX 多图并列排版

如果有多个尺寸较小的插图，可以利用小页环境实现多图水平并列显示。下面举例说明。

【例 3.27】 编写 LaTeX 源程序说明：利用小页环境实现多图水平并列显示，三个图排一行，共三行。

源程序：

```
\usepackage{ctexcap}                                    %调用支持中文字体和标题的宏包 ctexcap。
\usepackage[labelfont=bf,labelsep=quad]{caption}        %调用插图和表格标题格式设置宏包 caption。
                                                         labelfont=bf 设置标题标志和分隔符的字体
                                                         为粗宽体，labelsep=quad 设置分隔符的样式
                                                         为空白命令\quad,相对于 1em 的空白。
```

\DeclareCaptionFont{kai}{\kaishu}	%宏包 caption 提供的声明标题字体的命令，格式为：\DeclareCaptionFont{字体名}{字体命令}，这里为楷书。
\captionsetup{textfont=kai}	%这是宏包 caption 提供的标题设置命令，格式为\captionsetup[浮动体类型]{参数 1=选项,参数 2=选项,…}，浮动体类型为 figure 或 table，如果省略，则对两种浮动体都适用。textfont=kai 设置标题内容的字体为楷体，即楷书。
\usepackage{graphicx}	%调用插图宏包 graphicx，提供命令\includegraphics。
\renewcommand{\rmdefault}{ptm}	%修改默认罗马体字族命令\rmdefault 为 ptm（times）。
\begin{document}	%开始文档。
\songti \setcounter{chapter}{3} \setcounter{figure}{79}	%\songti 宋体，计数器\setcounter{计数器名}{数值}，章计数器初值为 3，图形计数器初值设为 79。
\begin{figure}[!h]	%开始图形浮动体环境，位置为!h。
\begin{minipage}{0.5\linewidth}\centering	%开始小页环境 minipage；当前文本行的宽度\linewidth；\centering 居中。
\includegraphics[scale=0.2]{fig1.png}\caption{圆周}	%插入图形 fig1.png，缩放系数为 0.2；图形标题为圆周\caption{圆周}。
\end{minipage}%	%结束小页环境 minipage，后面的%使得下图并排成一行
\begin{minipage}{0.5\linewidth}\centering	%又开始小页环境 minipage；当前文本行的宽度\linewidth；\centering 居中。
\includegraphics[scale=0.2]{fig2.png}\caption{莫比乌斯带}	%插入图形 fig2.png，缩放系数为 0.2；图形标题为圆周莫比乌斯带。
\end{minipage}%	%结束小页环境 minipage，后面的%使得下图并排成一行。
\begin{minipage}{0.5\linewidth}\centering	%解释同上。
\includegraphics[scale=0.2]{fig3.png}\caption{苹果图}	%解释同上。
\end{minipage}	%解释同上，后面没有%，表示另起一行。
\begin{minipage}{0.5\linewidth}\centering	%解释同上。
\includegraphics[scale=0.2]{fig4.png}\caption{圆与四页玫瑰线}	%解释同上。
\end{minipage}%	%解释同上。
\begin{minipage}{0.5\linewidth}\centering	%解释同上。
\includegraphics[scale=0.2]{fig5.png}\caption{罐子图}	%解释同上。
\end{minipage}%	%解释同上。
\begin{minipage}{0.5\linewidth}\centering	%解释同上。
\includegraphics[scale=0.2]{fig6.png}\caption{球体}	%解释同上。
\end{minipage}	%解释同上。
\begin{minipage}{0.5\linewidth}\centering	%解释同上。
\includegraphics[scale=0.2]{fig7.png}\caption{环体}	%解释同上。
\end{minipage}%	%解释同上。
\begin{minipage}{0.5\linewidth}\centering	%解释同上。

\includegraphics[scale=0.2]{fig8.png}\caption{山峰图}	%解释同上。
\end{minipage}%	%解释同上。
\begin{minipage}{0.5\linewidth}\centering	%解释同上。
\includegraphics[scale=0.2]{fig9.png}\caption{马鞍面}	%解释同上。
\end{minipage}	%解释同上。
\end{figure}	%结束图形浮动体环境
\end{document}	%结束文档。

源程序运行结果如图 3-34 所示。

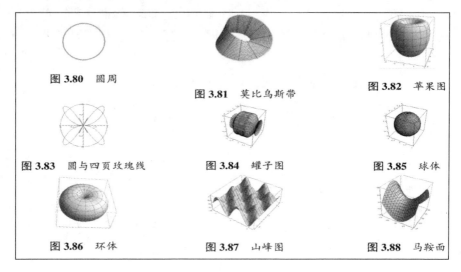

图 3-34

还可以采用颜色宏包 xcolor 提供的彩色边框命令为插图添加可设置颜色的边框。

【例 3.28】 编写 LaTeX 源程序说明：为插图添加边框以说明该插图的显示幅面范围。

源程序：

\documentclass{book}	%文类为 book。
\usepackage[paperwidth=65mm,paperheight=36mm,text={60mm,60mm},left=-3.5mm,top=5pt] {geometry}	
	%调用页面设置宏包 geometry 进行页面设置。
\usepackage{graphicx,xcolor}	%调用插图宏包 graphicx，颜色宏包 xcolor
\begin{document}	%开始文档。
\fboxrule=1.2pt \fboxsep=1pt	%\fboxrule 为边框线宽度，默认值为 0.4pt，若设为 0pt，则边框消失。\fboxsep 为边框与对象之间的距离，默认值是 3pt。
\fcolorbox{gray}{green}{\includegraphics[scale=0.2]{pic1.png}}	
	%\fcolorbox{边框颜色}{背景颜色}{对象}为彩色边框命令；\includegraphics[scale=0.2]{pic1.png}表示插入图形 pic1.png，缩放系数为 0.2。
\end{document}	%结束文档。

源程序运行结果如图 3-35 所示。

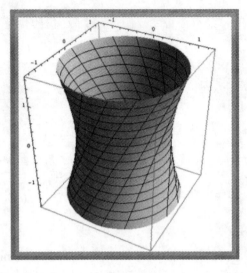

图 3-35

3.7.4 LaTeX 图文绕排

通过图文绕排宏包 picinpar 提供的三种图文绕排环境，可以分别进行图文绕排。这三种图文绕排环境为 window、figwindow 和 tabwindow。它们的格式如下：

```
\begin{window}[行数，位置，{绕排对象}，{标题}]
绕排文本
\end{window}
\begin{figwindow}[行数，位置，{绕排对象}，{标题}]
绕排文本
\end{figwindow}
\begin{tabwindow}[行数，位置，{绕排对象}，{标题}]
绕排文本
\end{tabwindow}
```

三种绕排环境的功能是相同的，只是后两种可以在绕排对象的标题前自动添加标题标志和分隔符号，如"图 3.2:""表 3.8"等。其中各种参数说明如表 3.19 所示。

表 3.19　三种图文绕排环境参数说明

参数名称	说　　明
行数	指定绕排于绕排对象上方的文本行数
位置	绕排对象在版面的位置，它可以是 l、c 或 r，分别表示左、中或右
绕排对象	可以是图形、表格或者文本
标题	绕排对象的标题

其他的绕排宏包还有：wrapfig 宏包，提供 wrapfigure 和 wraptable 两个环境，可在小页环境中对图表绕排；floatflt 宏包，提供 floatingfigure 和 floatingtable 两个环境，可按左右页确定绕排位置。

【例 3.29】 编写 LaTeX 源程序说明：图形置于版面右侧，介绍文字对其绕排。

源程序：

```
\documentclass{book}                              %文类为 book。
\usepackage[paperwidth=65mm,paperheight=100mm,text={60mm,100mm},left=1.5mm,top=5pt]
{geometry}
                                                  %调用页面设置宏包 geometry 进行页面设置。
\usepackage[space]{ctex}                           %调用中文字体宏包 ctex。
\usepackage{graphicx,picinpar}                     %调用插图宏包 graphicx，图文绕排宏包 picinpar。
\begin{document}                                   %开始文档。
\begin{window}[3,r,{\includegraphics[width=20mm]{pic1.jpg}},{}]        %开始图文绕排环境
                                                  为 window，插入图形置于版面右侧，其上绕排三
                                                  行文本，图宽 20mm。标题为空{}，即没有标题。
```

本书从介绍 Mathematica 软件基本应用开始，重点介绍 Mathematica 图形图像处理、数值计算方法、高等数学学习基础、线性代数学习基础、概率统计学习基础以及在数学建模和经典物理中的应用，并通过具体实例，使读者一步一步地随着作者思路完成课程的学习，同时在每章后面作出归纳总结，并给出一定的练习题。书中所给实例具有技巧性而又道理显然，可使读者思路畅达，将所学知识融会贯通，灵活运用，达到事半功倍之效。

```
\end{window}                                       %结束图文绕排环境为 window
\end{document}                                     %结束文档。
```

源程序运行结果如图 3-36 所示。

图 3-36

3.7.5 LaTeX 页面背景

页面背景的设置通常会涉及到墙纸宏包 wallpaper。调用墙纸宏包 wallpaper，并使用其提供的各种墙纸命令可以生成封面底纹、页面水印等背景图形。需要注意的是：墙纸宏包 wallpaper 需要 calc（四则运算宏包）、eso-pic、graphicx（插图宏包）、ifthen（条件

判断宏包）和 xcolor（颜色宏包）等相关宏包的支持，当调用墙纸宏包时，这些辅助宏包也将同时被加载。墙纸宏包 wallpaper 提供的常用命令如表 3.20 所示。

表 3.20　墙纸宏包 wallpaper 提供的常用命令及其简要说明

常 用 命 令	简 要 说 明
\TileSquareWallPaper{平铺数}{图形名}	将图形铺满每个页面，平铺数是设定图形沿页面左侧平铺到右侧的数量，该值必须是正整数，该命令将根据此值自动对图形按其原有高宽比例进行缩放
\ThisTileSquareWallPaper	该命令的参数和功能与\TileSquareWallPaper 的相同。只是仅对当前页有效
\TileWallPaper{图宽}{图高}{图形名}	将图形铺满每个页面，图宽和图高是设定图形的宽度和高度
\ThisTileWallPaper	该命令的参数和功能与\TileWallPaper 的相同，只是仅对当前页有效
\CenterWallPaper{缩放系数}{图形名}	将图形置于每页的中心，缩放系数是设定对图形的放大倍数，该值应该为正数
\ThisCenterWallPaper	该命令的参数和功能与\CenterWallPaper 的相同，只是仅对当前页有效
\ULCornerWallPaper{缩放系数}{图形名}	将图形置于每页的左上角
\ThisULCornerWallPaper	该命令的参数和功能与\ULCornerWallPaper 的相同，只是仅对当前页有效
\URCornerWallPaper{缩放系数}{图形名}	将图形置于每页的右上角
\ThisURCornerWallPaper	该命令的参数和功能与\URCornerWallPaper 的相同，只是仅对当前页有效
\LLCornerWallPaper{缩放系数}{图形名}	将图形置于每页的左下角
\This LLCornerWallPaper	该命令的参数和功能与\LLCornerWallPaper 的相同，只是仅对当前页有效
\LRCornerWallPaper{缩放系数}{图形名}	将图形置于每页的右下角
\This LRCornerWallPaper	该命令的参数和功能与\LRCornerWallPaper 的相同，只是仅对当前页有效
\ClearWallPaper	清除背景设置

【例 3.30】　编写 LaTeX 源程序：说明命令\TileSquareWallPaper{平铺数}{图形名}的应用。

源程序：

```
\documentclass{book}                              %文类为 book。
\usepackage[paperwidth=65mm,paperheight=80mm,text={61mm,160mm},left=2mm,top=20pt]{geometry}
\usepackage{ctexcap}                              %调用支持中文字体和标题的宏包 ctexcap。
\CTEXsetup[name={第～,～章}]{chapter}              %宏包 ctexcap 提供的标题格式命令。
\CTEXsetup[nameformat={\Large\bf},titleformat+={\Large}]{chapter}    %宏包 ctexcap 提供部
                                                          分修改标题格式。
\CTEXsetup[number={\arabic{chapter}}]{chapter}    %标题序号为阿拉伯数字形式。
\CTEXsetup[beforeskip={-23pt},afterskip={20pt plus 2pt minus 2pt}]{chapter} %标题与上下文之
                                                          间的附加垂直距离。
\usepackage{wallpaper}                            %调用墙纸宏包 wallpaper。
\begin{document}                                  %开始文档。
\TileSquareWallPaper{3}{pic18.png}                %将 pic18.png 设为墙纸，每行三张铺满。
\chapter{LaTeX 介绍}                              %章的标题。
```

\color{black}LaTeX 读音音译"拉泰赫"，是一种基于 TeX 的排版系统，由美国计算机学家莱斯利兰伯特在 20 世纪 80 年代初期开发，利用这种格式，即使使用者没有排版和程序设计的知识，也可以充分利用 TeX 所提供的强大功能，在几天甚至几小时内生成很多具有书籍质量的印刷品。

\end{document}	%结束文档。

源程序运行结果如图 3-37 所示。

图 3-37

注意：支持中文字体和标题的 ctexcap 提供的标题格式命令为

\CTEXsetup[参数 1={格式},参数 2={格式},…]{层次名}

其中，层次名可以是 chapter、section 等各层次标题的层次名以及 appendix。命令中的可选参数是由多个子参数组成，可以同时选取多个子参数进行相应的格式设置，下面给出各种子参数名及其格式设置说明。

name 用于设置层次名的预定名，它由前名和后名两部分组成，其间用半角逗号分隔。该参数的默认设置与 nocap（即没有标题，如果使用它，将恢复所有预定名和层次标题的原貌。）选项设置如表 3.21 所示。

表 3.21　name 参数的默认设置与 nocap 选项设置

层 次 名	默 认 设 置	nocap 选项设置
chapter	第,章	Chapter\space
section	,	,
subsection	,	,
subsubsection	,	,

例如，要生成中文格式为"第 3.2 节"的层次名，可以使用设置命令\CTEXsetup [name={第～,～节}]{section}。

number 用于设置序号的记数形式，其默认设置与 nocap 选项设置如表 3.22 所示。

表 3.22　number 参数的默认设置与 nocap 选项设置

层　次　名	默 认 设 置	nocap 选项设置
chapter	\chinese{chapter}	\arabic{chapter}
section	\thesection	\thesection
subsection	\thesubsection	\thesubsection
subsubsection	\thesubsubsection	\thesubsubsection

例如，将标题章节序号记数形式改为大写罗马数字，可使用命令\CTEXsetup[number={\Roman{chapter}}]{ chapter }。

format 用于设置整个标题的格式，例如字体尺寸和对齐方式等。该参数的默认设置与 nocap 选项设置如表 3.23 所示。

表 3.23　format 参数的默认设置与 nocap 选项设置

层　次　名	默 认 设 置	nocap 选项设置
chapter	\centering	\raggedright
section	\Large\bf\centering	\Large\bf
subsection	\Large\bf\flushleft	\large\bf
subsubsection	\normalsize\bf\flushleft	\normalsize\bf

nameformat 用于设置标题标志的格式，它包括层次名和序号两个部分。该参数的默认设置与 nocap 选项设置如表 3.24 所示。

表 3.24　nameformat 参数的默认设置与 nocap 选项设置

层　次　名	默 认 设 置	nocap 选项设置
chapter	\huge\bf	\huge\bf
section	empty	empty
subsection	empty	empty
subsubsection	empty	empty

numberformat 用于设置序号的格式，如字体和尺寸等，通常为空置。若希望序号的格式与层次名的格式有所区别，就可使用该参数。

aftername 用于设置标题标志与标题内容之间的距离，以及后者是否另起一行。该参数的默认设置与 nocap 选项设置如表 3.25 所示。

表 3.25　aftername 参数的默认设置与 nocap 选项设置

层　次　名	默 认 设 置	nocap 选项设置
chapter	\quad	\par\vskip20pt
section	empty	empty
subsection	empty	empty
subsubsection	empty	empty

titleformat 用于设置标题内容的格式。该参数的默认设置与 nocap 选项设置如表 3.26 所示。

表 3.26　titleformat 参数的默认设置与 nocap 选项设置

层　次　名	默　认　设　置	nocap 选项设置
chapter	\huge\bf	\huge\bf
section	empty	empty
subsection	empty	empty
subsubsection	empty	empty

beforeskip 用于设置标题与上文之间的附加垂直距离。该参数的默认设置与 nocap 选项设置如表 3.27 所示。

表 3.27　beforeskip 参数的默认设置与 nocap 选项设置

层　次　名	默　认　设　置	nocap 选项设置
chapter	50pt	50pt
section	3.5ex plus 1ex minus 0.2ex	3.5ex plus 1ex minus 0.2ex
subsection	3.25ex plus 1ex minus 0.2ex	3.25ex plus 1ex minus 0.2ex
subsubsection	3.25ex plus 1ex minus 0.2ex	3.25ex plus 1ex minus 0.2ex

章标题的附加距离可以是零或负数，章以下标题的附加距离应为弹性长度，其值只能为正数或零。

afterskip 用于设置标题与下文之间的附加垂直距离。该参数的默认设置与 nocap 选项设置如表 3.28 所示。

表 3.28　afterskip 参数的默认设置与 nocap 选项设置

层　次　名	默　认　设　置	nocap 选项设置
chapter	40pt	40pt
section	2.3ex plus 0.2ex	2.3ex plus 0.2ex
subsection	1.5ex plus 0.2ex	1.5ex plus 0.2ex
subsubsection	1.5ex plus 0.2ex	1.5ex plus 0.2ex

章标题的附加距离可以是零或负数，而章以下标题的附加距离只能为正数或零。

indent 用于设置标题的缩进宽度，其默认设置与 nocap 选项设置如表 3.29 所示。

表 3.29　indent 参数的默认设置与 nocap 选项设置

层　次　名	默　认　设　置	nocap 选项设置
chapter	0pt	0pt
section	0pt	0pt
subsection	0pt	0pt
subsubsection	0pt	0pt

表 3.21 中的\space 是空格命令，表 3.24～表 3.26 中的 empty 表示空置。使用 \CTEXsetup 命令对某一参数的设置，将完全覆盖该参数的原有设置。如果只是在原有设

置基础上，对部分内容进行修改，可使用带"+"号的参数。例如，\CTEXsetup[format+={\fangsong}]{section}将节标题的字体改为仿宋，而该参数的其他格式仍然保持原有设置。所有与标题格式相关的参数都支持这一功能。

【例 3.31】 编写 LaTeX 源程序：说明命令\TileSquareWallPaper{平铺数}{图形名}的应用。

源程序：

```
\documentclass[11pt]{book }                        %文类为 book,字体尺寸 11pt。
\usepackage[paperwidth=65mm,paperheight=80mm,text={61mm,160mm},left=2mm,top=20pt]
{geometry}
\usepackage{ctexcap}                               %调用支持中文字体和标题的宏包 ctexcap。
\CTEXsetup[name={第～,～章}]{chapter}               %宏包 ctexcap 提供的标题格式命令。
\CTEXsetup[nameformat={\Large\bf},titleformat+={\Large}]{chapter}   %宏包 ctexcap 提供部
                                                                    分修改标题格式。
\CTEXsetup[number={\arabic{chapter}}]{chapter}     %标题序号为阿拉伯数字形式。
\CTEXsetup[beforeskip={-23pt},afterskip={20pt plus 2pt minus 2pt}]{chapter}   %标题与上下文之
                                                                              间的附加垂直距离。

\usepackage{wallpaper}                             %调用墙纸宏包 wallpaper。
\begin{document}                                   %开始文档。
\TileWallPaper{0.25\paperwidth}{%
0.333\paperheight}{pic21.png}                      %\TileWallPaper{图宽}{图高}{图形
                                                    名}为可控制背景图形宽度和高度
                                                    的墙纸命令。

\chapter{LaTeX 介绍}                                %章的标题。
\color{black}LaTeX 读音音译"拉泰赫"，是一种基于 TeX 的排版系统，由美国计算机学家
莱斯利兰伯特在 20 世纪 80 年代初期开发，利用这种格式，即使使用者没有排版和程序设
计的知识，也可以充分利用 TeX 所提供的强大功能，在几天甚至几小时内生成很多具有书
籍质量的印刷品。
\end{document}                                     %结束文档。
```

源程序运行结果如图 3-38 所示。

图 3-38

【例 3.32】 编写 LaTeX 源程序：说明命令 ThisCenterWallPaper{缩放系数}{图形名}的应用。

源程序：

```
\documentclass{book}                                    %文类为 book。
\usepackage[paperwidth=65mm,paperheight=80mm,text={61mm,160mm},left=2mm,top=20pt]{geometry}
\usepackage{ctexcap}                                    %调用支持中文字体和标题的宏包 ctexcap。
\CTEXsetup[name={第～,～章}]{chapter}                      %宏包 ctexcap 提供的标题格式命令。
\CTEXsetup[nameformat={\Large\bf},titleformat+={\Large}]{chapter}  %宏包 ctexcap 提供部分修
                                                          改标题格式。
\CTEXsetup[number={\arabic{chapter}}]{chapter}           %标题序号为阿拉伯数字形式。
\CTEXsetup[beforeskip={-23pt},afterskip={20pt plus 2pt minus 2pt}]{chapter}  %标题与上下
                                                          文之间的附加
                                                          垂直距离。
\usepackage{wallpaper}                                   %调用墙纸宏包 wallpaper。
\begin{document}                                         %开始文档。
\ThisCenterWallPaper{0.5}{pic14.png}                     % ThisCenterWallPaper{缩放系数}{图
                                                          形名}墙纸命令，表示将墙纸置于当
                                                          前页的中心。
\chapter{LaTeX 介绍}                                      %章的标题。
\color{blue}LaTeX 读音音译"拉泰赫"，是一种基于 TeX 的排版系统，由美国计算机学家莱
斯利兰伯特在 20 世纪 80 年代初期开发，利用这种格式，即使使用者没有排版和程序设计的
知识，也可以充分利用 TeX 所提供的强大功能，在几天甚至几小时内生成很多具有书籍质量
的印刷品。
\end{document}                                           %结束文档。
```

源程序运行结果如图 3-39 所示。

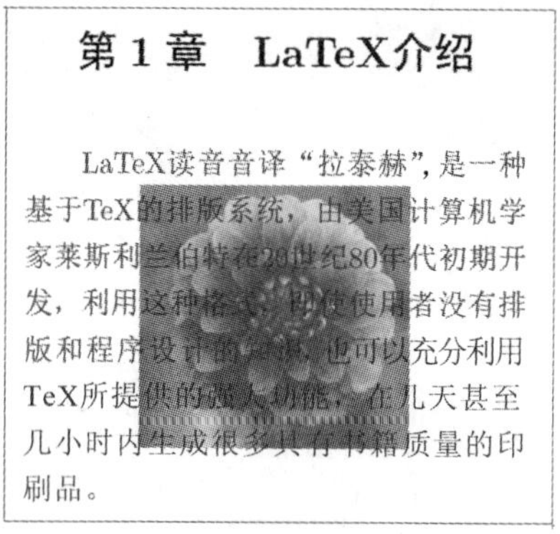

图 3-39

【例 3.33】 编写 LaTeX 源程序：说明命令\ThisTileWallPaper{图宽}{图高}{图形名}的应用。

源程序：

```
\documentclass{book}                                    %文类为 book。
```

```
        \usepackage[paperwidth=65mm,paperheight=42mm,text={61mm,160mm},left=2mm,top=3pt]{ge
ometry}

        \usepackage[space]{ctex}              %调用支持中文字体的宏包 ctex。
        \usepackage{wallpaper}               %调用墙纸宏包 wallpaper。
        \begin{document}                     %开始文档。
        \ThisTileWallPaper{\paperwidth}{%
        \paperheight}{pic28.png} \vspace*{2mm}   %\ThisTileWallPaper{图宽}{图高}{图
                                                 形名}墙纸命令,表示将墙纸置于当
                                                 前页的中心。
        \begin{center}                       %开始居中环境。
        {\Huge\heiti 大学生数学竞赛指南}\\[12pt]
        李汉龙 隋英 主编
        \end{center}                         %结束居中环境。
        \end{document}                       %结束文档。
```

源程序运行结果如图 3-40 所示。

图 3-40

其他页面背景宏包还有:eso-pic 宏包,提供一组命令,可将图形或文字作为背景或前景插入任一页面的任意位置;textpos 宏包,提供一个可设置背景色和边框色的 textblock 文本块环境。这里不再说明,有兴趣的读者可查阅相关的文献。

3.7.6 LaTeX 图形处理

利用图形处理宏包 overpic,通过其提供的 overpic 图形处理环境可以解决一些图形处理的问题。调用图形处理宏包 overpic 时,graphicx 和 epic 等相关宏包也会被自动加载。图形处理宏包 overpic 的可选参数有如表 3.30 所示的三个选项,可在调用时根据具体情况选用。

表 3.30 图形处理宏包 overpic 的可选参数的三个选项

选项	说 明
percent	默认值,表示将背景图形较长一边的长度设为 100,较短一边的长度由两边之比确定。例如两边之比是 0.8,则较短一边的长度设为 80。系统会自动将长度单位命令\unitlength 设置为较长一边的 1/100,标尺刻度和插入点坐标都将使用这个相对长度单位
permil	表示将背景图形较长一边的长度设为 1000,较短一边的长度由两边之比确定
abs	表示标尺刻度和插入点坐标都将使用刚性长度单位,默认为 pt

图形处理环境 overpic 的命令格式为

```
\begin{overpic}[参数 1=选项，参数 2=选项，…]{背景图形名}
前景图文命令
\end{ overpic }
```

其中各种参数简要说明如下：

前景图文命令：可以是各种字体命令、能够在绘图环境 picture 中使用的所有绘图命令以及 graphicx 宏包提供的插图命令和任意对象的旋转、缩放命令。

参数：它除了具有与插图命令\includegraphics 相同的可选子参数及其选项以外，还多出了三个子参数，以下是它们的名称及选项说明。

grid 表示在图形的四周附加网格标尺。

tics 设定标尺刻度的分度值，即一格所表示的尺寸数值。若使用宏包选项 percent 或 abs，其默认值是 10；若使用宏包选项 permil，其默认值是 100。

unit 设置标尺刻度的长度单位，如果使用宏包选项 abs，它采用刚性长度单位，默认值是 pt，可用 unit=1mm，将长度单位改为 mm；若使用宏包选项 percent 或 permil，它们分别采用相对长度单位：较长一边长度的 1%，或较长一边长度的 0.1%。此时对子参数 unit 的任何设置都无效。

【例 3.34】 编写 LaTeX 源程序：说明子参数 grid、tics 和 unit 的应用。

源程序：

```
\documentclass{book}                                    %文类为 book。
\usepackage[paperwidth=74mm,paperheight=48mm,text={61mm,160mm},left=-1mm,top=13pt]{geometry}
\usepackage[abs]{overpic}                               %调用图形处理宏包 overpic，可选参
                                                         数为 abs。
\begin{document}                                        %开始文档。
\begin{overpic}[width=65mm,grid,tics=10,unit=1mm]{pic38.png}   %开始图形处理环境 overpic。
\end{overpic}                                           %结束图形处理环境 overpic。
\end{document}                                          %结束文档。
```

源程序运行结果如图 3-41 所示。

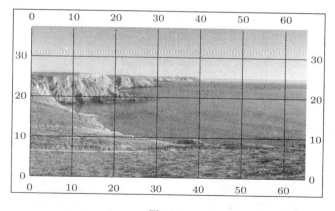

图 3-41

116

【例3.35】 编写LaTeX源程序：说明在绘图命令\put中使用插图命令\includegraphics，将局部放大图作为前景图形插在背景图形之上，以产生画中画的效果。

源程序：

```
\documentclass{book}                                          %文类为 book。
\usepackage[paperwidth=65mm,paperheight=40mm,text={61mm,160mm},left=-5.4mm,top=1pt]
{geometry}
\usepackage{overpic}                                          %调用图形处理宏包 overpic。
\begin{document}                                              %开始文档。
\begin{overpic}[unit=1mm]{pic26.jpg}                          %开始图形处理环境 overpic。
\put(15,16){\includegraphics{pic2.jpg}}                       %\put(x,y){图形元素}将图形元素放置
                                                                 到绘图区域，其基准点位于坐标(x,y)。
                                                                 图形元素可以是文本、线段
                                                                 和圆形等。

\end{overpic}                                                 %结束图形处理环境 overpic。
\end{document}                                                %结束文档。
```

源程序运行结果如图 3-42 所示。

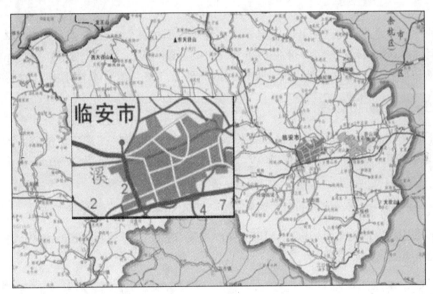

图 3-42

【例3.36】 编写 LaTeX 源程序：利用图形处理环境 overpic 给图形加上数学公式。

源程序：

```
\documentclass{book}                                          %文类为 book。
\usepackage[paperwidth=65mm,paperheight=40mm,text={61mm,160mm},left=-5.4mm,top=1pt]
{geometry}
\usepackage{overpic}                                          %调用图形处理宏包 overpic。
\begin{document}                                              %开始文档。
\begin{overpic}[width=65mm,height=40mm]{pic.png}              %开始图形处理环境 overpic。
\unitlength=1mm                                                %长度单位设置命令\unitlength。
```

117

\Large\boldmath	%\boldmath 是声明形式的粗体数学字体命令。
\put(38,20){\rotatebox{69}{$x^{2}=y$}}	%\put(x,y){图形元素}将图形元素放置到绘图区域，其基准点位于坐标(x,y)。图形元素可以是文本、线段和圆形等。
\end{overpic}	%结束图形处理环境 overpic。
\end{document}	%结束文档。

源程序运行结果如图 3-43 所示。

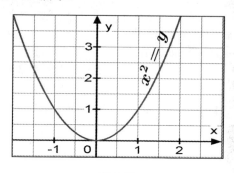

图 3-43

其他图形处理宏包还有：lpic 宏包，可在插图上添加任何 LaTeX 对象，如文本、数学式以及坐标等；pinlable 宏包，可在 PDF 或 EPS 格式插图上添加文本或数学式；psfrag 宏包，可在 EPS 格式插图上添加文本、数学式或图形等。有兴趣的读者可以查阅相关资料。

3.7.7 LaTeX 动画影音

电子版的论文中可以插入动画影音等多媒体文件，其直接在论文中播放。若多媒体文件格式为 AVI、MPG、MOV 或 WAV，可使用 multimedia 宏包提供的\movie 命令，格式为

\movie [放映]{预告标志}{影像文件名}

若多媒体文件格式为 JPG、MPS、PDF 或 PNG，可使用 animate 宏包提供的\animategraphics 命令，格式为

\animategraphics [放映设置]{ 放映速率}{文件名}{起始页码}{结束页码}

若多媒体文件格式为 FLV、MP3、MP4 或 SWF，可使用 media9 宏包提供的影像命令\includemedia，格式为

\includemedia [放映设置]{预告标志}{文件名}

具体使用方法可以查阅相关宏包说明文件。

3.8 本章小结

本章介绍了 LaTeX 应用实例。3.1 节介绍了一小段文字的简单排版。3.2 节介绍了一篇小短文的排版。3.3 节介绍了 LaTeX 字体设置。3.4 节介绍了 LaTeX 版面设计。3.5

118

节介绍了 LaTeX 文本格式。3.6 节介绍了 LaTeX 标题格式设置。3.7 节介绍了 LaTeX 使用插图。为了帮助读者消化这些内容，本章给出了大量的实例源程序，同时对源程序中的命令语句加以解释说明，读者可以模仿、修改这些源程序来编写自己的 LaTeX 源程序。

习 题 3

1．编写源程序：对下列一段文字进行编辑排版，要求大字体显示，字体颜色绿红色。

这是一小段文字的简单排版，之所以叫简单排版，是因为只要把文本内容粘贴在这个地方即可。其他的事不用做。当然也许效果并不令人满意。

2．编写源程序：说明表格环境 tabular 的应用。

3．编写源程序：说明下划线宏包 ulem 的应用。

4．编写源程序：说明旋转环境 rotate 制作图形特效的应用。

5．编写源程序：说明命令\ThisTileWallPaper{图宽}{图高}{图形名}的应用。

习题 3 答案

1．源程序：

```
\documentclass{article}          %使用 article 文档类型格式排版。
\usepackage{ctex}                %调用支持中文的 ctex 宏包。
\usepackage[paperwidth=65mm,paperheight=22mm,text={62mm,20mm},left=1.5mm,top=0pt]{geometry}
\begin{document}                 %短文开始排版。
\color{green}这是一小段文字的简单排版，之所以叫简单排版，是因为只要把文本内容粘贴
            在这个地方即可。其他的事不用做。当然也许效果并不令人满意。
\end{document}                   %短文排版结束
```

2．源程序：

```
\documentclass{article}
\usepackage{ctexcap}
\usepackage[a6paper,centering,scale=0.8]{geometry}
\begin{document}
\begin{center}
表格环境的应用\par
\vspace{3mm}
\begin{tabular}{|l|c|}
    \hline
    \textbf{\CTeX 命令} & \textbf{效果}\\
    \hline
    \verb|\songti 宋体| & \songti 宋体 \\
    \hline
    \verb|\heiti 黑体| & \heiti 黑体\\
```

```
        \hline
        \verb|\fangsong 仿宋| & \fangsong 仿宋\\
        \hline
        \verb|\kaishu 楷书| & \kaishu 楷书\\
    \hline
    \end{tabular}
    \end{center}
    \end{document}
```

3．源程序：

```
    \documentclass{book}
    \usepackage[paperwidth=65mm,paperheight=30mm,text={55mm,50mm},left=5.0mm,top=3pt]
{geometry}
    \usepackage[space]{ctex}
    \usepackage{ulem}
    \begin{document}
    \centering
    \uline{非常重要}\\
    \uuline{很急迫}\\
    \uwave{友情提示}\\
    \sout{致命错误}\\
    \xout{坚决删除}
    \end{document}.
```

4．源程序：

```
    \documentclass{book}
    \usepackage{bbding}
    \usepackage[paperwidth=65mm,paperheight=33mm,text={60mm,40mm},left=0mm,top=-14pt]
{geometry}
    \usepackage{rotating}
    \usepackage{xcolor}
    \begin{document}
    \vspace*{10mm}
    \centering
    \begin{rotate}{20}\color{red}
    \SixFlowerPetalDotted
    \end{rotate}\par
    \begin{rotate}{20}\color{green}
    \SixFlowerPetalDotted
    \end{rotate}\par
    \begin{rotate}{20}\color{red}
    \SixFlowerPetalDotted
    \end{rotate}\par
    \begin{rotate}{20}\color{green}
    \SixFlowerPetalDotted
    \end{rotate}\par
```

```
\begin{rotate}{20}\color{red}
\SixFlowerPetalDotted
\end{rotate}\par
\end{document}
```

5．源程序：

```
\documentclass{book}
\usepackage[paperwidth=65mm,paperheight=42mm,text={61mm,160mm},left=2mm,top=3pt]
{geometry}
\usepackage[space]{ctex}
\usepackage{wallpaper}
\begin{document}
\ThisTileWallPaper{\paperwidth}{%
\paperheight}{pic28.png} \vspace*{2mm}
\begin{center}
{\Huge\color{red}\heiti 大学生数学竞赛指南}\\[12pt]
\color{red}李汉龙 隋英 主编
\end{center}
\end{document}
```

第 4 章　LaTeX 编辑数学公式

本章概要

- 数学公式概述
- 数学符号
- 数学公式的主要组成
- 公式环境
- 定理环境

　　LaTeX 几乎能够满足绝大部分论文中对数学公式的需求，而且使用起来没有想象中那么复杂。LaTeX 中的数学公式编写在形式上虽然显得很复杂，但其实很简单，排版数学公式是 LaTeX 的强项，而且数学公式越复杂越能显示出它的优越性，结合相关的数学宏包能大幅度地扩充 LaTeX 的数学公式排版功能，使其排版效果更为精美和专业。

4.1　数学公式概述

　　LaTeX 中最常用的主要有文本模式和数学模式这两种模式，文本模式和数学模式对排版的要求是不同的，为了标明源文件中某段内容是数学公式，必须在该段内容的两边加上特殊标记，按数学模式进行排版。在 LaTeX 中，数学公式有两种，即行内公式（inline formula）和行间公式（displayed formula）。

4.1.1　行内公式

　　出现在一行之内的数学公式称为行内公式，行内公式和正文在同一行中显示，可以用下面三种方式来表示：

```
$...$;
\(...\);
\ begin {math}...\end{math}
```

　　【例 4.1】　分别使用上述三种方式，以行内公式的形式编辑下面这句话，并显示结果：

$$函数\ y = x^n + x^{n-1} + \cdots + x\ 在整个实数域上连续$$

　　源程序：

```
\documentclass{book}
\usepackage[paperwidth=90mm,paperheight=20mm,text={90mm,99mm},left=1.5mm,top=3pt]
{geometry}
\usepackage{ctex}
```

```
\begin{document}
\noindent
函数 $y=x^n+x^{n-1}+\cdots+x$ 在整个实数域上连续
函数 \(y=x^n+x^{n-1}+\cdots+x\) 在整个实数域上连续
函数 \begin{math}y=x^n+x^{n-1}+\cdots+x\end{math} 在整个实数域上连续
\end{document}
```

源程序运行结果如图 4-1 所示。

$$
函数\ y = x^n + x^{n-1} + \cdots + x\ 在整个实数域上连续
$$
$$
函数\ y = x^n + x^{n-1} + \cdots + x\ 在整个实数域上连续
$$
$$
函数\ y = x^n + x^{n-1} + \cdots + x\ 在整个实数域上连续
$$

图 4-1

从运行的结果可以看出这三种方式的排版结果是一样的，但在编辑过程中使用前两种方法相对来说更简单一些。在 LaTeX 中对行内公式它可以自动调整字符间的间距、字符的大小等参数以保证行间距不至于拉开过大，使得排版更加精美，弥补了 Word 排版中在文字中插入公式会行间距被无故拉大的缺陷。

4.1.2 行间公式

位于两行之间的公式称为行间公式，行间公式在单独一行居中显示，可以用如下三种不同的方式表示：

```
$$...$$;
\[...\];
\begin{displaymath}...\end{displaymath}
```

【例 4.2】 分别使用上述三种方式，以行间公式的形式编辑下面这句话，并显示结果：

$$
函数 y=x^n+x^{n-1}+...+x\$在整个实数域上连续
$$

源程序：

```
\documentclass{book}
\usepackage[paperwidth=90mm,paperheight=60mm,text={80mm,99mm},
left=1.5mm,top=3pt]{geometry}
\usepackage{ctex}
\begin{document}
\noindent
函数$$y=x^n+x^{n-1}+\cdots+x$$ 在整个实数域上连续
函数 \[y=x^n+x^{n-1}+\cdots+x\] 在整个实数域上连续
函数 \begin{displaymath}y=x^n+x^{n-1}+\cdots+x\end{displaymath} 在整个实数域上连续
\end{document}
```

源程序运行结果如图 4-2 所示。

从运行的结果可以看出，这三种方式的排版结果也是一样的。使用行间公式的优点是起止明确，与上下文截然分开。

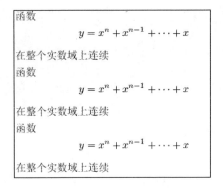

函数
$$y = x^n + x^{n-1} + \cdots + x$$
在整个实数域上连续

函数
$$y = x^n + x^{n-1} + \cdots + x$$
在整个实数域上连续

函数
$$y = x^n + x^{n-1} + \cdots + x$$
在整个实数域上连续

图 4-2

4.2 数 学 符 号

LaTeX 提供了许多可直接用于排版的数学符号，同时又出现了许多符号宏包以满足各个领域的需要。

4.2.1 WinEdt 中的数学符号

在 WinEdt 中单击 View 栏，然后单击 TeX GUI Symbols…就会出现 14 个符号的工具条，可根据实际需要选择不同类型的符号。

（1）单击符号工具条中的 Math 按钮，可以得到下列数学式中常用的大算符、重音符号和数学结构：

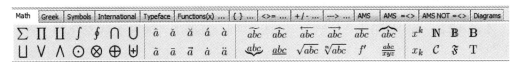

（2）单击符号工具条中的 Greek 按钮，可以得到下列大写希腊字母和小写希腊字母及希伯来文字母：

（3）单击符号工具条中的 Symbols 按钮，可以得到下列图形符号：

（4）单击符号工具条中的 International 按钮，可以得到下列符号：

（5）单击符号工具条中的 Typeface 按钮，可以得到下列不同形式的字体：

| Math | Greek | Symbols | International | Typeface | Functions(x) ... | { } ... | <>= ... | +/- ... | —> ... | AMS | AMS =<> | AMS NOT =<> | Diagrams |

Emph　　Roman　　**Bold**　　Sans　　TT

Medium　　*Italic*　　Caps　　*Slanted*　　Verbatim

（6）单击符号工具条中的 Functions(x) 按钮，可以得到下列函数符号：

| Math | Greek | Symbols | International | Typeface | Functions(x) ... | { } ... | <>= ... | +/- ... | —> ... | AMS | AMS =<> | AMS NOT =<> | Diagrams |

arccos　arcsin　arctan　　arg　cos　cosh　cot　coth　csc　det　dim　exp　gcd　hom　inf

lim　　lim inf　lim sup　　ker　lg　ln　log　max　min　sec　sin　sinh　sup　tan　tanh

（7）单击符号工具条中的 {} 按钮，可以得到下列符号：

| Math | Greek | Symbols | International | Typeface | Functions(x) ... | { } ... | <>= ... | +/- ... | —> ... | AMS | AMS =<> | AMS NOT =<> | Diagrams |

（8）单击符号工具条中的 Symbols 按钮，可以得到下列符号：

（9）单击符号工具条中的+/-按钮，可以得到下列符号：

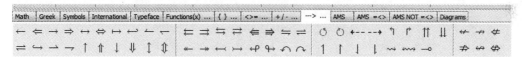

（10）单击符号工具条中的→按钮，可以得到下列符号：

（11）单击符号工具条中的 AMS 按钮，可以得到下列图形符号：

（12）单击符号工具条中的 AMS=◇按钮，可以得到下列符号：

（13）单击符号工具条中的 AMS NOT =◇按钮，可以得到下列符号：

| Math | Greek | Symbols | International | Typeface | Functions(x) ... | { } ... | <>= ... | +/- ... | —> ... | AMS | AMS =<> | AMS NOT =<> | Diagrams |

（14）单击符号工具条中的 Symbols 按钮，可以得到下列图形符号：

4.2.2　Tex Friend 中的数学符号

在 WinEdt 中单击 TeX→CTeX Tools→TexFriend。

（1）单击下拉菜单 cal-frak-bbm，可以得到下列符号：

（2）单击下拉菜单 symbols-1，可以得到下列符号：

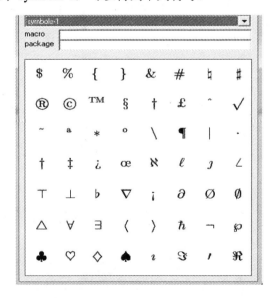

（3）单击下拉菜单 AMS symbols，可以得到下列符号：

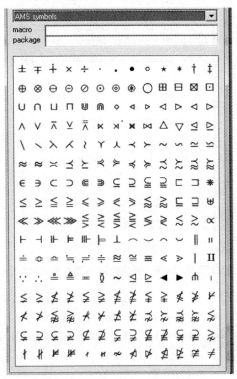

（4）单击下拉菜单 AMS arrows，可以得到下列符号：

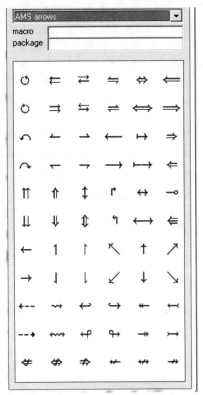

（5）单击下拉菜单 Resizable Arrows，可以得到下列符号：

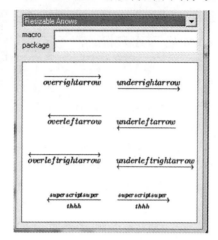

（6）单击下拉菜单 txfonts-2，可以得到下列符号：

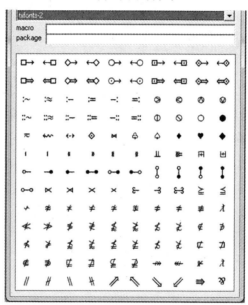

（7）单击下拉菜单 Integration，可以得到下列符号：

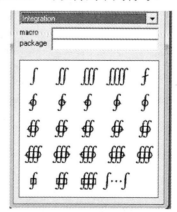

（8）单击下拉菜单 Resizable symbols，可以得到下列符号：

（9）单击下拉菜单 delimiter，可以得到下列符号：

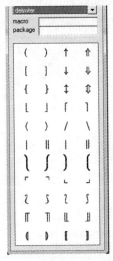

（10）单击下拉菜单 Greek letter，可以得到下列符号：

（11）单击下拉菜单 Functions，可以得到下列函数符号：

（12）单击下拉菜单 AMS equations，可以得到下列公式符号：

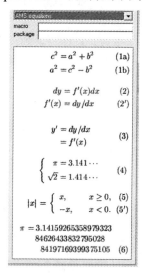

（13）单击下拉菜单 Table,CD，可以得到下列表格形式：

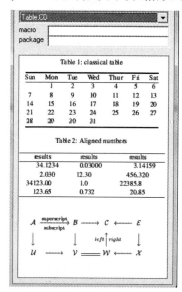

（14）单击下拉菜单 bbding，可以得到下列符号：

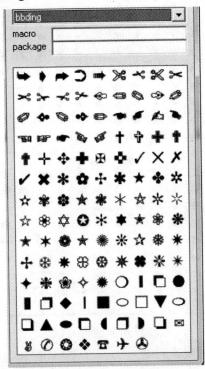

（15）单击下拉菜单 stmaryrd，可以得到下列符号：

（16）单击下拉菜单 pifont-1，可以得到下列符号：

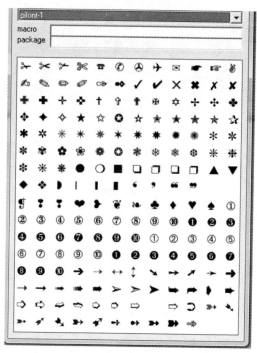

（17）单击下拉菜单 tapa-1，可以得到下列符号：

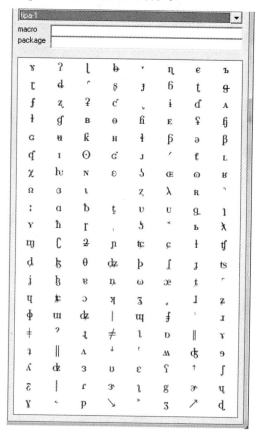

4.3 数学公式的主要组成

4.3.1 角标

1. 上标和下标

上标命令为

$$^{\{符号\}}$$

下标命令为

$$_{\{符号\}}$$

当角标是单个字符时可不用花括号。

【例 4.3】 输出一个 n 次多项式。

源程序：

```
\documentclass{book}
\usepackage[paperwidth=165mm,paperheight=7mm,text={60mm,69mm},left=1.5mm,top=2pt]{geometry}
\begin{document}
${f(x)=a_nx^n+a_{n-1}x^{n-1}+a_{n-2}x^{n-2}+\cdots+a_0}$
\end{document}
```

源程序运行结果如图 4-3 所示。

$$f(x) = a_n x^n + a_{n-1} x^{n-1} + a_{n-2} x^{n-2} + \cdots + a_0$$

图 4-3

◆ 对于运算符号的多行上下标，amsmath 公式宏包提供了下述两个命令来分行：

（1）堆叠命令：

$$\backslash atop$$

【例 4.4】 编写一个两行下标的公式。

源程序：

```
\documentclass{book}
\usepackage[paperwidth=165mm,paperheight=16mm,text={62mm,80mm},left=1.5mm,top=0pt]{geometry}
\usepackage{amsmath,amssymb}
\begin{document}
\begin{equation}
\bigcup_{0 \leqslant i\atop 0<j<n} P(i,j)\nonumber
\end{equation}
\end{document}
```

源程序运行结果如图 4-4 所示。

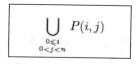

图 4-4

（2）使用换行命令\\为上标或下标分行：

$$\substack$$

【例 4.5】 使用上面命令编写一个三行下标的公式。

源程序：

```
\documentclass{book}
\usepackage[paperwidth=165mm,paperheight=26mm,text={62mm,80mm},left=1.5mm,top=0pt]{geometry}
\usepackage{amsmath,amssymb}
\begin{document}
\begin{equation}
\bigcup_{\substack{0 \leqslant i \\ 0<j<n \\ k\geq n}} P(i,j,k)\nonumber
\end{equation}
\end{document}
```

源程序运行结果如图 4-5 所示。

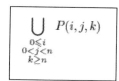

图 4-5

2．四角标

公式宏包 amsmath 提供了一个四角标定义命令：

```
\sideset{左侧上下标}{右侧上下标}
```

可以在大型符号的两侧放置上下标。

【例 4.6】 编写一个四周角标环绕的公式。

源程序：

```
\documentclass{book}
\usepackage[paperwidth=65mm,paperheight=51pt,text={62mm,60pt},left=1.5mm,top=0pt]{geometry}
\usepackage{amsmath}
\begin{document}
\[\sideset{^\beta_\alpha}{^\hbar_\triangle}
\bigcap^{n}_{k=1}\]
\end{document}
```

源程序运行结果如图 4-6 所示。

图 4-6

4.3.2　上下划线和花括号

排版数学公式可能还会遇到需要把几个符号组合在一起，最常见的就是上划线、下划线和花括号。

上划线命令为

$$\overline$$

下划线命令为

$$\underline$$

上花括号命令为

$$\overbrace$$

下花括号命令为

$$\underbrace$$

【例 4.7】　利用上述命令编写一个带有上下划线和上下花括号的公式。

源程序：

```
\documentclass{book}
\usepackage[paperwidth=165mm,paperheight=17mm,text={60mm,69mm},left=2.5mm,top=-17pt]{geometry}
\usepackage[space]{ctex}
\usepackage{mathtools}
\begin{document}
\begin{equation*}
A=\overbrace{(a+b)+\underbrace{i(c+d)}
_{\text{虚数}}}^{\text{复数}}+\overline{(e+f)}+\underline{(g+h)}
\end{equation*}
\end{document}
```

源程序运行结果如图 4-7 所示。

$$A = \overbrace{(a+b) + \underbrace{i(c+d)}_{虚数}}^{复数} + \overline{(e+f)} + \underline{(g+h)}$$

图 4-7

4.3.3　分式

比较简单的分数，尤其是正文公式中的分数最好用斜杠字符/表示，但对于较复杂的分式，则使用以下命令：

135

$$\frac{分子}{分母}$$

【例 4.8】 编写一个多层的分式。

源程序：

```
\documentclass{book}
\usepackage[paperwidth=65mm,paperheight=23mm,text={60mm,60mm},left=5pt,top=-10pt]{geometry}
\usepackage{amsmath}
\begin{document}
\begin{gather*}
\frac{1}{{2}+\frac{1}{{3}+\frac{1}{{4}+\cdots}}}
\end{gather*}
\end{document}
```

源程序运行结果如图 4-8 所示。

$$\cfrac{1}{2+\cfrac{1}{3+\cfrac{1}{4+\cdots}}}$$

图 4-8

二项式系数可以看成是带括号而没分数线的分数式，通常使用以下命令：

$$\choose$$

【例 4.9】 编写二项式系数公式。

源程序：

```
\documentclass{book}
\usepackage[paperwidth=65mm,paperheight=13mm,text={60mm,60mm},left=5pt,top=-5pt]{geometry}
\usepackage{amsmath}
\begin{document}
\begin{equation*}
{C^k_n}={n \choose k}
\end{equation*}
\end{document}
```

源程序运行结果如图 4-9 所示。

$$C_n^k = \binom{n}{k}$$

图 4-9

4.3.4　根式

根式命令为

$$\sqrt[开方数]{参数}$$

136

当开方数缺省时，系统默认为开平方。

【例 4.10】 编写 $\Delta > 0$ 时，二元方程的求根公式。

源程序：

```
\documentclass{book}
\usepackage[paperwidth=65mm,paperheight=13mm,text={60mm,60mm},left=5pt,top=-5pt]
{geometry}
\usepackage{amsmath}
\begin{document}
\begin{equation*}
{x}={\frac{-b\pm\sqrt{b^2-4ac}}{{2a}}}
\end{equation*}
\end{document}
```

源程序运行结果如图 4-10 所示。

$$x = \frac{-b \pm \sqrt{b^2 - 4ac}}{2a}$$

图 4-10

4.3.5 求和与极限

（1）求和命令为

$$\sum$$

【例 4.11】 编写一个等差数列的求和公式。

源程序：

```
\documentclass{book}
\usepackage[paperwidth=65mm,paperheight=13mm,text={60mm,60mm},left=5pt,top=-5pt]
{geometry}
\usepackage{amsmath}
\begin{document}
\begin{equation*}
{\sum_{i=1}^n i}={\frac{n(n+1)}{2}}
\end{equation*}
\end{document}
```

源程序运行结果如图 4-11 所示。

$$\sum_{i=1}^{n} i = \frac{n(n+1)}{2}$$

图 4-11

（2）求极限命令为

$$\lim$$

【例4.12】 编写重要极限公式 $\lim\limits_{x\to\infty}\left(1+\dfrac{1}{x}\right)^x=\mathrm{e}$。

源程序：

```
\documentclass{book}
\usepackage[paperwidth=65mm,paperheight=13mm,text={60mm,60mm},left=5pt,top=-5pt]{geometry}
\usepackage{amsmath}
\begin{document}
\begin{equation*}
{\lim_{x\rightarrow{\infty}}\left(1+\frac{1}{x}\right)^x}={e}
\end{equation*}
\end{document}
```

源程序运行结果如图4-12所示。

$$\lim_{x\to\infty}\left(1+\frac{1}{x}\right)^x=e$$

图 4-12

4.3.6 求导与积分

（1）导数是在字母右上方加一撇或两撇的输出，或用\$\$f'\$\$和\$\$f''\$\$表示。

【例4.13】 编写麦克劳林公式。

源程序：

```
\documentclass{book}
\usepackage[paperwidth=165mm,paperheight=23mm,text={60mm,60mm},left=5pt,top=10pt]{geometry}
\usepackage{amsmath}
\begin{document}
\begin{equation*}
f(x)=f(0)+f'(0)x+\frac{f''(0)}{2!}x^2+\cdots+\frac{f^{(n)}(0)}{n!}x^n+\frac{f^{(n+1)}(\xi)}{(n+1)!}x^{n+1}
\end{equation*}
\end{document}
```

源程序运行结果如图4-13所示。

$$f(x)=f(0)+f'(0)x+\frac{f''(0)}{2!}x^2+\cdots+\frac{f^{(n)}(0)}{n!}x^n+\frac{f^{(n+1)}(\xi)}{(n+1)!}x^{n+1}$$

图 4-13

（2）求积分命令为

$$\int$$

138

【例 4.14】 编写定积分牛顿—莱布尼茨公式。

源程序:

```
\documentclass{book}
\usepackage[paperwidth=65mm,paperheight=23mm,text={60mm,60mm},left=5pt,top=10pt]
{geometry}
\usepackage{amsmath}
\begin{document}
\begin{equation*}
{\int_a^b f(x)dx}=F(b)-F(a)
\end{equation*}
\end{document}
```

源程序运行结果如图 4-14 所示。

$$\int_a^b f(x)dx = F(b) - F(a)$$

图 4-14

4.4 公 式 环 境

4.4.1 排序公式环境

LaTeX 还提供了 equation 和 eqnarry 等排序公式环境，分别用于编写带有序号的单行和多行的行间公式。

1. 单行公式

```
/begin{equation}
/end{equation}
```

则公式除了独占一行还会自动被添加序号。

【例 4.15】 以行间公式的形式编辑下面这句话，并对公式编号:

$$使不等式 |f(x) - A| < \varepsilon 成立$$

源程序:

```
\documentclass{book}
\usepackage[paperwidth=90mm,paperheight=60mm,text={60mm,89mm},left=11.5mm,top=10pt]
{geometry}
\usepackage[space]{ctex}
\begin{document}
使不等式\begin{equation}|f(x)-A|<\varepsilon\end{equation}成立
\end{document}
```

源程序运行结果如图 4-15 所示。

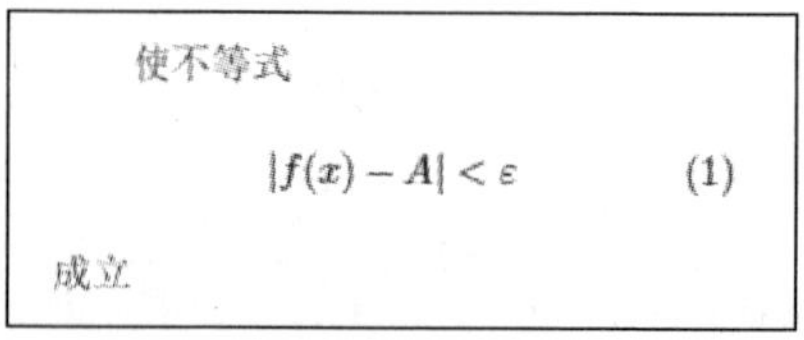

使不等式

$$|f(x) - A| < \varepsilon \qquad (1)$$

成立

图 4-15

2. 多行公式

（1）对于多个行间公式进行编号，则使用以下命令：

/begin{eqnarry}

/end{eqnarry}

（2）如果不想对公式进行编号，则使用以下命令：

/begin{eqnarry*}

/end{eqnarry*}

【例 4.16】 以行间公式的形式编辑下面的内容，并对公式进行编号：

$$x + y + z = 1, x + 2y + z = 4$$

源程序：

\documentclass{book}
\usepackage[paperwidth=85mm,paperheight=40mm,text={62mm,80mm},left=0mm,top=-10pt]{geometry}
\begin{document}
\begin{eqnarray}x+y+z&=&1 \\x+2y+z&=&4\end{eqnarray}
\end{document}

源程序运行结果如图 4-16 所示。

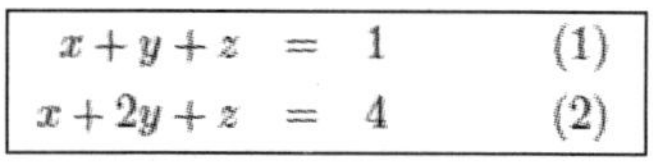

$$x + y + z = 1 \qquad (1)$$
$$x + 2y + z = 4 \qquad (2)$$

图 4-16

（3）对于多个行间公式进行编号，可使用以下命令：

/begin{gather}

/end{gather}

该命令可用来编写中心对称的公式组，它以换行命令\\来区分各个公式，每个公式都与公式行居中对齐，每个公式都有自己的序号。

有时希望公式组中的某些公式有序号，某些没有，某些要另作标记，这就要用到序号设置命令，如表 4.1 所示。

表 4.1 序号设置命令

命 令 名	用 途
\eqno {标号}	系统提供的序号设置命令，将它紧跟在 equation 环境和$$形式的公式行后，可在公式右侧人工设置标号，标号可以是任意文本
\leqno {标号}	作用与\eqno {标号}相同，只是将标号置于公式的左侧，\eqno 与\leqno 不能同时在一个公式中使用

140

命 令 名	用 途
\nonumber	系统提供的取消序号命令，把它插在换行命令\\ 之前，可取消为该行公式排序而使其无序
\notag	公式宏包 smamath 提供的序号取消命令，使用方法和作用与\nonumber 相同
\tag {标号}	公式宏包 smamath 提供的序号设置命令，把它插在换行命令\\ 之前，可取消为该行公式排序 而以（标号）替代序号，该命令也可用于带星号公式环境中的公式行，使其具有（标号）
\tag* {标号}	作用与\tag 相同，只是标号的两侧没有圆括号

【例 4.17】 将多行公式中的每个公式使用不同样式的序号和标号。

源程序：

```
\documentclass{book}
\usepackage[paperwidth=85mm,paperheight=40mm,text={62mm,80mm},left=1.5mm,top=-10pt]{geometry}
\usepackage{amsmath}
\begin{document}
\setcounter{chapter}{4}
\begin{gather}
x+2y^2 = z^2 \label{eq:r2} \\
x+3y^3 = z^3 \notag \\
x+4y^4 = r^4 \tag{$*$} \\
x+5y^5 = r^5 \tag*{$\star$} \\
x+6y^6 = r^6 \tag{\ref{eq:r2}$a$}
\end{gather}
\end{document}
```

运行源程序（需要编译运行两次）结果如图 4-17 所示。

$$x + 2y^2 = z^2 \qquad (4.1)$$
$$x + 3y^3 = z^3$$
$$x + 4y^4 = r^4 \qquad (*)$$
$$x + 5y^5 = r^5 \qquad \star$$
$$x + 6y^6 = r^6 \qquad (4.1a)$$

图 4-17

4.4.2 括号环境

（1）在分段函数或方程组中，经常要把多行公式加上一个花括号，这就要用到括号环境，其命令为

/begin{cases}
/end{cases}

该公式适用于在其他公式环境中排版带有左花括号的公式。

【例 4.18】 编辑一个分段函数。

源程序：

```
    \\documentclass{book}
    \usepackage[paperwidth=65mm,paperheight=19mm,text={62mm,80mm},left=1.5mm,top=-15pt]
{geometry}
    \usepackage{amsmath,amssymb}
    \begin{document}
    \begin{equation}
    f(x) =
    \begin{cases}
     x+2 & x\geqslant 0    \\
    -x^2+2x-3 &    x\leqslant 0
    \end{cases}
    \end{equation}
    \end{document}
```

源程序运行结果如图 4-18 所示。

$$f(x)=\begin{cases} x+2 & x \geqslant 0 \\ -x^2+2x-3 & x \leqslant 0 \end{cases} \quad (1)$$

图 4-18

（2）如果想使每个公式都具有序号，还可调用以下命令：

```
                        /begin{numcases}
                        /end{ numcases}
```

【例 4.19】 编辑一个分段函数，使其每个公式都带有序号。
源程序：

```
    \documentclass{book}
    \usepackage[paperwidth=100mm,paperheight=17mm,text={62mm,90mm},left=0mm,top=-13pt]
{geomtry}
    \usepackage{amsmath,cases,amssymb}
    \begin{document}
    \begin{numcases}
    {f(x)=}
     x+2 & $ x\geqslant 0 $ \\
    -x^2 & $ x\leqslant 0 $
    \end{numcases}
    \end{document}
```

源程序运行结果如图 4-19 所示。

$$f(x)=\begin{cases} x+2 & x \geqslant 0 & (1) \\ -x^2 & x \leqslant 0 & (2) \end{cases}$$

图 4-19

142

4.4.3 数组环境

数组环境通常用来编排矩阵，行列式等对齐的数学公式的。它的命令格式为

```
\ begin{array}[位置]{列对齐}
第一行  \\
...
最后一行
\end{array}
```

在使用数组环境前须调用数组宏包 array，列对齐方式可以是 c（居中）、l（左对齐）、r（右对齐）。而每一行的各列用&符号隔开，行末是\\，数组外常常使用可变大小的定界符\left 和\right。

【例 4.20】 使用数组环境编辑一个矩阵。

源程序：

```
\\documentclass{book}
\usepackage[paperwidth=65mm,paperheight=31mm,text={62mm,80mm},left=1.5mm,top=-10pt]{geometry}
\usepackage{amsmath,array}
\begin{document}
\begin{equation*}
\left(
\begin{array}{cc}
a_{11} & a_{12} \\
a_{21} & a_{22} \\
\end{array}\right)
\end{equation*}
\end{document}
```

源程序运行结果如图 4-20 所示。

$$\left(\begin{array}{cc} a_{11} & a_{12} \\ a_{21} & a_{22} \end{array}\right)$$

图 4-20

【例 4.21】 使用数组环境编辑一个线性方程组。

源程序：

```
\documentclass{book}
\usepackage[paperwidth=65mm,paperheight=25mm,text={62mm,80mm},left=1.5mm,top=-10pt]{geometry}
\usepackage{amsmath,array}
\begin{document}
\begin{equation*}
\left\{
```

```
\begin{array}{lll}
  y & = & c       \\
  y & = & cx+d    \\
  y & = & bx^{2}+ cx+d
\end{array}\right.
\end{equation*}
\end{document}
```

源程序运行结果如图 4-21 所示。

$$
\left\{
\begin{array}{lll}
y & = & c \\
y & = & cx+d \\
y & = & bx^2 + cx + d
\end{array}
\right.
$$

图 4-21

4.4.4　矩阵环境

矩阵是线性代数的重要部分，在 LaTex 中，公式宏包 amsmath 提供了两种矩阵环境，即行内矩阵和行间矩阵。

1. 行内矩阵

行内矩阵环境可以在文本行内编写小型矩阵，其命令为

```
/begin{smallmatrix}
/end{smallmatrix}
```

【例 4.22】　编辑下列一个行内矩阵：

求分块矩阵 $\begin{pmatrix} 0 & B \\ C & 0 \end{pmatrix}$ 的逆，其中矩阵 B 和 C 均可逆。

源程序：

```
\documentclass{book}
\usepackage[paperwidth=165mm,paperheight=15mm,text={100mm,80mm},left=1.5mm,top=15pt]{geometry}
\usepackage[space]{ctex}
\usepackage{amsmath}
\begin{document}
```

求分块矩阵 $ \big(\begin{smallmatrix} 0 & B \\ C & 0 \end{smallmatrix}\big)$的逆，其中矩阵$B$ 和 C 均可逆矩阵。

```
\end{document}
```

源程序运行结果如图 4-22 所示。

求分块矩阵 $\left(\begin{smallmatrix} 0 & B \\ C & 0 \end{smallmatrix}\right)$ 的逆，其中矩阵 B 和 C 均可逆矩阵。

图 4-22

144

2. 行间矩阵

除了数组环境 array 可以编辑行间矩阵外，公式宏包 amsmath 还提供了六种行间矩阵环境，其命令为

$$/begin\{matrix\} \qquad /end\{matrix\};$$
$$/begin\{pmatrix\} \qquad /end\{pmatrix\};$$
$$/begin\{Bmatrix\} \qquad /end\{Bmatrix\};$$
$$/begin\{bmatrix\} \qquad /end\{bmatrix\};$$
$$/begin\{Vmatrix\} \qquad /end\{Vmatrix\};$$
$$/begin\{vmatrix\} \qquad /end\{vmatrix\};$$

【例 4.23】 用上述命令编辑一个行间对角矩阵，进行比较。

源程序：

```
\documentclass{book}
\usepackage[paperwidth=200mm,paperheight=40mm,text={62mm,180mm},left=5mm,top=0pt]
{geometry}
\usepackage{amsmath}
\begin{document}
\begin{equation*}
\begin{matrix}
\lambda_1\\& \lambda_2 & & \text{{\huge{0}}}\\& & \lambda_3\\& \text{{\huge{0}}} & & \ddots
\\& & & & \lambda_n
\end{matrix}\\
\begin{pmatrix}
\lambda_1\\& \lambda_2 & & \text{{\huge{0}}}\\& & \lambda_3\\& \text{{\huge{0}}} & & \ddots
\\& & & & \lambda_n
\end{pmatrix}
\begin{Bmatrix}
\lambda_1\\& \lambda_2 & & \text{{\huge{0}}}\\& & \lambda_3\\& \text{{\huge{0}}} & & \ddots
\\& & & & \lambda_n
\end{Bmatrix}
\begin{bmatrix}
\lambda_1\\& \lambda_2 & & \text{{\huge{0}}}\\& & \lambda_3\\& \text{{\huge{0}}} & & \ddots
\\& & & & \lambda_n
\end{bmatrix}
\begin{Vmatrix}
\lambda_1\\& \lambda_2 & & \text{{\huge{0}}}\\& & \lambda_3\\& \text{{\huge{0}}} & & \ddots
\\& & & & \lambda_n
\end{Vmatrix}
\begin{vmatrix}
\lambda_1\\& \lambda_2 & & \text{{\huge{0}}}\\& & \lambda_3\\& \text{{\huge{0}}} & & \ddots
\\& & & & \lambda_n
\end{vmatrix}
\end{equation*}
\end{document}
```

源程序运行结果如图 4-23 所示。

图 4-23

3. 分块矩阵

编排分块矩阵需要用到水平虚线和垂直虚线，块矩阵宏包 easybmat 提供了一个 BMAT 块矩阵环境，能够排版各种分块矩阵，其环境命令结构为

```
/begin{BMAT}(矩阵格式){列对齐}{行对齐}
第一行 \\
...
最后一行
 /end{BMAT}
```

行对齐方式可以是 t（顶边对齐）、c（居中）、b（底边对齐）。

【例 4.24】 编辑一个分块矩阵。

源程序：

```
\documentclass{book}
\usepackage[paperwidth=65mm,paperheight=40mm,text={62mm,80mm},left=1.5mm,top=-10pt]{geometry}
\usepackage{amsmath,easybmat}
\begin{document}
\begin{equation*}
A= \begin{pmatrix}
\begin{BMAT}(@,30pt,20pt){ccc.c}{ccc.c}
a_{11} & a_{12}&\cdots&a_{1n} \\
a_{21} & a_{22}&\cdots&a_{2n} \\
\cdots &\cdots &\cdots &\cdots\\
a_{n1} & a_{n2} &\cdots&a_{nn}
\end{BMAT}
\end{pmatrix}
\end{equation*}
\end{document}
```

源程序运行结果如图 4-24 所示。

图 4-24

146

4.5 定理环境

LaTeX 提供了一个定义定理类环境的命令，当在 LaTeX 中需要有关定理、公理、命题、引理、定义等时，常用如下命令：

```
\newtheorem{定理环境名}{标题}[计数器]
```

然后使用命令：

```
/begin{定理环境名}[具体名称]
/end{定理环境名}
```

其中的参数如表 4.2 所示。

表 4.2　定理环境中的参数说明

参　数　名	说　　明
定理环境名	给所定义的定理类环境起的名称，每定义一个环境名，系统就会自动创建一个同名的计数器，用于为所定义的定理类环境排序
标题	用于设置定理类表达式的标题，如定理、引理、推论、命题、猜想、定义、证明、例、注等
计数器	指章、节等

【例 4.25】 编辑一个定理环境。

源程序：

```
\documentclass{book}
\usepackage[paperwidth=145mm,paperheight=100mm,text={110mm,80mm},left=10mm,top=15pt]{geometry}
\usepackage[space]{ctex}
\usepackage{amsmath}
\begin{document}
\setcounter{chapter}{4}
\newtheorem{Theorem}{定理}[chapter]
\newtheorem{Corollary}{推论}[chapter]
\newtheorem{Proof}{证明}
\begin{Theorem}[拉格朗日中值定理]
```

如果函数 $f(x)$在 $\left[a,b\right]$ 上连续，在 $\left(a,b\right)$ 上可导，则至少存在一$\xi\in\left(a,b\right)$，使得$f(b)-f(a)=f'(\xi)(b-a)$.

```
\end{Theorem}
\begin{Corollary}
```

若如果函数 $f(x)$在区间 I 上的导数恒为零，那么$f(x)$在区间 I 上是一个常数。

```
\end{Corollary}
\begin{Proof}
```

在区间 I 上任意取两点 x_1、x_2，根据拉格朗日中值定理可得

$$f(x\_2)-f(x\_1)=f(\xi)(x\_2-x\_1)\qquad{x\_2}\leq\xi\leq{x\_1}$$由假定$f'(\xi)=0$，所以 $f(x\_2)-f(x\_1)=0$. 即 $$f(x\_2)=f(x\_1)$$ 因为x_1、x_2是区间 I 上任意两点，所以$f(x)$在区间 I 上是一个常数。

```
        \end{Proof}
        \end{document}
```

源程序运行结果如图 4-25 所示。

定理 4.1 (拉格朗日中值定理) 如果函数 $f(x)$ 在 $[a,b]$ 上连续，在 (a,b) 上可导，则至少存在一点$\xi \in (a,b)$，使得$f(b) - f(a) = f'(\xi)(b - a)$.

推论 4.1 若如果函数 $f(x)$ 在区间 I 上的导数恒为零，那么 $f(x)$ 在区间 I 上是一个常数.

证明 1 在区间 I 上任意取两点 x_1、x_2，根据拉格朗日中值定理可得

$$f(x_2) - f(x_1) = f(\xi)(x_2 - x_1) \qquad x_2 \leq \xi \leq x_1$$

由假定 $f'(\xi) = 0$，所以 $f(x_2) - f(x_1) = 0$. 即

$$f(x_2) = f(x_1)$$

因为 x_1、x_2 是区间 I 上任意两点，所以 $f(x)$ 在区间 I 上是一个常数.

图 4-25

4.6 本 章 小 结

本章介绍了 WinEdt7.0 编辑数学公式。4.1 节数学公式概述介绍了行内公式和行间公式。4.2 节数学符号介绍了 WinEdt 中的数学符号和 Tex Friend 中的数学符号。4.3 节数学公式的主要组成介绍了角标、上下划线和花括号、分式、根式、求和与极限、求导与积分的命令。4.4 节公式环境介绍了排序公式环境、括号环境、数组环境、矩阵环境。4.5 节定理环境介绍了定义定理类环境的命令。

习 题 4

1. 以行内公式的形式编辑：

函数 $y = \sin x$ 在整个实数域上可导

2. 以行间公式的形式编辑公式，并加上序号：

求函数 $f(x) = a_n x^n + a_{n-1} x^{n-1} + \cdots + x + a_0$ 的单调性和单调区间

3. 编写 $\Delta < 0$ 时，二元方程的求根公式。

4. 编写一个等比数列的求和公式。

5. 编辑一个非齐次线性方程组。

6. 编写泰勒公式。

7. 编写一个数字矩阵 $\begin{pmatrix} 123 & 4 \\ 56 & 789 \end{pmatrix}$。

8. 用六种行间矩阵环境编辑一个行间单位矩阵进行比较。

9. 将一个三阶矩阵进行分块。

10. 编辑一个驻点定义和费马引理环境。

习题 4 答案

1. 源程序：

```
\documentclass{book}
\usepackage[space]{ctex}
\usepackage[paperwidth=90mm,paperheight=20mm,text={90mm,99mm},left=15mm,top=13pt]{geometry}
\begin{document}
函数 $y=\sin(x)$ 在整个实数域上可导\\
\end{document}
```

源程序运行结果如图 1 所示。

$$函数\ y = \sin(x)\ 在整个实数域上可导$$

图 1

2. 源程序：

```
\documentclass{book}
\usepackage[paperwidth=120mm,paperheight=60mm,text={90mm,89mm},left=11.5mm,top=10pt]{geometry}
\usepackage[space]{ctex}
\begin{document}
求函数 \begin{equation}{f(x)=a_nx^n+a_{n-1}x^{n-1}+a_{n-2}x^{n-2}+\cdots+a_0}\end{equation}
的单调性和单调区间
\end{document}
```

源程序运行结果如图 2 所示。

求函数

$$f(x)=a_nx^n+a_{n-1}x^{n-1}+a_{n-2}x^{n-2}+\cdots+a_0 \qquad (1)$$

的单调性和单调区间

图 2

3. 源程序：

```
\documentclass{book}
```

```
        \usepackage[paperwidth=65mm,paperheight=13mm,text={60mm,60mm},left=5pt,top=-5pt]
{geometry}
        \usepackage{amsmath}
        \begin{document}
        \begin{equation*}
        {x}={\frac{-b\pm i\sqrt{4ac-b^2}}{{2a}}}
        \end{equation*}
        \end{document}
```

源程序运行结果如图 3 所示。

$$x = \frac{-b \pm i\sqrt{4ac - b^2}}{2a}$$

图 3

4. 源程序:

```
        \documentclass{book}
        \usepackage[paperwidth=65mm,paperheight=13mm,text={60mm,60mm},left=5pt,top=-5pt]
{geometry}
        \usepackage{amsmath}
        \begin{document}
        \begin{equation*}
        {\sum_{i=0}^n q^i}={\frac{1-q^{n+1}}{1-q}}
        \end{equation*}
        \end{document}
```

源程序运行结果如图 4 所示。

$$\sum_{i=0}^{n} q^i = \frac{1 - q^{n+1}}{1 - q}$$

图 4

5. 源程序:

```
        \documentclass{book}
        \usepackage[paperwidth=85mm,paperheight=25mm,text={62mm,80mm},left=1.5mm,top=-10pt]
{geometry}
        \usepackage{amsmath,array}
        \begin{document}
        \begin{equation*}
        \left\{
        \begin{array}{lll}
        a_{11}x_{1}+a_{12}x_{2}+\cdots+a_{1n}x_{n} & = & b_1      \\
        a_{21}x_{1}+a_{22}x_{2}+\cdots+a_{2n}x_{n} & = & b_2      \\
        \cdots\cdots\cdots\cdots\cdots\cdots\cdots\cdots\\
```

```
a_{m1}x_{1}+a_{m2}x_{2}+\cdots+a_{mn}x_{n} & = & b_m
\end{array}\right.
\end{equation*}
\end{document}
```

源程序运行结果如图 5 所示。

$$\left\{\begin{array}{l} a_{11}x_1 + a_{12}x_2 + \cdots + a_{1n}x_n \quad = \quad b_1 \\ a_{21}x_1 + a_{22}x_2 + \cdots + a_{2n}x_n \quad = \quad b_2 \\ \cdots\cdots\cdots\cdots\cdots\cdots\cdots\cdots \\ a_{m1}x_1 + a_{m2}x_2 + \cdots + a_{mn}x_n \quad = \quad b_m \end{array}\right.$$

图 5

6. 源程序：

```
\documentclass{book}
\usepackage[paperwidth=165mm,paperheight=23mm,text={60mm,60mm},left=5pt,top=10pt]
{geometry}
\usepackage{amsmath}
\begin{document}
\begin{equation*}
f(x)=f(x_0)+f'(x_0)(x-x_0)+\frac{f'(x_0)}{2!}(x-x_0)^2+\cdots+\frac{f^{(n)}(x_0)}{n!}(x-x_0)^
n+o((x-x_0)^n)
\end{equation*}
```

源程序运行结果如图 6 所示。

$$f(x) = f(x_0)+f'(x_0)(x-x_0)+\frac{f''(x_0)}{2!}(x-x_0)^2+\cdots+\frac{f^{(n)}(x_0)}{n!}(x-x_0)^n+o((x-x_0)^n)$$

图 6

7. 源程序：

```
\documentclass{book}
\usepackage[paperwidth=65mm,paperheight=18mm,text={62mm,80mm},left=1.5mm,top=10pt]
{geometry}
\begin{document}
$$ \left(\begin{array}{rc}
123 & 4 \\56 & 789
\end{array}\right)$$
\end{document}
```

源程序运行结果如图 7 所示。

$$\begin{pmatrix} 123 & 4 \\ 56 & 789 \end{pmatrix}$$

图 7

8. 源程序：

```
\documentclass{book}
\usepackage[paperwidth=200mm,paperheight=40mm,text={62mm,180mm},left=5mm,top=0pt]
{geometry}
\usepackage{amsmath}
\begin{document}
\begin{equation*}
\begin{matrix}
1\\& 1 & & \text{{\huge{0}}}\\& & 1\\& \text{{\huge{0}}} & & \ddots\\& & & & 1
\end{matrix}\\
\begin{pmatrix}
1\\& 1 & & \text{{\huge{0}}}\\& & 1\\& \text{{\huge{0}}} & & \ddots\\& & & & 1
\end{pmatrix}
\begin{Bmatrix}
1\\& 1 & & \text{{\huge{0}}}\\& & 1\\& \text{{\huge{0}}} & & \ddots\\& & & & 1
\end{Bmatrix}
\begin{bmatrix}
1\\& 1 & & \text{{\huge{0}}}\\& & 1\\& \text{{\huge{0}}} & & \ddots\\& & & & 1
\end{bmatrix}
\begin{Vmatrix}
1\\& 1 & & \text{{\huge{0}}}\\& & 1\\& \text{{\huge{0}}} & & \ddots\\& & & & 1
\end{Vmatrix}
\begin{vmatrix}
1\\& 1 & & \text{{\huge{0}}}\\& & 1\\& \text{{\huge{0}}} & & \ddots\\& & & & 1
\end{vmatrix}
\end{equation*}
\end{document}
```

源程序运行结果如图 8 所示。

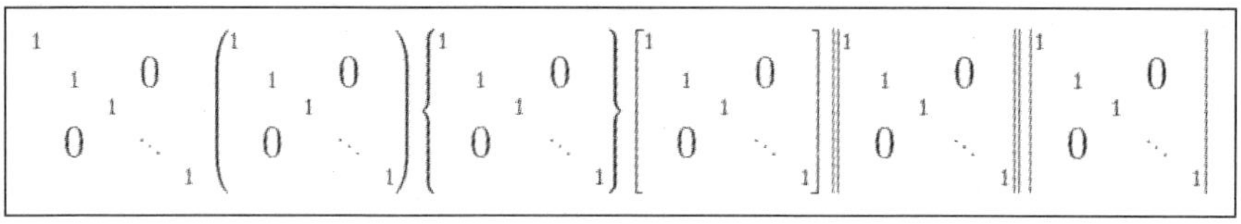

图 8

9. 源程序：

```
\documentclass{book}
\usepackage[paperwidth=65mm,paperheight=30mm,text={62mm,80mm},left=1.5mm,top=-10pt]
{geometry}
\usepackage{amsmath,easybmat}
\begin{document}
\begin{equation*}
A= \begin{pmatrix}
\begin{BMAT}(@,30pt,20pt){c.c.c}{c.c.c}
```

152

```
    a_{11} & a_{12}&a_{13} \\
    a_{21} & a_{22}&a_{23} \\
    a_{31} & a_{32}&a_{33}
  \end{BMAT}
  \end{pmatrix}
  \end{equation*}
  \end{document}
```

源程序运行结果如图 9 所示。

$$A=\left(\begin{array}{c:c:c} a_{11} & a_{12} & a_{13} \\ \hdashline a_{21} & a_{22} & a_{23} \\ \hdashline a_{31} & a_{32} & a_{33} \end{array}\right)$$

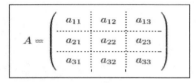

图 9

10. 源程序：

```
  \documentclass{book}
  \usepackage[paperwidth=125mm,paperheight=100mm,text={110mm,80mm},left=10mm,top=15pt]
{geometry}
  \usepackage[space]{ctex}
  \usepackage{amsmath}
  \begin{document}
  \newtheorem{Definition}{定义}
  \newtheorem{Lemma}{引理}
  \begin{Definition}
```

```
如果函数 $f(x)$在 $x_0$ 处导数为零，则称 $x_0$ 是$f(x)$的驻点。
```

```
  \end{Definition}
  \begin{Lemma}[费马引理]
```

```
如果函数 $f(x)$ 在点 $x_0$ 处的某一邻域 $U(x_0)$ 内有定义，并且在 $x_0$ 处可导，如果对任意的$x\in U(x_0)$都有$f(x)\leq f(x_0)$或 $f(x)\geq f(x_0)$成立，那么$ f'(x_0)=0$。
```

```
  \end{Lemma}
  \end{document}
```

源程序运行结果如图 10 所示。

定义 1 如果函数 $f(x)$在 x_0 处导数为零，则称 x_0 是$f(x)$的驻点.

引理 1 (费马引理) 如果函数 $f(x)$ 在点 x_0 处的某一邻域 $U(x_0)$ 内有定义，并且在 x_0 处可导，如果对任意的$x\in U(x_0)$ 都有$f(x)\leq f(x_0)$或 $f(x)\geq f(x_0)$成立，那么$f'(x_0)=0$.

图 10

第 5 章　LaTeX 正文工具

本章概要

- 题名
- 摘要
- 目录
- 参考文献
- 致谢
- 附录
- 其他工具索引术语表链接行号注释

本章提到的正文是指论文中的正文部分。一篇完整的论文应当包括以下几部分：题名、作者、摘要、关键词、目录、正文、参考文献、致谢和附录等。正文之外的内容如题名、摘要、目录等，都是为正文服务的工具，其作用就是可以更好地帮助读者阅读和理解论文的内容。

5.1　题　　名

题名又称题目或标题。题名是一篇论文给出的涉及论文范围与水平的第一个重要信息，是以最恰当、最简明的词语反映论文中最重要的特定内容的逻辑组合。

5.1.1　论文题名

论文题名十分重要，要准确得体，简短精炼，外延和内涵恰如其分、醒目。长篇论文通常有单独的论文封面，短篇论文的题名一般与正文相连。为此，LaTeX 系统提供了两种创建论文题名的方法：一种是使用一组题名信息命令生成论文题名，它可以单独一页，也可与正文相连；另一种是用题名页环境生成单独的题名页。

1. 题名信息命令

LaTeX 系统提供了一组题目信息命令，可用于生成论文的题目以及作者姓名、发表日期等相关信息，如表 5.1 所示。

表 5.1　在论文中题名信息命令

命　令　名	用　　　途
\title{题名}	题名命令，用于设置论文的题目内容
\author{作者姓名}	作者命令，用于设置论文作者的名字
\and	并列命令，如果论文中有多个作者，可在\author命令中使用该命令分隔并列
\thanks{脚注}	致谢命令，可用在\title 或\author 命令中，它可在题名页的底部生成脚注，脚注的内容可以是对题名的说明、作者的简历或对于某人表示感谢等

（续）

命　令　名	用　　途
\today	当天日期命令，由系统自动生成编译源文件时当天的日期，其格式为 May 16 2016，它实际上是由系统内部的\month、\day 和\year 这三个寄存器命令组成的，每当系统启动时就会向这三个寄存器赋予当前值
\date{日期}	日期设置命令，设置论文发表的日期，如果日期为\today，则显示当前日期
\maketitle	题名生成命令，它可根据上述命令所含的题名信息，自行确定其字体、尺寸和位置，自动生成论文的题名及其相关信息。该命令必须置于上述各种题名信息之后，没有该命令，其他题名信息命令都无法生效

【例 5.1】 使用题名信息命令编写一个有多位作者的论文题名页。

源程序：

```
\documentclass{article}
\usepackage[paperwidth=210mm,paperheight=297mm,text={180mm,80mm},top=30mm,hmarginratio=1:1,vmarginratio=1:1,includehead]{geometry}
\usepackage[space]{ctex}
\begin{document}
\title{\ LaTeX 正文工具\thanks{基金项目：国家基金项目} }
\author{张三\thanks{作者简介：张三（1960—），男，教授，博士，主要从事计算机软件的应用。邮箱：zhangsan@163.com}\\[2mm]清华大学某某系\\
 \and
李四\thanks{李四，研究生，邮箱：lisi@163.com}\\[2mm] 清华大学某某系\\
\and
王五\thanks{王五，研究生，邮箱：wangw@163.com}\\[2mm] 清华大学某某系\\}
\date{2016.1.6}
\maketitle
\end{document}
```

源程序运行结果如图 5-1 所示。

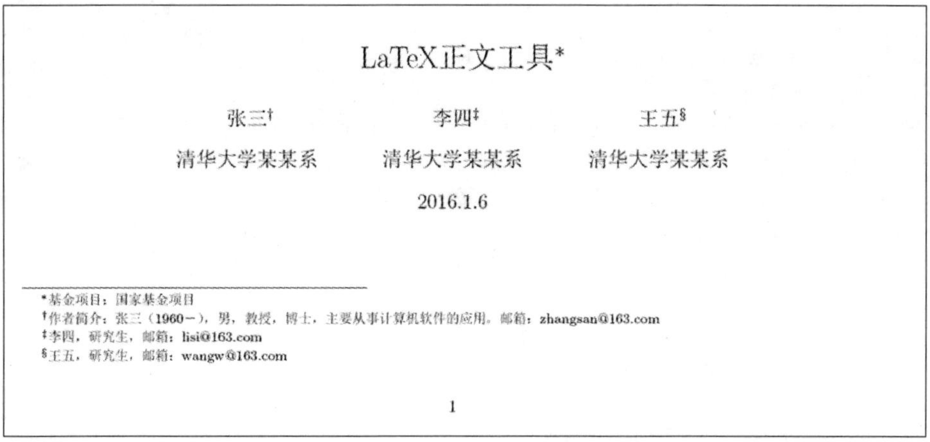

LaTeX正文工具*

张三† 李四‡ 王五§

清华大学某某系 清华大学某某系 清华大学某某系

2016.1.6

*基金项目：国家基金项目

†作者简介：张三（1960－），男，教授，博士，主要从事计算机软件的应用。邮箱：zhangsan@163.com

‡李四，研究生，邮箱：lisi@163.com

§王五，研究生，邮箱：wangw@163.com

1

图 5-1

如果采用\maketitle 命令生成题名信息，则必须使用命令\title，否则系统将中断编译并显示错误信息；作者姓名也应该使用\author 命令编写，不然也将给出警告信息；其他题名信息命令可以选用。在题名与正文同页面的论文中，用\thanks 命令生成的脚注附带了一条上划线，脚注的序号为星号等符号，论文自动生成页码。

在题名信息命令中，只有\maketitle 命令是由所选文类提供的。不同的文类对题名信息的处理会有所不同：book 和 report 文类默认创建单独的题名页，而 article 默认为题名与正文相连，不单独设题名页。如果采用 book 或 report 文类，而又希望题名与正文相连，可使用这两种文类都具有的 notitlepage 选项；如果采用的是 article 文类，而又希望生成独立的题名页，可使用该文类的 titlepage 选项。

使用题名信息命令可以很方便地创建论文题名，但是很多系统命令不能在题名信息命令中使用，所以不便对题名页做较大的更改，只能做适当的调整；如果要对论文的题名页进行更多的编辑，则最好采用题名页环境 titlepage。

2. 题名页环境 titlepage

标准文类 book、report、article 都提供了 titlepage 题名页环境，其命令格式为

```
\begin{titlepage}
    论文题名、作者姓名、日期等
\end{titlepage}
```

可以创建独立的论文题名页面，该页面没有页眉和页脚，其后面页码为 1，日期命令\today 可用于该环境中，用\thanks 命令生成的脚注不附带一条上划线，脚注的序号为阿拉伯数字，大部分系统命令可用于该环境中。

【**例 5.2**】 使用题名页环境 titlepage 编写一个有多位作者的论文题名页。
源程序：

```
\documentclass{book}
\usepackage[paperwidth=185mm,paperheight=210mm,text={160mm,120mm},top=30mm,hmarginratio=1:1,vmarginratio=1:1,includehead]{geometry} % 页面设置
\usepackage[space]{ctex}
\begin{document}
\begin{titlepage}
\begin{center}
{\heiti\Huge LaTeX 正文工具\footnote{基金项目：国家自然基金}}\\[30mm]
{\Large 张三\footnote{作者简介：张三（1960—），男，教授，博士，主要从事计算机软件的应用。邮箱：zhangsan@163.com}}\\[2mm]
清华大学某某系\\[5mm]
{\Large 李四\footnote{李四，研究生，邮箱：lisi@163.com}}\\[2mm]
清华大学某某系\\[5mm]
{\Large 王五\footnote{王五，研究生，邮箱：wangw@163.com}}\\[2mm]
清华大学某某系\\[5mm]
2016.1.16
\end{center}
\end{titlepage}
\end{document}
```

源程序运行结果如图 5-2 所示。

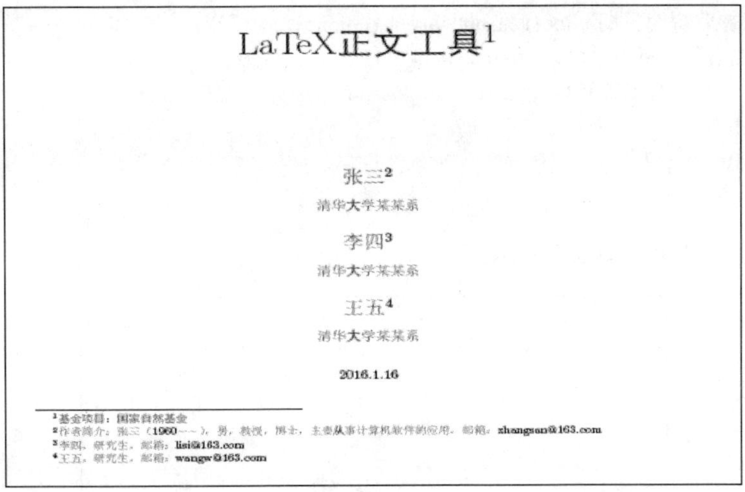

图 5-2

高校的学位论文都有封面，它实质上也是一个题名页，只是比一般论文的题名页相对复杂一些。

【例 5.3】 使用题名页环境 titlepage 编写一个完整的学位论文的封面。

源程序：

```
\documentclass[11pt]{book}
\usepackage[paperwidth=160mm,paperheight=235mm,text={128mm,210mm},left=15mm,top=15mm]{geometry}
\usepackage[space]{ctex}
\usepackage{ulem}
\renewcommand{\rmdefault}{ptm}
\renewcommand{\sfdefault}{phv}
\begin{document}
\begin{titlepage}
\begin{center}
分 类 号：U001 \hfill
\newlength{\Mycode} \settowidth{\Mycode}{学\qquad 号：201600001}
\begin{minipage}[t]{\Mycode}
学校代码：123456\\{学\qquad 号：201600001}\\ 密\qquad 级：公 开
\end{minipage}
\linespread{2.2}\vspace{18mm}\\
\centerline{\Huge 硕士学位论文}\vspace{26mm}\heiti\large
\renewcommand{\ULthickness}{0.6pt}\setlength{\ULdepth}{4pt}
题\qquad 名 \uline{\hfill\kaishu {如何使用 LaTex}\hfill}\par
英\qquad 文\uline{\hfill\sf{How to use LaTex}\hfill}
\par \vspace{20mm}研究生姓名\uline{\hfill\kaishu{李四}\hfill}\par
专\qquad\quad 业\\uline{\kaishu\makebox[45mm]{计算机应用}}\hfill
研究方向\uline{\kaishu\makebox[35mm]{应用技术}}\par
导\qquad\quad 师\uline{\kaishu\makebox[45mm]{张三}}\hfill
职\qquad 称\uline{\kaishu\makebox[35mm]{教授}}\par \vspace{20mm}
```

```
论文报告提交日期\uline{\kaishu\makebox[30mm]{2016 年 1 月}}\hfill
学位授予日期\uline{\kaishu\makebox[30mm]{~~}}\par
授予学位单位名称和地址\uline{\hfill\kaishu{清华大学}\hfill}\par
\end{center}
\end{titlepage}
\end{document}
```

源程序运行结果如图 5-3 所示。

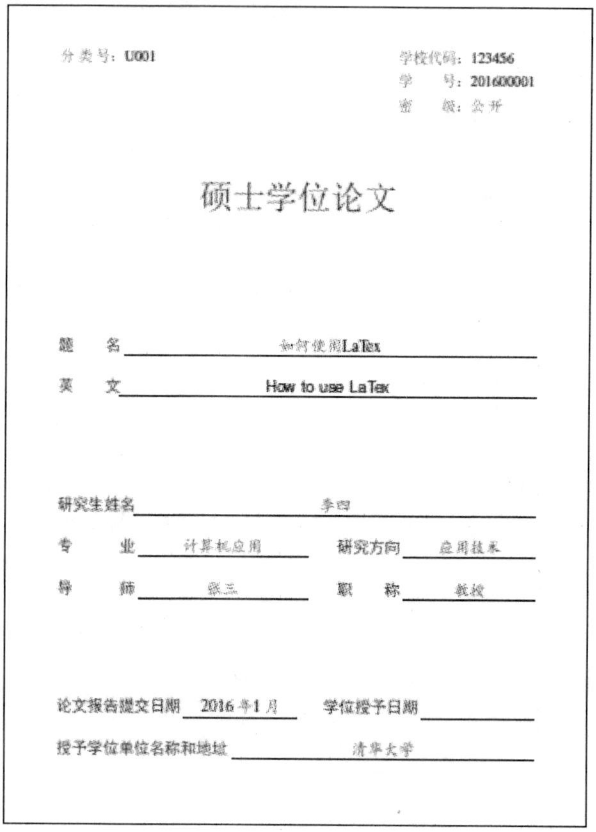

图 5-3

5.1.2 层次标题

层次标题是指论文内不同级别的分标题，各级层次标题均应简短明确，同一层次的标题应尽可能"排比"，即词（或词组）类型相同（或相近），意义相关，语气一致。各层次标题要醒目，字数不宜过多。

1. 层次标题命令

标准文类 book、report 提供了七种层次标题命令，其命令格式为

```
\part{标题内容}
\chapter{标题内容}
\section{标题内容}
```

```
\subsection{标题内容}
\subsubsection{标题内容}
\paragraph{标题内容}
\subparagraph{标题内容}
```

分别为部、章、节、小节、小小节、段、小段的命令。因为文类 article 不划分为章，故缺少章命令\chapter。

【例 5.4】 使用层次标题命令编写一个三级目录形式的层次结构。

源程序：

```
\documentclass[11pt,a4paper,openany]{book}
\usepackage[paperwidth=190mm,paperheight=80mm,text={90mm,170mm},left=11.5mm,top=
-16.4pt]{geometry}
\usepackage{ctex}
\linespread{0.8}
\begin{document}
\chapter{LaTeX 正文工具}
\section{题名}
\subsection{论文题名}
\subsubsection{题名信息命令}
\end{document}
```

源程序运行结果如图 5-4 所示。

图 5-4

此例中章标题的标题标志与标题内容分为两行，章标题与下文的距离较大，所有层次标题都是左对齐，英文字体是直立形罗马体，这是系统默认的层次标题格式。但在实际情况中，不同论文标题格式要求不同，而且它也不符合中文的排版和阅读习惯。因此，需要对层次标题命令格式进行必要的修改。

通常如果论文是英文的，可调用标题设置宏包 titlesec；如果论文里因有中文而调用了中文字体宏包 ctex，那就改为调用 ctexcap 宏包来修改标题的格式。

2. 使用 titlesec 宏包进行标题格式设置

标题设置宏包 titlesec 提供了一条标题格式命令，它可对各层次命令的排版格式进行全面细致的设置，其命令格式为

```
\titleformat{标题命令}[形状]{标题格式}{标题标志}{间距}{标题内容}[后命令]
```

命令中的各种参数如表 5.2 所示。

表 5.2 参数说明

参 数 名	作　　用
标题命令	指定所需设置排版格式的标题命令，如\chapter
形状	用于设置标题的整体格式，可选参数如下：
hang	表示标题的标题标志和标题内容排为一行，为默认值
block	将整个标题作为一个段落
display	将标题标志和标题内容分为两个段落，且都为左对齐
runin	将标题作为其后段落文本的一部分
leftmargin	将标题置于左边空中
rightmargin	将标题置于右边空中
drop	首段文字绕排于标题
wrap	功能与 drop 选项类似，它对标题宽度可自动调节
fram	标题标志与标题内容分为两行，标题内容带有边框
标题格式	用于设置整个标题的字体，与上文的附加距离或上划线等格式内容
标题标志	设置标题名和序号的排版格式，此参数不能为空，否则标题将无标题标志
间距	设置标题标志与标题内容之间的距离，不能空置
标题内容	设置标题内容的排版格式，可空置
后命令	用于设置在标题本身排版之后还需要执行的命令

该标题格式命令功能最强但使用复杂，通常用不到这么多参数。因此，该宏包给出了一个简化的、带星号的标题格式命令：

\titleformat*{标题命令}{标题格式}

【例 5.5】 编写英文一个三级目录形式的层次结构后，章标题居中。
源程序：

```
\documentclass{book}
\usepackage[paperwidth=160mm,paperheight=180mm,text={140mm,170mm},left=10.5mm,top=10pt]{geometry}
\usepackage{titlesec}
\begin{document}
\titleformat{\chapter}{\centering\LARGE\bf}{Chapter\thechapter}{1em}{}
\chapter{LaTeX maths and graphics}
\section{Maths}
\subsection{Environments}
\subsubsection{inline formula}
\end{document}
```

源程序运行结果如图 5-5 所示。

3. 使用 ctexcap 宏包进行标题格式设置

中文标题宏包 ctexcap 可以自动完成层次标题的中文格式设置，还可使用其提供的命令对这些中文化的默认设置进行修改，其命令格式为

\CTEXsetup[参数 1={格式}，参数 2={格式}，……]{标题名}

160

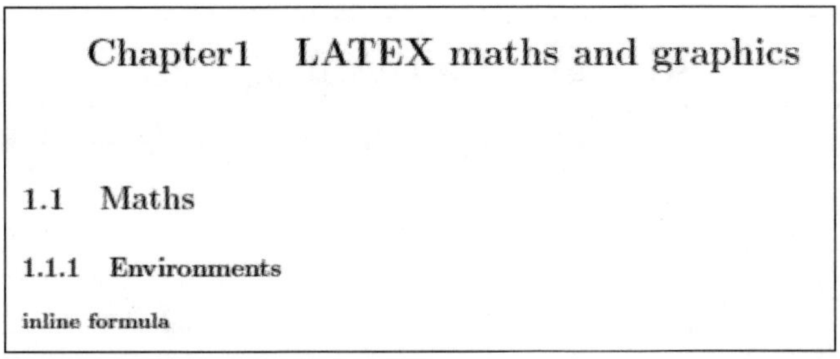

图 5-5

在命令中，标题名可以是 chapter、section 等各层次标题的标题名以及 appendix。命令中的可选参数如表 5.3 所示。

表 5.3 参数说明

参 数 名	作 用
name	设置标题名的预定名，它是由前名和后名两部分组成，其间用半角逗号分隔
number	设置序号的计数形式
format	设置整个标题的格式，如字体和对齐方式等
nameformat	设置标题标志的格式，它包括标题名和序号
numberformat	设置序号的格式，如字体和尺寸等，通常为空置。如果希望序号的格式与标题名的格式有所区别，就可使用该参数
aftername	设置标题标志与标题内容之间的距离，以及后者是否另起一行
titleformat	设置标题内容的格式
beforeskip	设置标题与上文之间的附加垂直距离
afterskip	设置标题与下文之间的附加垂直距离
indent	设置标题的缩进宽度

【例5.6】 将例 5.3 中章、小节标题居中，改成中文模式。

源程序：

```
\documentclass[11pt,a4paper,openany]{book}
\usepackage[paperwidth=190mm,paperheight=80mm,text={170mm,170mm},left=11.5mm,top=
-16.4pt]{geometry}
\linespread{0.8}
\usepackage{ctexcap}
\begin{document}
\CTEXsetup[name={第~,~章},number={\arabic{chapter}}]{chapter}
\CTEXsetup[number={\chinese{chapter}}]{subsection}
\chapter{LaTeX 正文工具}
\section{题名}
\subsection{论文题名}
\subsubsection{1. 题名信息命令}
\end{document}
```

源程序运行结果如图 5-6 所示。

第 1 章　 LaTeX正文工具

1.1　 题名

一　论文题名

1.题名信息命令

图 5-6

5.2　摘　　要

摘要又称概要、内容提要。摘要是以提供文献内容梗概为目的，不加评论和补充解释，简明、确切地记述文献重要内容的短文。其基本要素包括研究目的、方法、结果和结论。具体地讲就是研究工作的主要对象和范围，采用的手段和方法，得出的结果和重要的结论，有时也包括具有情报价值的其他重要的信息。

5.2.1　摘要环境

report 和 article 都提供有编写摘要的 abstract 摘要环境，book 类没有摘要。其命令为

```
\begin{abstract}
摘要内容
\end{abstract}
```

该环境可以自动生成用粗体字居中排版的摘要标题"abstract"，如果调用了中文标题宏包 ctexcap，标题将自动改为黑体中文"摘要"。

【例 5.7】 编辑一个英文摘要。

源程序：

```
\documentclass{article}
\usepackage[paperwidth=85mm,paperheight=48mm,text={80mm,60mm},left=1.5mm,top=10pt]{geometry}
\begin{document}
\begin{abstract}
WinEdt is a powerful and versatile text editor for Windows with a strong predisposition towards the creation of LaTeX documents...
\end{abstract}
\end{document}
```

源程序运行结果如图 5-7 所示。

Abstract

WinEdt is a powerful and versatile text editor for Windows with a strong predisposition towards the creation of LaTeX documents...

图 5-7

5.2.2 摘要标题的更改

摘要标题还可以进行更改，其命令为

```
\renewcommand{abstractname}{题名}
```

【例 5.8】 编辑一个摘要，摘要名为中文摘要。

源程序：

```
\documentclass{article}
\usepackage[paperwidth=85mm,paperheight=48mm,text={80mm,60mm},left=1.5mm,top=10pt]
{geometry}
\usepackage{ctexcap}
\begin{document}
\renewcommand{\abstractname}{中文摘要}
\begin{abstract}
```

LaTeX 是一个宏集，它使用一个预先定义好的专业版面，可以使作者们高质量的排版和打印他们的作品。

```
\end{abstract}
\end{document}
```

源程序运行结果如图 5-8 所示。

中文摘要

LATEX 是一个宏集，它使用一个预先定义好的专业版面，可以使作者们高质量的排版和打印他们的作品。

图 5-8

5.3 目　录

目录，是指书籍正文前所载的目次，是揭示和报道图书的工具。目录是记录图书的书名、著者、出版与收藏等情况，按照一定的次序编排而成，为反映馆藏、指导阅读、检索图书的工具。

163

生成章节目录的命令为

```
\tableofcontents
```

【例 5.9】 编辑一个三级目录。

源程序：

```
\documentclass{book}
\usepackage[paperwidth=165mm,paperheight=149mm,text={140mm,210mm},left=15mm,top=0pt]{geometry}
\usepackage{ctexcap}
\begin{document}
\setcounter{chapter}{3}
\tableofcontents
\newpage\setcounter{page}{101}
\chapter{LaTeX 编辑数学公式}
......
\section{数学公式概述}
......
\newpage\setcounter{page}{109}
\subsection{行内公式}
......
\newpage\setcounter{page}{120}
\chapter{LaTeX 正文工具}
......
\section{题名}
......
\newpage\setcounter{page}{129}
\subsection{论文题名}
......
\end{document}
```

选择 PDFTeXify 模式运行源程序结果如图 5-9 所示。

目录

第四章 LaTeX编辑数学公式 **101**

4.1 数学公式概述 101

4.1.1 行内公式 109

第五章 LaTeX正文工具 **121**

5.1 题名 121

5.1.1 论文题名 129

图 5-9

5.4 参考文献

层次标题是在学术研究过程中，对某一著作或论文的整体的参考或借鉴。文后参考文献是指为撰写或编辑论文和著作而引用的有关文献信息资源。

标准文类 report 、article、book 都提供有可以排版参考文献列表的参考文献环境类 thebibliography 以及可在该环境中使用的文献条目命令\bibitem。

```
\begin{thebibliography}{最宽序号}
\bibitem[文献序号 1]{检索名 1} 文献信息 1
\bibitem[文献序号 2]{检索名 2} 文献信息 2
…
\end{thebibliography}
```

命令中的可选参数如表 5.4 所示。

表 5.4　参数说明

参　数　名	作　　用
最宽序号	用于测定参考文献列表中文献序号的最大宽度
文献序号	用于自行设定该条文献在参考文献列表中的序号，它可以是任意字符串；通常文献序号参数都被省略，环境将按该文献条目命令的原始顺序给出阿拉伯数字的文献序号，并置于方括号中
检索名	为该条文献信息起的简短名称，以区别其他文献条目。并为在正文中引用该文献时所使用，检索名可以由任意英文字母和阿拉伯数字组成，该参数可区分大小写字母
文献信息	用于著录文献的作者、题名、 出版者和出版年份等文献信息项目

【例 5.10】 编辑一个参考文献。

源程序：

```
\\documentclass{book}
\usepackage[paperwidth=168mm,paperheight=147mm,text={153mm,100mm},left=5mm,top=0pt]{geometry}
\usepackage{ctexcap}
\begin{document}
\begin{thebibliography}{99}
\bibitem{Getis} Getis A.Ord J.The Analysis of Spatial Association by
    Distance Statistics[J].Geographical Analysis，1992，24(2):189-206.
\bibitem{Buek} Buek，Nick，Changing Cities:Rethinking Urban
    Competitiveness[M]，Cohesion and Govermance，Palgrave Macmillan，2004.
\bibitem{Su} 苏亚芳，沿海港口城市投资环境信息系统[M]，北京:中国科学出版社，
    1994
\bibitem{zhu}朱玉杰、曾道先、王一新，北京市投资环境实证研究[J]国际经济合
    作，2000，(12):30-33.
\end{thebibliography}
\end{document}
```

源程序运行结果如图 5-10 所示。

参考文献

[1] Getis A.Ord J.The Analysis of Spatial Association by Distance Statistics[J].Geographical Analysis，1992，24(2):189-206.

[2] Buek，Nick，Changing Cities:Rethinking Urban Competitiveness[M]，Cohesion and Governance，Palgrave Macmillan，2004.

[3] 苏亚芳，沿海港口城市投资环境信息系统[M]，北京:中国科学出版社，1994

[4] 朱玉杰、曾道先、王一新，北京市投资环境实证研究[J]国际经济合作，2000，(12):30-33.

图 5-10

5.5 致　　谢

论文致谢词一般用于实践报告、毕业论文的结尾处，主要作用是表对导师或者某些辅导的感谢之词。论文致谢词主要为了感谢所有合作者的劳动，致谢提供的信息对读者判断论文的写作过程和价值也有一定的参考作用。致谢应以简短的文字对课题研究与论文撰写过程中间直接给予帮助的人员（如指导教师、答疑教师及其他人员）表示自己的谢意。

致谢可以使用生成章节的命令来生成：

```
\chapter*（致谢或 Acknowledgements）
```

命令中的*表示不生成章节号。

【例 5.11】 编辑一个论文致谢词。

源程序：

```
\documentclass{book}
\usepackage[paperwidth=148mm,paperheight=90mm,text={143mm,90mm},left=5mm,top=0pt]{geometry}
\usepackage{ctexcap}
\begin{document}
\chapter*{致~~谢}
感谢$\times\times\times$教授和$\times\times\times$研究员对课题研究工作的指导
感谢$\times\times\times$研究员，在他的组织和参与下完成本课题的实验和测试工作
感谢$\times\times\times$教授，在…期间与作者就…的相关问题进行了有益的讨论
感谢$\times\times\times$研究所$\times\times\times$教授，对论文进行了审阅，并提出了许多改进建议
感谢$\times\times\times$基金资助~(资助编号为 123-456)
\end{document}
```

源程序运行结果如图 5-11 所示。

图 5-11

5.6　附　　录

附录是在图书或文章后面附印的与正文有关的文字、表格和图片，包括与正文有关的文章、文件、年谱、年表、图表、索引、大事记、译名对照表，以及其他有关资料。

标准文类 report 、article、book 都提供生成附录的命令：

```
\begin{appendix}
\end{appendix}
```

在\appendix 命令之后仍可使用各种标题命令，分层次地编排附录内容，只是章的标题名以及章或节的序号计数形式有所改变，以区别于正文。

【例 5.12】　将一个论文中的 mathematic 程序编入附录。

源程序：

```
\documentclass{book}
\usepackage[paperwidth=165mm,paperheight=144mm,text={133mm,210mm},left=23pt,top=0pt]{geometry}
\usepackage{ctexcap}
\begin{document}
\begin{appendix}
\chapter{Mathematic 程序}
\section{利用定义求函数的导数}
$In[1]:= f[x_]:=Sin[x];\\
Direvative=Limit[(f[x+a]-f[x])/a,a->0]\\
\Out[1]= Cos[x]$
\section{求定积分}
$In[1]: =Integrate[e^x, {x,1,4}]\\
Out[1]= e(-1+e^3)$
\end{appendix}
\end{document}
```

源程序运行结果如图 5-12 所示。

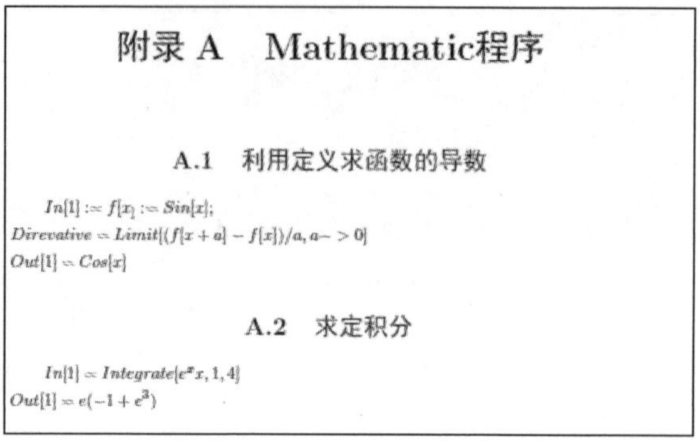

附录 A Mathematic程序

A.1 利用定义求函数的导数

$In[1] := f[x] := Sin[x];$
$Direvative = Limit[(f[x+a] - f[x])/a, a- > 0]$
$Out[1] = Cos[x]$

A.2 求定积分

$In[1] = Integrate[e^x x, 1, 4]$
$Out[1] = e(-1 + e^3)$

图 5-12

5.7 本 章 小 结

本章介绍了 WinEdt 7.0 编辑正文工具。5.1 节介绍了论文题名和层次标题。5.2 节介绍了中英文摘要的编辑。5.3 节介绍了目录的编辑命令。5.4 节介绍了如何生成参考文献。5.5 节介绍了利用章节的命令生成致谢。5.6 节介绍了生成附录的命令。

习 题 5

1. 编辑如图所示封面：

柔性染料敏化电池的制备、结构及功能特性研究

Preparation, Structure and Functional Properties on Flexible Dye-sensitized Solar Cells

研 究 生：赵丽佳

指导教师：曾 尤 教授

学科专业：材料物理与化学

二 0 一六年一月

2. 编写如图所示的层次结构：

第五章 微积分的应用

5.1 导数的应用

5.1.1 一元函数导数应用

1. 切线和法线

3. 编辑一个中文摘要，内容为：LaTeX 是一个宏集，它使用一个预先定义好的专业版面，可以使作者们高质量的排版和打印他们的作品。

4. 编辑一个英文参考文献，参考书目为：

[1] Getis A.Ord J.The Analysis of Spatial Association by Distance Statistics[J]. Geographical Analysis，1992，24(2):189-206.

[2] Buek，Nick，Changing Cities:Rethinking Urban Competitiveness[M]，Cohesion and Govermance，Palgrave Macmillan，2004.

5. 编辑一个英文论文致谢词，内容如下：

My deepest gratitude goes first and foremost to Professor ××× , my supervisor, for her constant encouragement and guidance.

Second, I would like to express my heartfelt gratitude to the professors and teachers at the Department of English.

Last my thanks would go to my beloved family for their loving considerations and great confidence in me all through these years. I also owe my sincere gratitude to my friends and my fellow classmates who gave me their help and time in listening to me and helping me work out my problems during the difficult course of the thesis.

6. 将例 5.12 编辑成英文附录。

习题 5 答案

1. 源程序：

```
\documentclass{article}
\usepackage[paperwidth=250mm,paperheight=297mm,text={220mm,280mm},top=30mm]{geometry}
\usepackage[space]{ctex}
\begin{document}
\begin{titlepage}
\begin{center}
{\heiti\Huge 柔性染料敏化电池的制备、结构及功能特性研究}\\[20mm]
\LARGE Preparation, Structure and Functional Properties on Flexible Dye-sensitized Solar Cells}\\[30mm]
{\Large\ 研 究 生：赵丽佳}\\[2mm]
{\Large\ 指导教师：曾  尤  教授}\\[2mm]
{\Large\ 学科专业：材料物理与化学}\\[2mm]
二〇一六年一月
\end{center}
\end{titlepage}
\end{document}
```

程序运行结果如下图所示。

柔性染料敏化电池的制备、结构及功能特性研究

Preparation, Structure and Functional Properties on Flexible Dye-sensitized Solar Cells

研究生： 赵 丽 佳
指导教师： 曾 尤 教授
学科专业：材料物理与化学
二〇一六年一月

2. 源程序：

```
\documentclass[11pt,a4paper,openany]{book}
\usepackage[paperwidth=190mm,paperheight=80mm,text={170mm,170mm},left=11.5mm,top=-16.4pt]{geometry}
\linespread{0.8}
\usepackage{ctexcap}
\begin{document}
\setcounter{chapter}{4}
\chapter{微积分的应用}
\section{导数的应用}
\subsection{一元函数导数应用}
\subsubsection{1.切线和法线 }
\end{document}
```

程序运行结果如下图所示。

第五章　微积分的应用

5.1　导数的应用

5.1.1　一元函数导数应用

1.切线和法线

3. 源程序：

```
\documentclass{article}
\usepackage[paperwidth=85mm,paperheight=48mm,text={80mm,60mm},left=1.5mm,top=10pt]{geometry}
\usepackage{ctexcap}
\begin{document}
\begin{abstract}
```

LaTeX 是一个宏集，它使用一个预先定义好的专业版面，可以使作者们高质量的排版和打印他们的作品。

170

```
\end{abstract}
\end{document}
```

源程序运行结果如下图所示。

4. 源程序：

```
\documentclass{book}
\usepackage[paperwidth=168mm,paperheight=147mm,text={153mm,100mm},left=5mm,top=0pt]{geometry}
\begin{document}
\begin{thebibliography}{99}
\bibitem{Getis} Getis A.Ord J.The Analysis of Spatial Association by Distance Statistics[J].
Geographical Analysis，1992，24(2):189-206.
\bibitem{Buek} Buek，Nick，Changing Cities:Rethinking Urban Competitiveness[M]，Cohesion and Govermance，Palgrave Macmillan，2004.
\end{thebibliography}
\end{document}
```

源程序运行结果如下图所示。

5. 源程序：

```
\documentclass{book}
\usepackage[paperwidth=148mm,paperheight=90mm,text={133mm,90mm},left=5mm,top=0pt]{geometry}
\usepackage{indentfirst}
\begin{document}
\chapter*{Acknowledgements}
My deepest gratitude goes first and foremost to Professor ×××, my supervisor, for her constant encouragement and guidance.\\
Second, I would like to express my heartfelt gratitude to the professors and teachers at the Department of English.\\
Last my thanks would go to my beloved family for their loving considerations and great confidence in me all through these years. I also owe my sincere gratitude to my friends and my fellow classmates who gave me their help and time in listening to me and helping me work out my problems during the difficult course of the thesis.
```

```
\end{document}
```

源程序运行结果如下图所示。

Acknowledgements

My deepest gratitude goes first and foremost to Professor , my supervisor, for her constant encouragement and guidance.

Second, I would like to express my heartfelt gratitude to the professors and teachers at the Department of English.

Last my thanks would go to my beloved family for their loving considerations and great confidence in me all through these years. I also owe my sincere gratitude to my friends and my fellow classmates who gave me their help and time in listening to me and helping me work out my problems during the difficult course of the thesis.

6. 源程序：

```
\documentclass{book}
\usepackage[paperwidth=145mm,paperheight=194mm,text={133mm,210mm},left=23pt,top=0pt]
{geometry}
\begin{document}
\begin{appendix}
\chapter{Mathematic program}
\section{solve the derivative of the function}
$In[1]:= f[x_]:=Sin[x];\\
 Direvative=Limit[(f[x+a]-f[x])/a,a->0]\\
 Out[1]= Cos[x]$
\section{ solve the Definite integra}
$In[1]：=Integrate[e^x，{x,1,4}]\\
Out[1]= e(-1+e^3)$
\end{appendix}
\end{document}
```

源程序运行结果如下图所示。

Appendix A

Mathematic program

A.1   solve the derivative of the function

$In[1]:= f[x_]:=Sin[x];$
$Direvative = Limit[(f[x+a]-f[x])/a, a->0]$
$Out[1]=Cos[x]$

A.2   solve the Definite integra

$In[1]=Integrate[e^x x, 1, 4]$
$Out[1]=e(-1+e^3)$

第 6 章　LaTeX 编译

本章概要
- 编译方法
- 安装宏包
- 文件类型
- 错误信息及警告信息
- 编译技巧

6.1　编　译　方　法

将源程序转变为目标程序的过程被称为编译，这种转变需要相关的编译程序。对源文件的编译过程主要分为以下几个步骤：

（1）词法分析，对由字符组成的单词进行处理，从左至右逐个字符地对源文件进行扫描，产生一个个单词符号。

（2）语法分析，分析单词符号串是否形成符合语法规则的语法单位，如命令、环境和表达式等。

（3）错误处理，在编译过程中如果发现源文件有错误，尽量纠正或限制其影响范围，尽可能避免中断编译。

（4）目标代码，这是编译的最终目的，即生成能够被 Sumatra PDF、Reader 和 Acrobat 等阅读器识别的 PDF 格式文件。

（5）信息记录，将编译过程中的各种信息保存到辅助文件中。在每次编译后至少要输出两个辅助文件：一个是.aux 引用记录文件，它记录了全文中所有交叉引用信息，以便为再次编译时提供相关数据；另一个是.log 编译过程文件，它记录了整个编译过程，包括错误信息与警告信息，可作为源文件的修改依据。

在 LaTeX 编译过程中，将源文件转变为 PDF 文件的编译方法主要有两种：使用 LaTeX 编译和使用 PDFLaTeX 编译。

6.1.1　LaTeX 编译

单击 WinEdt 中的 LaTeX 按钮，或者选择 Accessories→LaTeX 命令，即可启动 LaTeX 编译程序。该编译程序所生成的仅是 .dvi 文件。再单击 DVI 按钮，或选择 Accessories→DVI Preview 命令，就可以在弹出的 Yap 阅读器中看到所编译的.dvi 文件。

（1）DVI 格式文件是一种与显示设备无关的文件，即它在任何输出设备中的输出结果都是相同的，这说明 DVI 文件中的所有元素从版面设置到字符位置都被固定。在 DVI 文件中仅含有字体描述信息，并未将字体嵌入其中，只有当显示该文件时，才由阅读器或打印机根据字体描述信息将相应的字体调入，因此 DVI 文件的尺寸很小，显示速度很快。

（2）DVI 文件中的中、英文字体均为 pk 位图字体，容易失真，不美观。DVI 文件不能查找、选择和复制。

（3）LaTeX 编译程序只支持 EPS 和 PS 格式图形，所以其他格式的图形必须事先被转换为 EPS 或 PS 格式图形才能插入源文件。

由于历史原因，LaTeX 编译程序不能直接将 .tex 源文件转变为 .pdf 文件，还需要使用 dvips 或 dvipdf 转换程序进行再处理。

6.1.2 PDFLaTeX 编译

单击 LaTeX 按钮，或选择 Accessories→PDF→PDFLaTeX 命令，可立即启动 PDFLaTeX 编译程序，它能将 .tex 文件直接编译为.pdf 文件。

（1）所生成的 PDF 文件可使用 SumatraPDF、GSview、PDFview、Reader 或 Acrobat 等阅读器进行浏览和打印。

（2）在所生成的 PDF 文件中，英文为 Type 1 字体，中文为 TureType 字体，但是只能对英文进行查找、复制和粘贴，不能对中文进行查找，也不能复制和粘贴，否则得到的将是乱码，因为每个汉字都是作为一个图形嵌入版面的。

（3）编译程序 PDFLaTeX 支持 JPG、PNG 和 PDF 格式图形，所以其他格式的图形必须事先转换格式才能插入源文件，否则无法编译。

（4）编译程序 PDFLaTeX 支持 hyperref 宏包的链接功能，可使所生成的 PDF 文件具有超文本链接功能，可在文件内部或与外部网络建立链接。

6.1.3 编译方法的选择

根据所编译源文件的特点，应采用不同的方法编译源文件。

（1）中文查找。如果希望在所生成的 .pdf 文件中能够对中文进行查找以及复制粘贴等编辑工作，就必须使用 LaTeX→dvipdf 的源文件编译途径。

（2）宏包因素。现在大部分宏包文件都支持各种编译，但有少数宏包只支持某种编译，有的其至只支持 LaTeX→dvips→pspdf 编辑途径，否则就提示出错或编译结果不正确。如果在所调用的宏包中有这种宏包，那源文件就只能采用这种宏包所支持的编译方法进行编译。

（3）插图格式。如果论文中的插图较多，且其格式大多为 JPG、PNG 或 PDF，就应该考虑使用 PDFLaTeX 编译，以免过多使图形格式转换。如果论文中的插图较少，图形格式单一，那两种编译方法都可以用。

（4）方便快捷。写作一篇论文要经过成百次的编译，所以编译方法要简便快捷，尽量减少积累耗费的编译时间。显然，使用 PDFLaTeX 编译是最便捷高效的。

6.2 安装宏包

6.2.1 程序说明文件

宏包文件应当便于阅读，易于理解，以利于正确使用，且便于修改完善。所以在编写宏命令文件时，总要先说明编写的原因、目的和用途，然后才开始编写具体宏命令程序；在一些复杂的内部命令处，附加详细的注释；在专门提供给用户使用的命令或环境处，都给出使用说明。这样，最终写成的是宏命令程序与说明示例融为一体的程序说明文件，其扩展名为.dtx，它的含义是 doctex。这种宏命令文件的编写方式被称作文学化编程。可使用扩展名为.ins 的分解文件将.dtx 文件中的宏命令分离出来，作为宏包文件使用。因此现在很多宏包文件都是以*.dtx 和*.ins 的文件形式成对出现。

6.2.2 宏包的更新与添加

在 LaTeX 编译过程中，有时会出现编译中断的情况，并给出错误信息，指出某宏包没找到，这说明在系统中没有安装这个宏包，因此需要添加新宏包。其添加过程如下：

（1）在网站下载所需的宏包文件及其相关文件。

（2）在系统存放宏包的目录下新建一个与新宏包同名的子目录，将新宏包文件及其相关文件放到该子目录中。

（3）在 Windows 系统中选择"开始"→"所有程序"→CTeX→MiKTeX→Maintenance (Admin)→Settings(Admin)命令，在弹出的对话框中选择 General→Refresh FNDB 类型，系统对文件名数据库进行刷新，待刷新完毕，单击"确定"按钮，退出。

6.3 文件类型

在源文件编写和编译过程中要使用工作文件和辅助文件，本节简要介绍这两类文件，以备在编译出问题时查找、修改或删除。

6.3.1 工作文件

工作文件包括字体文件、宏包文件和论文源文件等。工作文件的特点是可修改但不能删除，否则在编译时会出现错误或警告信息。下面介绍常用工作文件的扩展名以及该种文件的用途。

afm Adobe Font Metric：Type1 字体描述文件，ASCII 格式，描述某种字体中每个字符的度量，如高度、宽度、深度和字间距调整等，还有连体字的处理。

bib：文献数据库文件。

bst：文献格式文件。

cfg：由文类或宏包调用的配置文件。

clo：由文类或宏包调用的选项执行文件。

cls：文类文件，可用命令\documentclass 调用。

cpx：标题文字转换文件，由命令\CJKcaption 调入。

def：定义文件。如 T1 编码定义文件是 t1enc.def。

doc：文类或宏包的说明文件，可用 MS Word 打开阅读。

dtx：包含文类或宏包文件及其相关文件和说明文件的程序说明文件。

fd：字体定义文件，声明某一字族所具有的不同属性字体及其字库名，用于系统寻找相应的字库文件。

ins：同名 dtx 文件的分解文件，用 PDFLaTeX 编译，可得到同名 sty 等文件。

ist：索引或术语表格式文件。

map：字体映射文件，ASCII 格式，指示字体名称和与其对应的字体描述文件名称。

mbs：主控文件，包含全部文献格式命令，用于生产 bst 文献格式文件。

mf：Metafont text file，使用 METAFONT 语言的字体描述文件，ASCII 格式，用于创建同名的 tfm 字体描述文件和 pk 位图字库文件，这两个文件确定一种字体。

otf：OpenType font，OpenType 字库文件，可用 FontLab 等字体编辑器查看。字库文件用于描述某种字体中每个字符的形状。

pfa：Printer Font ASCII，Type 1 字库文件，ASCII 格式的 pfb 文件。

pfb：Printer Font Binary，Type 1 字库文件，二进制格式，可用 FontLab 字体编辑器查看。

pfm：Printer Font Metrics，Type 1 字体描述文件，二进制格式的 afm 文件。

pk：位图字库文件。位图字体也称点阵字体。pk 字体主要用于 dvi 文件中的字体显示。

pl：字体描述文件，ASCII 格式，用于生成 tfm 文件。

sfd：子字库定义文件。

sty：宏包文件，可用命令\usepackage 调用。

tex：用 LaTeX 命令写作论文的源文件。

tfm：TeX Font Metric，字体描述文件，二进制格式。tfm 文件用于系统规划版面。

ttf：True Type 字库文件，向量字体也称全真字体。

vf：虚拟字库文件，二进制格式，用于 dvi 文件显示。每个 vf 文件有一个同名 tfm 文件。虚拟字库中并没有字体，它只是提供一种用其他字体创建某种字体的方法。

vpl：虚拟字体描述文件，ASCII 格式，用于生成 vf 和 tfm 文件。

6.3.2　辅助文件

辅助文件是在源文件编译的过程中自动生成的文件，其特点是可随时删除，在下次编译时又会自动生成。以下是常用辅助文件的扩展名以及该种文件的用途。

aux：引用记录文件，用于再次编译时生成引用页码或引用章节序号。

bak：源文件备份文件，当.tex 源文件存盘时由系统自动创建。

bbl：由 BibTeX 编辑 bib 后创建的文献文件，再次编译时带入源文件生成文献列表。

blg：BibTeX 处理 bib 等文件的过程记录文件。

dbj：批处理文件，由 makebst 工具在创建 bst 文献格式文件时生成。

dvi：用 LaTeX 编译程序对源文件编译后生成的输出文件。

ent：由尾注命令\endnote 创建的尾注记录文件。

glg：MakeIndex 处理 glo 文件的过程记录文件。

glo：术语记录文件。

gls：MakeIndex 处理 glo 文件后创建的术语表排版文件。

idx：索引记录文件。

ilg：MakeIndex 处理 idx 文件的过程记录文件。

ind：MakeIndex 处理 idx 文件后创建的索引排版文件。

lof：插图标题记录文件，用于再次编译时生成插图目录。

log：编译过程文件，记录编译源文件的过程以及出现的警告和错误信息。

lot：表格标题记录文件，用于再次编译时生成表格目录。

out：链接宏包 hyperref 创建的书签文件，主要记录章节标题及其序号，用于在 PDF 阅读器中生成标题书签。

pdf：由 PDFLaTeX 等编译、转换程序生成的 PDF 格式文件。

ps：由 dvips 对 dvi 文件转换后创建的 PS 格式文件。

thm：定理记录文件，由 ntheorem 定理宏包生成。

toc：章节标题记录文件，用于再次编译时生成章节目录。

6.3.3　子源文件

对于篇幅较长的论文，若将全部内容都编排在一个源文件中，其编译时间就很长，编译过程中出现问题后查找修改很不方便。对于篇幅较长论文的编译，最好采用主源文件与子源文件的模块方式，将论文中的每一章作为一个子源文件，就像一个个文件模块，然后在主源文件中使用系统提供的包含命令

```
\include{子源文件名}
```

分别将所有子源文件按顺序调入。这样在子源文件中，增加或删除一章只是增加或删除一条\include 命令；调整章节的前后顺序，只是调整各\include 命令的前后顺序。

子源文件也可以作为独立的章节内容被其他论文的主源文件调用。

子源文件的扩展名也是.tex。在包含命令\include 中的子源文件名可省略扩展名，系统会自动添加。因为子源文件要被调入主源文件的正文中，所以子源文件不需要导言，其内容也不用置于文件环境中，通常子源文件就是以章命令\chapter 开头的源文件。

系统还提供了一个输入命令：

```
\input{文件名}
```

它也可以将子源文件或其他文件调入主源文件中，如果所调入的是子源文件，文件名可以省略扩展名 .tex，否则文件名要带有扩展名。

如果命令\include 或\input 所要调入的文件不与主源文件同在一个目录中，则要指明文件名的存放路径。

6.4 错误信息及警告信息

6.4.1 文件的编译过程

在进行编译的过程中，如果发现问题无法继续进行编译，系统在给出错误信息后中断编译，滚动显示也将停止在错误信息处，所以可以实时看到错误信息；如果发现的问题不影响编译，系统在给出警告信息后继续编译，警告信息在编译窗中一闪而过，根本看不清楚。因此，在编译中断或编译结束时，系统还会生成一个.log 编译过程文件，其内容与编译窗中滚动显示的相同。

6.4.2 常见错误信息及其处理

一个错误信息主要由两部分组成：一部分是错误原因，它是系统对错误性质的判断；另一部分是错误位置，通常系统用行号和编译断点指示错误所在的地点。错误信息可能来自基本 TEX，也可以来自 LaTeX 格式或是具体的宏包。我们应该尽力理解错误信息的意义和成因，这样才能尽快找出编译错误，纠正问题。

首先是基本 TEX 引擎给出的错误。这类错误通常以一个感叹号开头，后面是错误信息的描述。

! Undefined control sequence.

所使用的命令未被定义。通常是命令名拼写错误，例如，把\alpha 写成了\alfa，或者是忘记了该引用的宏包。解决的方法是改用正确的命令或加上某个宏包。

! Missing{inserted.或者! Missing} inserted.

TEX 发现缺少分组的某个花括号。产生这个错误信息的位置与实际造成错误的代码可能还有一段距离，需要仔细查找纠正问题。

! Too many}'s

TEX 发现多写了一个花括号。这也可能是前面少写了一个花括号。

! Missing $ inserted.

可能是数学命令没有用在数学环境中，或者是直接使用了数学符号$。例如，\sum，应改为$\sum$。

! Extra},or forgotten $.

数学环境中分组的花括号或是左右定界符没有匹配，一般是多写了右边的括号或是漏掉了前面的括号。

! Double subscript.

在数学公式中出现双下标，例如 x_{2}_{3}.应改为 $x\_{2\_{3}}$，其结果是 x_{2_3}。

! Double superscript.

在数学公式中出现双上标，例如 $x\^{2}\^{3}$.应改为 $x\^{2\^{3}}$，其结果是 x^{2^3}。

! Extra alignment tab has been changed to \cr.

在矩阵或表格中，一行的列数超出了在列格式中所设置的列数，即一行中的分裂符&多出来了，很可能是在行尾遗漏了换行命令\\。

! Misplaced alignment tab character &.

表列分隔符&只能用在矩阵或表格中，如果在普通文本中使用它就会出错。如果只是想输出&符号，使用\&。

! You can't use 'macro parameter character #'in…mode.

符号#只用于表示命令定义中的参数，如果在普通文本中使用它就会出错。如果只是想输出#符号，使用\#。

! Illegal unit of measure (pt inserted).

在长度赋值命令中给出了无效的长度单位。

! Missing number，treated as zero.

给出了错误数据和长度。例如，要得到当前页码，应使用页码命令\thepage,而不是\value{page}，该数据命令只能作为其他命令的参数，而不能独立使用。

! Illegal parameter number in definition of…

在定义命令\newcommand、\renewcommand、\providecommand、\newenvironment 或\renewenvironment 中使用参数的数量超出了所设定的数量。

! Missing control sequence inserted.

在使用\newcommand、\renewcommand 或\newlength 等定义命令的命令名中没有使用反斜杠开头。

! Use of …doesn't match its definition.

如果命令是 LaTeX 命令，可能是语法错误，也可能是在某个命令的联动参数中使用了脆弱命令。例如，在节命令中插入了脚注命令。

这类错误信息经常会将 LaTeX 的内部命令翻出来，而让真正出错的位置变得不那么清晰。在遇到这种问题时，最好首先观察出错位置的整体语法上有没有失误，也可以在网络上使用错误信息搜索类似的问题。

!TeX capacity exceeded，sorry[…].

超出 TeX 的能力范围。主要是超出了 TeX 内部设置的某一存储空间或限定值，出现这种错误的原因很多，如字体加载过多、浮动体过大过多、在插图命令中过多使用子目录，或在命令、环境或分组嵌套层次过深等。

! No room for a new \count.

使用的计数器变量太多。

! No room for a new \newdimen.

使用的长度变量太多。

! No room for a new \newskip.

使用的弹性长度盒子变量太多。

! No room for a new \newbox.

使用的盒子变量太多。

以上四条变量都是全局分配和使用的，在 TEX 中统称为寄存器。TEX 默认只允许分配 256 个寄存器，这个问题一般是在引用了太多的宏包时发生，不过现代 TEX 编译程序都是基于 $\varepsilon - \text{TEX}$ 的，可以直接支持更多的寄存器，此时需要使用 etex 宏包来避免这种错误信息。

下面列举属于 LaTeX 的常见错误。LaTeX 错误一般以！LaTeX Error：的字样开头，以与原始的 TEX 或具体宏包的错误相区别。

Bad math environment delimiter.

使用了不匹配的数学定界符，如\[与\）等。如果只需要左括号，应在右命令后加上一个半角句号，例如，\$left(frac{a}{b}\right.\$，得 $\left(\dfrac{a}{b}\right.$。

\begin{···}on input line...ended by \end{···}.

环境的开始命令与结束命令中的环境名不相符，或有开始命令而无结束命令等。通常是拼写有误引发该错误，例如，\end{figrue}，应改为\end{figure}。

Can be used only in preamble.

在源文件正文中使用了只能在导言中使用的命令，如\usepackage 等。

\Caption outside float.

在浮动环境之外使用了\Caption 图表标题命令。

Command...already defined.

命令重复定义。例如，使用\newcommand、\newenvironment、\newlength、\newsavebox、\newtheorem 或\newcounter 自定义的命令、环境或计数器已经被定义过了。

Command···invalid in math mode.

所指示的命令不能用在数学模式中。

Counter too large.

计数器值过大溢出。

Dimension too large.

所设置的长度值太大，其绝对值超出系统所能处理的最大值。

Encoding scheme'编码'unknown.

在字体命令中使用了未知的编码。这可能是编码名拼写错误，或者是没用事先用命令\DeclareFontEncoding 定义。

Environment···undefined.

所指示的 LaTeX 环境未被定义。可能是环境名拼写错误等原因。例如,\begin{figrue}，应改为\begin{figure}。

File···not found.

文件未找到。这个文件可能是文档使用\include 导入的某一章或是\usepackage 引用的一个宏包。这个严重的错误会导致 TEX 停卜来询问正确的文件。

这个问题通常是由简单的拼写错误造成的，因而不难改正。如果使用了某个宏包，也可能是因为系统中没有安装这个宏包。在引用自己编写的文件时，则还要检查文件的路径是否正确。

Illegal character in array arg.

在 array 或 tabular 环境中使用了错误的列格式说明符。

\include cannot be nested.

命令\include 不能嵌套，即在用\include 命令调入的文件中不能再含有该命令。

Lonely\item-perhaps a missing list environment.

在列表环境之外使用了\item 条目命令。

Missing\begin{document}.

缺少\begin{document}文件环境命令，或是导言中有某种错误。

Missing p-ary in array arg.

在 array 或 tabular 环境中的列格式说明符 p 缺少宽度参数。

Missing @-exp in array arg.

在 array 或 tabular 环境中的列格式说明符@缺少参数。

No counter '…' defined.

在\setcounter、\addtocounter、\newcounter 或\newtheorem 命令中所使用的计数器未定义。可能是计数器名拼写错误等原因。

No \title given.

文档缺少\title 定义标题。题名生成命令\maketitle 无法工作。

Not a letter.

断词命令\hyphenation 的参数中含有非字母符号。例如\hyphenation{don't},其中符号'不是字母。

Option clash for package…

同一个宏包被调用两次，而每次所使用的宏包选项相互冲突。如果在两个不同的地方都带参数使用\usepackage 引用宏包，就会出现这个问题。解决冲突的办法一般是去掉多余的\usepackage，整合代码。很多时候发生冲突宏包是在文档类或其他宏包中引用的，这就更容易出现这个问题，此时如果你还需要使用某个宏包选项，可以直接把选项放在\documentclass 后面，作为整个文档类的全局选项。

\pushtabs and\poptabs don't match.

在 tabbing 无框线表格环境中，堆栈命令\pushtabs 与弹出命令\poptabs 没用成对地使用。

Something's wrong-perhaps a missing\item.

这个错误可能在多种情形中出现，一般是在列表环境中遗漏了\item 命令造成的。

Tab overflow.

Tabbing 环境使用的\=命令太多。

There's no line here to end.

在两个段落之间无意义地使用换行命令\newline、\\或\linebreak。如果需要在两个段落之间留出一行空白，应使用\vspace 垂直空白命令。

This file needs format '所需版本'but this is '当前版本'.

源文件中的文类或某个宏包不能用于所使用的 LaTeX 版本。通常所需版本要高于当前版本。

Too deeply nested.

列表环境嵌套过深，通常不能超过四层。如果真的需要特别深的层次，可以考虑首先使用\subsection 之类的分节命令。

Too many unprocessed floats.

未处理的浮动体数量超出设定值。如果在一个段落中使用了过多的\marginpar 边注命令，也会产生这一错误信息。

Undefined color '…'.

使用 color 或 xcolor 宏包以颜色名称调用颜色时，遇到颜色未定义的问题。这可能是因为拼写错误、忘记使用\definecolor 定义颜色，也可能是需要使用适当的宏包选项载入相应的颜色名。

Undefined color model '…'.

使用 color 或 xcolor 宏包时，使用了未定义的颜色模型。

Undefined tab position.

在 tabbing 环境中试图使用\>、\<、\+、\-命令跳到不存在的制表位造成的错误。

Unknown graphics extention…

在使用 graphicx 宏包插图时，使用的未知的图形扩展名。一般是使用了不支持的图形格式造成的。

Unknown option…for…

在\usepackage 命令中使用了当前宏包未定义的选项。

\verb ended by end of line.

\verb 命令未完成。这通常是由于遗忘或写错了\verb 命令后配对的符号造成的。

\verb illegal in command argument.

错误的把\verb 用在其他命令的参数中。

\<in mid line.

Tabbing 环境的\<命令只能用在一行的开头，如果用在中间就会出现错误。

6.4.3 警告信息及其处理

系统给出的警告信息也是来自两个方面：一方面是 LaTeX 本身，其警告信息以"LaTeX Warning:"或"LaTeX Font Warning:"为前导；另一方面是系统核心 TeX，它发出的警告信息没有任何前导字符，而是直接给出警告内容。

警告信息中指出的问题虽然不会造成中断编译，但也应引起重视，因为这些问题都会影响到论文排版的外观效果。警告信息也是涉及方方面面，其中最常见的有两类：一类是尺寸溢出；另一类是字体替代。

1. TEX 系统警告信息

TEX 警告并不输出？、！等符号标记，最常见到的 TEX 警告就是盒子的溢出，它们通常表示发生了糟糕的输出效果。

Overfull \hbox(…too wide) in…

水平盒子溢出（太宽），其中\hbox 是 TEX 中原始的水平盒子命令。这个警告通常出现在糟糕的断行出现时，例如，\verb 命令的内容内部不允许断行，而如果抄录的内容过多，就可能使一部分内容超出右边界，发生这个溢出问题。通常以手工的文字调整解决这种断行问题，或使用 sloppypar 环境允许更宽松的断行。

Overfull \vbox(…too high) has occurred…

垂直盒子溢出（太高），其中\vbox 是 TEX 中原始的升起盒子命令。与水平盒子溢出类似，这个警告通常在分页时出现，如一个过高的公式或表格。

把图表放进浮动体是解决这类问题最主要的办法，多行公式中可以用\allowdisplay breaks 允许分页，一些不易断开的公式也可以考虑装进浮动环境。此外，适当地使用 \enlargethispage 放大当前页，或使用\newpage 直接分页是最后精调时的解决之道。

Underfull \hbox (badness…) in paragraph…

水平盒子下溢出。这个问题与水平盒子的上溢出正好相反，问题有时来自不合理的 \linebreak、\newline 等命令，或是连续地使用\\命令，此时删掉不合适的手工调节往往可以解决问题。有时则是因为排版内容本身放置困难，例如使用\sloppy 命令或 sloppypar 环境就可能会造成下溢出，尽管它解决了上溢出的问题，这时就不得不在两类效果中挑选一种。

Underfull \vbox (badness…) while…

垂直盒子下溢出。这与垂直盒子上溢出正相反，而且可能更为常见，解决问题的方式与上溢出类似。

2. LaTeX 系统警告信息

LaTeX 产生的警告一般会以 LaTeX Warning、LaTeX Font Warning 等字样开始。

Citation '….'on page…undefined

命令\cite 或\nocite 中的检索名未被\bibitem 命令定义，或是需要再次编译源文件，也可能要运行 BibTeX。

Command…invalid in math mode on input line…

将用于文本模式的命令用在了数学模式中。

Float too large for page by …

浮动体的高度超出版心的高度。

Font shape '….' in size … not available.

没有找到所需的字体。该警告信息的下一行将说明系统使用了何种字体以代替所需的字体。

h float specifier changed to ht .

!h float specifier changed to !ht .

将浮动环境的位置选项!h 改为!ht。

Label '….'multiply defined.

两个以上的书签命令\label 使用了同一个书签名。

Label(s) may have changed. Rerun to get cross-references right.

这个警告出现在编译的最后，说明经过编译引用标签的位置可能发生变化，可以通过重新编译保证不发生这种问题。如果不是最终输出，可以忽略这个问题。

Marginpar on page … moved.

边注被移动，不在所标注文字的位置。这一般发生在多条边注相距很近或是边注在一页的顶部或底部时，这一问题通常可以忽略。

No \author given.

在使用命令 maketitle 生成题名及其相关信息时，没有给出作者命令，即论文只有题名而没有作者名。

Optional argument of \two column too tall on page …

双栏命令的可选参数（单栏的内容）超出一页高度，造成问题。使用 multicol 宏包来实现双栏是解决这一问题的一种方法。

Reference '…' on page … undefined.

引用命令\ref 或\pageref 中的书签名未被书签命令\label 定义。

Some font shapes were not available , defaults substituted.

某些字体没找到，使用默认的字体替代。

There were multiply-defined labels.

两个以上的书签命令\label 使用了同一个书签名。

There were undefined references or citations.

命令 \ref 或\cite 中的标签名或检索名，未被命令\label 或\bibitem 定义。

Unused global option(s):[…]

文档中使用了全局选项，但这个选项没有在任何宏包中发挥作用。一般删除多余的全局选项即可。

You have requested release '…' of LaTeX，but only release'…' is available.

所选用的文类或者所调用的某个宏包要求更高版本的 LaTeX 系统。要解决该问题应更新系统。

6.5 编 译 技 巧

6.5.1 局部编译

在使用 LaTeX 编译论文时，经常会碰到论文中有很多表格和数学式，而每个复杂的表格或数学式往往要经过反复修改和多次编译才能获得正确满意的结果。如果只为了检验表格或数学式的编排正确性，而每次都进行全文编译所累积消耗的时间将会很长。可用光标选取所编排的表格或数学式，然后选择 Accessories→Compile Selected 命令，系统即可对所选取的内容进行局部编译，其结果会在自动弹出的 Sumatra PDF 阅读器中显示。

6.5.2 字体检查

通常编译后自动生成的.log 文件中很多与字体有关的信息，如果还希望了解更为详尽具体的字体信息，可调用字体追踪宏包 tracefnt，它可以追踪并显示系统对字体的加载、替代和使用情况。该宏包的可选参数有多个选项，可用以设定在编译时所提供字体信息的内容，以下是这些选项及其说明。

errorshow：有关字体的警告信息将不在编译窗口显示，而是记录到编译过程文件.log 中。因为字体替代等警告信息意味着不理想的排版结果，需要通过.log 文件仔细分析加以解决。

warningshow：与字体有关的警告信息也同其他错误信息一起显示在编译窗口。这样，与未使用该宏包的效果相同。

infoshow：默认值，将所有字体信息包括字体警告信息和附加字体信息，显示在编译窗中和编译过程文件中。

debugshow：全面显示和记录各种字体信息，包括文本字体和数学字体，以及在进入和退出环境或组合时字体的改变和恢复信息等。

loading：显示所加载的外部字体文件名称。这些外部字体文件名称不包括在调用该宏包之前由系统或其他宏包预先加载的字体文件名称。

pausing：将所有字体警告信息等同错误信息，使编译中止，等待处理。

6.5.3 命令检查

对于 LaTeX 编译过程中出现的一些明显的错误只需要查看第一个报错信息的文件名和行号，或者在输出结果中寻找不正确的地方即可。但还有一些来源更隐蔽的问题，如命令重定义、宏包冲突、命令的错误定义等，显示出错误的地方就往往不是产生错误的源头了。为了能快速查出命令语句是否有误，可在导言中调用 syntonly 宏包，并在其后添加\syntaxonly 命令；这样在编译时，系统仅对源文件中的命令语句进行检验，如果发现问题，会停止编译并给出错误信息；当命令语句检查完毕，不在编译源文件，而是结束编译。当需要全文编译以生成 PDF 文件时，可将上述两条命令注释或删除。命令\syntaxonly 在检查到中文标点符号时可能会提示出错，可临时将导言中的中文字体宏包cetx 注释掉，等命令语句检查完毕再回复。

检查命令语句是否有误也可以使用排除法，逐步去掉不影响错误的内容，最终把错误定位在一小段代码上。如果采用二分法，每次排除掉一段内容，那么最多试验几十次，就可以找到出问题的地方。

6.5.4 正向搜索和反向搜索

要想顺利地编辑 LaTeX 文件，LaTeX 编辑器和 DVI 查看程序对正向搜索和反向搜索的支持是必不可少的。

以 CTeX 套装为例，假如正在编辑 dcmm.tex 文件的第 158 行，当单击 WinEdt 工具栏的 DVI Search 图标（或者使用快捷键 Shift+Ctrl+S）时，DVI 查看程序 Yap 会自动运行，打开 dcmm.dvi 文件并显示第 158 行所在的页面，这就是正向搜索；而假如正在用 Yap 查看 dcmm.dvi 文件的第 11 页，当双击页面时，WinEdt 编辑器会自动运行，打开 dcmm.dvi 文件并跳到第 11 页所对应的 LaTeX 代码，这就是反向搜索。

在 Window 下比较出名的 DVI 查看程序基本就只有 Yap 了，而如上所见 Yap 确实是支持正向和反向搜索的。而 LaTeX 编辑器除了 WinEdt 这个商业软件之外，还有 TeXMaker、WinShell、TeXnicCenter、Scite、TeXworks 等免费编辑器，这些编辑器对正向和反向搜索的支持程度不一。

6.5.5 清理搜索文件

在编译时有时会发现虽然修改了交叉引用或章节标题，但编译后的引用或目录仍是修改前的样子，这是因为在修改源文件后没有清除相应的辅助文件。在编译时，系统总是先试图读取这些文件，然后才刷新；有时就不刷新，只有找不到所需文件，系统才重新创建。因此在遇到类似的问题时，应立即清除相应的辅助文件。

但是要一个个地去寻找这些辅助文件是很麻烦的事。可以单击 WinEdt 中的回收站按钮，或选择 Tools→Erase Output Files 命令，随即弹出一个对话框。

（1）在 Summary 列表框中，选取所要清除辅助文件的扩展名。

（2）单击 Delete Now 按钮，所选择的辅助文件被清除。

（3）单击 OK 按钮，对话框消失。

6.6 本 章 小 结

本章主要介绍了 LaTeX 编译。在将源程序写成目标程序的过程中，经常会犯各种各样的错误，本章分析了在编译过程中易犯错误的原因及解决方法、警告信息及其处理、编译方法的选择和编译技巧等，从而使编译正常进行而不会中断。此外，本章也介绍了在源程序编写和编译过程中要使用的工作文件和辅助文件，它们在编译出问题时可帮助查找、修改或删除，从而实现将源程序顺利编译成目标程序。

习 题 6

1. 什么是编译？

2. 简述工作文件和辅助文件的不同。

3. 下面是 LaTeX 编译过程中出错的例子：

```
\documentclass{article}
\begin{document}
\secton{Start}
A  simple  equation
X=\sqrt[n]{a+b}
\end{document}
```

请根据如下错误提示信息，改正上述过程中的错误。

```
!  Undefined control sequence.
1.3 \secton
            {Start}
?
```

习题 6 答案

1. 将源程序转变为目标程序的过程被称为编译，这种转变需要相关的编译程序。

2. 工作文件包括字体文件、宏包文件和论文源文件等。工作文件的特点是可修改但不能删除，否则在编译时会出现错误或警告信息；辅助文件是在源文件编译的过程中自动生成的文件，其特点是可随时删除，在下次编译时又会自动生成。

3. 见源程序。

第 7 章　LaTeX 幻灯片——beamer

本章概要
- 幻灯片内容
- 幻灯片风格
- 动画命令

7.1　幻灯片内容

LaTeX 中有很多种工具可以制作 PDF 格式的演示文稿。如 powerdot 文档类、prosper 文档类、texpower 宏包、pdfslide 宏包、powersem 宏包、pdfscreen 宏包、beamer 文档类等。beamer 文档类是由 Lübeck 大学理论计算机研究所的 Till Tantau 教授于 2003 年发明的一个专用于幻灯演示的文档类，由于功能强大，支持 LaTeX 和 pdfLaTeX 编译，样式繁多，功能复杂，使得它成为最流行的 PDF 演示文稿制作方式。beamer 是以页面为基本组织单位，提供丰富的功能选项和许多预定义的风格主题，支持各种编译程序，使用也相对方便。beamer 的主要特点有：

（1）可以同时适用于 pdfLaTeX 以及 LaTeX+dvips。

（2）可以逐段显示，也可以显示动态效果。

（3）预先设计好的各种主题样式给用户很大的选择余地。

（4）可以通过改变整体参数重新设计版面、色彩、字体大小等，同时仍可保持对细节的完整控制。

（5）很容易实现讲稿与演示材料间的互相转换。

最终输出的 PDF 文件能保证到处适用，而且显示效果不受机器效果的影响。

7.1.1　帧的设计

一个演示文稿可分解成一系列的帧（frame），一个帧可以包含覆盖、逐渐显示等内容，所以由若干幅幻灯片（slide）组合而成，在 beamer 中，创立一个帧由 frame 环境得到，每一帧都包含在一个 frame 里。

【例 7.1】　写出建立幻灯片一帧的源程序。

```
\begin{frame}
帧的内容
\end{frame}
```

7.1.2　标题与文档信息

幻灯片的每帧通常都有一个标题，可以使用\frametitle 命令得到。同时 beamer 还提供了小标题的命令，可以使用\framesubtitle 得到。

【例7.2】 写出带有标题、小标题的幻灯片的源程序。

```
\begin{frame}
\frametitle{标题}
\framesubtitle{小标题}
帧的内容
\end{frame}
```

beamer 还能以更简洁的方式创建标题，即直接在 frame 环境后用花括号{}括起来的参数就表示帧的标题，后面的第二个参数就是帧的小标题。frame 环境的这种参数是可选的，但非常有效。例如：

```
\begin{frame}{标题}{小标题}
帧的内容
\end{frame}
```

beamer 设置标题信息的命令如下。

\title：设置标题。命令可以带一个可选参数，用来设置标题的短形式，短形式可能会出现在帧的顶部或底部。

\subtitle：设置小标题。小标题一般会在标题下方以较小的字号显示。可以带一个可选参数，用来设置小标题的短形式，这一项往往不设置。

\author：设置作者。可以带一个可选参数，用来设置短形式。

\institute：设置作者所在的学院等机构。可以带一个可选参数，用来设置短形式。

\date：设置日期。可以带一个可选参数，用来设置短形式，如果不设置，默认使用编译时的日期。

\titlegraphic：设置标题图形。可以使用\includegraphics 插入较小幅的图案，通常不设置。

\keywords：设置关键字。

【例7.3】 制作某一讲座的幻灯片的标题信息，可使用如下的命令在导言区设置：

```
% beamer 导言区
\title{基于偏微分方程的图像放大方法研究}
\subtitle{数学学院系列讲座}
\institute{**大学数学学院}
\author{赵**}
\date{2015 年 11 月 11 日}
```

使用\titlepage 命令或\maketitle 命令，可以在空白的一帧里输出标题，例如：

```
\begin{frame}
\titlepage
\end{frame}
```

或

```
\begin{frame}
\maketitle
\end{frame}
```

对于例7.3，使用\titlepage 命令或\maketitle 命令，就可得到图7-1。

基于偏微分方程的图像放大方法
研究

数学学院系列讲座

赵**

**大学数学学院

2015年11月11日

图 7-1　beamer 的标题帧

7.1.3　目录

在组织演示文稿时，可以使用\section、\subsection、\subsubsection 以及\part 等命令建立节与小节，使用\tableofcontent 命令产生目录。

例如，只有三节的幻灯片就可以这样简单地划分：

```
\section{内容一}
…
\section{内容二}
…
\section{内容三}
…
```

\tableofcontent 命令也一定要放在帧里面显示，例如：

```
\begin{frame}{目录}
\tableofcontent
\end{frame}

\section{内容一}
…
\section{内容二}
…
```

\tableofcontent 可以在可选参数中使用许多参数控制其格式,例如 currentsection 选项可以只显示当前一节的目录结构, currentsubsection 选项则控制只显示当前一小节的目录结构。这对较长的幻灯片是非常有用的，演讲时可能需要在每一节的开头都显示一下即将讲到的内容结构，因此每一节前面都应该有一个小目录，特别是那些缺少导航条显示分节标题的格式更是如此。此外，对于以下参数，有

\hideallsubsections：不显示所有的小节目录。

\hideothersubsections：不显示当前节以外所有的小节目录。

\pausesections：使目录按节逐段显示。

在 beamer 中，\partpage 命令与\titlepage 命令类似，可以在一帧中产生文档某部分的

189

标题，例如：

```
\part{引言}
\begin{frame}
\partpage
\end{frame}
```

7.1.4 文献

在 beamer 中，参考文献录入仍然沿用 LaTeX 的环境 \begin{thebibliography}…\end{thebibliography}，环境内部用\bibitem 引入每条文献，不过这个环境应该放在一个帧（frame）之内，当超过一帧时应该另起一帧，其中再建立一个 thebibliography 环境。此外，每个用\bibitem 引导的条目中不同性质的内容（如作者、书名、期刊名等）应该用\newblock 分隔。

【例 7.4】 写出带有参考文献的幻灯片一帧的源程序。

```
\begin{frame}
\frametitle{参考文献}
\begin{thebibliography}{10}
\beamertemplatebookbibitems
\bibitem{ Dijkstra,1982} Dijkstra,1982
\newblock Smoothsort, an alternative for sorting in situ.
\beamertemplatetextbibitems
\newblock {\em Science of Computer Programming },2(9):125-236,2015
\end{thebibliography}
\end{frame}
```

beamer 会根据用户选定的主题，对用\newblock 分隔的不同部分采取不同的显示方式，如分行显示或者用不同颜色，以示不同。

7.1.5 定理与区块

在 beamer 中，已经预定义了许多定理类环境，即 theorem, corollary, definitions, definition, fact, proof, example 以及 examples，它们都以英文名称给出，例如 theorem 环境的名称就是"Theorem"。不过我们需要的是中文定理环境，因此可以使用\newtheorem 另行定义，例如：

```
\newtheorem{thm}{定理}
```

对于 theorem 以及 examples 环境，可以用\begin{theorem}[补充文本]的形式加上定理的补充信息。

为了丰富效果，定理环境的结果是一个彩色块，例如：

```
\newtheorem{THeorem}{定理}
\begin{frame}{系列讲座之一}
\begin{THeorem}
  如果…，那么…
\end{THeorem}
\end{frame}
```

定理环境的效果如图 7-2 所示。

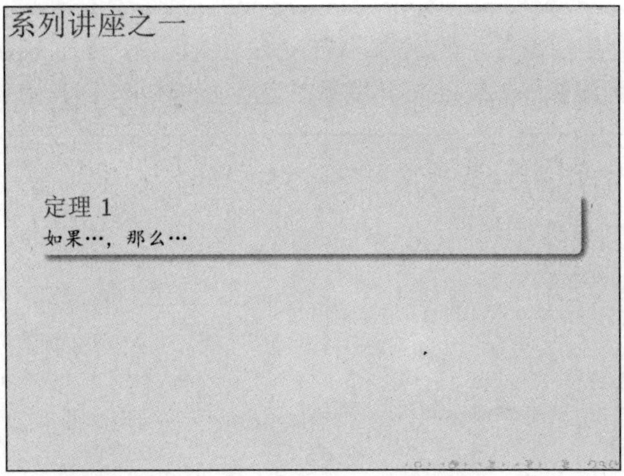

图 7-2　beamer 中的定理环境

在 beamer 中，为了强调一部分内容，还有其他的区块环境。利用 block , alertblock 和 exampleblock 命令，就可以定义三种区块环境，它们除了使用的配色不同外，用法和结果大致相同，例如：

```
\begin{frame}
\begin{block}{标题一  }
 区块一
\end{block}
\begin{block}{标题二  }
区块二
\end{block}
\begin{block}{标题三  }
区块三
\end{block}
\end{frame}
```

区块环境的效果如图 7-3 所示。

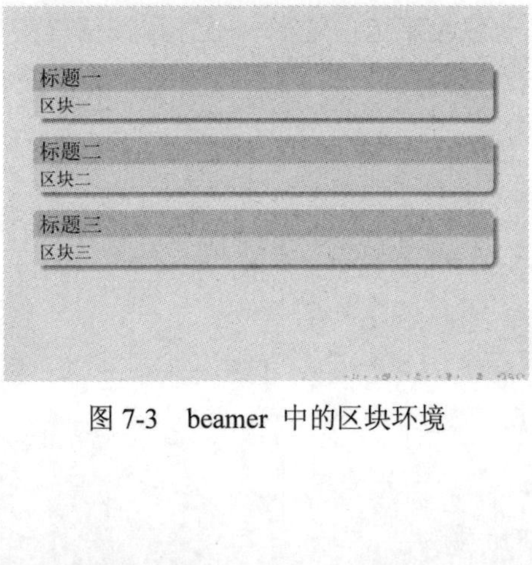

图 7-3　beamer 中的区块环境

191

7.1.6 图表

在 beamer 中使用图表与在普通文档中的语法并无区别。不过 beamer 是按帧组织内容的，位置固定，因此 figure 和 table 环境不在是浮动的环境，而只用来区别标题。例如：

```
\begin{frame}
\frametitle{表格}
\begin{table}
\extrarowheight=7pt
\rowcolors{1}{DeepSkyBlue}{DodgerBlue}
\caption{ 3 种滤波算法用于含不同强度脉冲噪声的 Lena 图像去噪后 PSNR 对比}
\begin{tabular} {llll}
 方法            & 信噪比         & 信噪比          & 信噪比\\
中值滤波器        & 31.39        & 30.55          & 27.78\\
极值滤波算法       & 35.67        & 34.53          & 29.76\\
笔者方法         & 37.82        & 36.34          & 31.32
\end{tabular}
\end{table}
\end{frame}
```

图表环境的效果如图 7-4 所示。

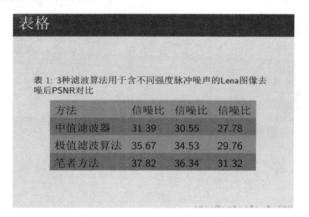

图 7-4　beamer 中的图表环境

beamer 内部使用 pgf 宏包绘制定理边框、幻灯片按钮等图形。因此，如果需要一些简单的数学图形，使用基于 pdf 的 tikz 宏包直接画图是最方便的。例如：

```
\begin{frame}
\frametitle{圆的图形}
\begin{tikzpicture}
~~~~\draw (0,0) circle (3.5cm) circle (2cm) circle (1cm);
\end{tikzpicture}
\end{frame}
```

画图的效果如图 7-5 所示。

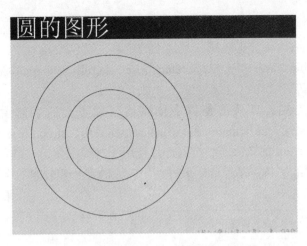

图 7-5　利用 beamer 中的 tikz 宏包画图

除了标准的图表环境，beamer 还提供了一个\logo 命令，把一个较小的图标放在幻灯片的角落里面，可以用它来放置校徽、公司商标等内容。\logo 命令一般放在导言区。

7.2　幻灯片风格

为了方便用户，beamer 已经设计了一系列演示主题，规定了版面、色彩、字体等要素。

7.2.1　主题要素

beamer 幻灯片功能强大，模块化也做得非常好，而且内容和格式也是实现了分离的，可以分别处理。要改变 beamer 文稿的演示主题，可以用\usetheme{主题名}，其中主题名有如下选择：

无导航栏：default、boxes、Bergen、Pittsburge 和 Rochester。

带顶栏：Antibes、Darmstadt、Frankfurt、JuanLesPins、Montpellier 和 Singapore。

带底栏：Boadilla 和 Madrid。

带顶栏和底栏：AnnArbor、Berlin、CambridgeUS、Copenhagen、Dresden、Ilmenau、Luebeck、Malmoe 和 Warsaw。

带侧栏：Berkeley、Goettingen、Hannover、Marburg 和 PaloAlto。

这些演示主题可以挑选自己喜欢的来用，其中 default 是默认的主题。

beamer 的每个演示主题都是由外部主题（outer theme）、内部主题（inner theme）、颜色主题（color theme）和字体主题（font theme）这四种主题组合而成的。如果要对演示主题做更加细致的选择，可以分别选择\useinnertheme、\use outer theme、\usecolortheme、\usefonttheme 加以使用。

外部主题主要控制的是幻灯片顶部尾部的信息栏、边栏、图标、帧标题等一帧之外的格式。预定义的外部主题有 default、infolines、miniframes、smoothbars、split、sidebar、shadow、tree、smoothtree 等。

内部主题主要控制的是标题页、列表项目、定理环境、图标环境、脚注等在一帧之内的内容格式。预定义的内部主题有 default、circles、rectangles、rounded、inmargin 等。

色彩主题控制各个部分的色彩。预定义的色彩主题包括 default、albatross、beaver、beetle、crane、dolphin、dove、fly、lily、orchid、rose、seagull、seahorse、sidebartab、structure、whale、wolverine 等。

字体主题则控制幻灯片的整体字体风格。预定义的字体主题包括 default、professionalfonts、serif、structurebold、structureitalicserif、structuresmallcapsserif 等。其中默认字体主题 default 的效果是整个幻灯片使用无衬线字体，这是多数幻灯片的选择；serif 主题则改用衬线字体，不过此时最好使用较大的字号和较粗的字体。

例如色彩主题的应用：

```
\usecolortheme{beetle}
```

再如字体主题的应用：

```
\usefonttheme{serif}
```

7.2.2 自定义格式

beamer 使用一种模板机制，将幻灯片的不同内容组件格式抽象为模板代码、模板字体、模板色彩。模板代码是实现组件的具体代码，例如 itemize 列表项的模板代码就包含大量 pgf 的绘图命令，可画出具有很炫效果的项目。

在 beamer 中，使用\setbeamercolor、\setbeamerfont、\setbeamertemplate 可分别设置不同部分组件的色彩、字体和模板的具体代码。修改模板具体实现代码往往会很复杂，不过\setbeamertemplate 命令可以从多个预定义的模板中选择一个出来。设置组件单独的色彩与字体也相当实用，例如对 itemize 列表，可以设置以下内容：

```
\setbeamertemplate{itemize   items}[circle]
\setbeamercolor{itemize   item}[fg=black]
\setbeamercolor{itemize/enumerate   body} [fg=gray]
\setbeamerfont{itemize/enumerate   body} [family=rmfamily]
```

这样就设置了列表项的符号是一个黑色的圆形，同时列表内的内容是\rmfamily 的灰色文字。

尽管 beamer 已经提供了许多预定义主题，但对中文的设置还需要重点强调一下：一般推荐用 ctex 宏包处理中文 beamer 文稿，并用 xeLaTeX 程序编译，例如：

```
\documentclass{beamer}
\usepackage[UTF8]{ctex}
\begin{document}
\begin{frame}
中文内容
\end{frame}
\end{document}
```

如果要用传统的 CJK 宏包处理中文 beamer 文稿，并用 pdfLaTeX 程序编译，可以用下面的例子：

```
\documentclass[cjk]{beamer}
\usepackage{CJK}
\hypersetup{CJKbookmarks=true}
\begin{document}
\begin{CJK*}{GBK}{song}
\begin{frame}
中文内容
\end{frame}
\end{ CJK*}
\end{document}
```

7.3　动　画　命　令

在 beamer 中，适当给幻灯片加动画会增加幻灯片的渲染效果，使演示的内容更加形象、生动。

7.3.1　覆盖浅说

如果需要得到幻灯片动画，可以用\pause 命令得到逐步显示。利用该命令后，幻灯片会在此处停顿一下，在\pause 后面的所有内容会在 PDF 文件的下一页显示。例如，可以在一帧的每段话后面使用\pause，让文字一段一段显示出来。

可以给目录命令\tableofcontents 加上 pausesections 选项，这样目录会在每一项后面停顿，相当于在每节的目录后面加上\pause 命令。例如：

```
\begin{frame}{目录}
\tableofcontents[pausesections]
\end{frame}
```

使用\onside 命令，可以指定在一帧中的第几步显示。例如：

```
\begin{frame}
\onside <1->{第 1 步之后}

\onside <2>{只有第 1 步}

\onside <1，5>{第 1，5 两步}
\end{frame}
```

使用尖括号表示步骤的覆盖语法，在 beamer 的很多命令和环境后面都可以使用。例如：

```
\begin{frame}
\begin{theorem} <3->
第 3 步以后显示的定理
\end{ theorem }
```

最为常用的是列表环境，可以给\item 命令加上使用覆盖的步骤号。例如：

```
\begin{frame}
\begin{itemize} <3->
\item <1-> 第 1 步显示
\item <3-> 第 3 步显示
\item <2-> 第 2 步显示
\end{ itemize }
\end{frame}
```

在覆盖的语法中，使用加号+就类似使用了\pause，这可以避免手工计数。连续使用多个\item <+->就可以表示\item <1->，\item <2->，\item <3->，中的效果。可以在整个 enumerate 或 itemize 环境后面加上[<+->]的可选项，相当于对每个\item 后面都使用了 <+->，非常方便。例如：

```
\begin{frame}
\begin{itemize} [<+->]
\item   第 1 步显示
\item   第 2 步显示
\item   第 3 步显示
\end{ itemize }
\end{frame}
```

使用\structure 命令可对幻灯片中指定的步骤设置结构的色彩，使用\alert 命令可对幻灯片中指定的步骤设置更鲜明的结构色彩（一般指红色）。

7.3.2　活动对象与多媒体

beamer 支持 PDF 页面的动画切换效果，这些效果只在 PDF 文件全屏观看时有效。例如：

```
\begin{frame}{动画切换}
\only<1>{内容 1}
\only<2>{内容 2}
\transdissolve<2>
\end{frame}
```

beamer 中支持 PDF 页面切换效果如下。

\transblindshorizontal：水平百叶窗。

\transblindsvertical：垂直百叶窗。

\transboxin：盒装收缩。

\transboxout：盒装展开。

\transcover：新页面飞入、覆盖旧页面。

\transdissolve：溶解。

\transfade：渐进。

\transglitter：闪烁。

\transpush：新页面推进、推走旧页面。

\transssplitverticalout：垂直展开。

\transsplithorizontalin：垂直收缩。

\transsplithorizontalout：水平展开。

\transsuncover：旧页面飞走、揭开新页面。

\transwipe：沿直线消除。

在 beamer 中为插入多媒体素材并使其在 Acrobat Reader 里播放，需要使用 multimedia.sty，这是 beamer 包内的一个文件，但不会自动读入，故在导言区应该加上：

```
\usepackage{multimedia}
```

对电影或声音素材，可用以下命令插入：

```
\movie[可选项]{文字}{多媒体文件名}
```

例如，下面的代码可以用来播放 4:3 的 AVI 视频 ff.avi：

```
%\ usepackage{multimedia}
\begin{frame}{AVI movie }
\ movie[width=4cm,height=3cm]{Click to play}{ff.avi}
\end{frame}
```

\ movie 命令的选项如下。

autostart：在此幻灯片显示的同时开始播放音像，一旦幻灯片换页，音像也同时停止。

borderwidth：指定边框宽度，当小于 0.5pt 时可能无法显示。

depth：指定放映框的深度。

height：指定放映框的高度。

width：指定放映框的宽度。

label：音像标签。

poster：用电影的第一幅画面作为布告。一般来说，当电影未播放时是没有画面的。

repeat：反复播放。

showcontrols：显示控制条。

在 beamer 中有一个专门播放声音的命令：

```
\sound [可选项]{文字}{声音文件名}
```

例如，下面的代码可以用来播放音频 ff.au：

```
%\ usepackage{multimedia}
\begin{frame}{music}
\ sound[autostart]{}{ ff.au}
\end{frame}
```

\ sound 命令的选项如下：

automute：在离开本页时，停止所有声音。

mixsound：与正在播放的其他声音混放，默认情形是停止其他声音单播当前声音。

7.4 本 章 小 结

本章主要介绍如何通过 beamer 做幻灯片。首先，介绍如何生成幻灯片的帧，以及在每帧中标题、文档、目录、参考文献、图表、定理及区块的生成，这一部分是制作幻灯片的基础；其次，介绍了幻灯片的风格，即幻灯片的设计，其水平直接影响幻灯片的质量；最后介绍动画命令，通过加入恰等的动画，可使幻灯片达到生动活泼的艺术效果。

习 题 7

1. 覆盖对于幻灯片的页码有什么影响？在使用覆盖时，beamer 每帧底部的导航按钮有什么好处？

2. 请使用 TikZ 画出幻灯片中三个正方形的图形，并且要求第二个正方形的左下角与第一个正方形的右上角重合，第三个正方形的左下角与第二个正方形的右上角重合。

3. 使用\setbeamertemplate 命令也可以直接设置模板代码。试修改帧背景 background 的模板实现代码，给幻灯片添加背景图片。

4. 请编写几帧幻灯片，在里面添加合适的覆盖命令。

5. 请在编写的幻灯片中插入名为 soedv.avi 的一段视频。

习题 7 答案

1. beamer 中的页码只随 frame 环境变化，即页码每帧递增。在帧内使用多个步骤的覆盖，并不影响页码，也不影响帧标题、侧面或顶部的导航目录等内容。使用覆盖时，同一帧的内容可以在 PDF 文件中占用许多 PDF 页面。在每帧底部的几个导航按钮中，最左面的一组按钮用于逐步前后跳转，相当于普通的 PDF 翻页。其后的一组按钮就用于进入前一帧和后一帧。后面的两组按钮则用于前后小节和节的跳转。最后的三个按钮分别是上一步、搜素和下一步。

2. 见源程序。

3. 见源程序。

4. 见源程序。

5. 见源程序。

第 8 章　LaTeX 相关软件

本章概要

- TeX 系统类
- TeX 编辑器类
- 辅助工具

8.1　Tex 系统类

TEX 系统是 TEX/LaTeX 相关软件、宏包、文档以及辅助程序的集合体。每一个使用 TEX/LaTeX 的用户都必须首先在计算机上正确安装一个 TEX 系统。

8.1.1　TeX Live

TeX Live 简称 TL，是 TeX 及其相关程序在 GNU/Linux 及其他类 Unix 系统、MacOSX 和 Windows 系统下的一套发行版。TeX 包括 TeX、LaTeX2ε、ConTeXt、METAFONT、MctaPost 等许多执行程序，以及种类繁多的宏包、字体和文档，并支持世界上许多不同的话音。

TL 为多种基于 Unix 的平台提供了可执行文件，包括 GNU/Linux\MacOSKhe Gygwin。它还包含了源代码，可供在没有提供可执行文件的平台上编译安装。至于 Windows，TL 仅支持 Windows XP 版本或后续版本。Windows2000 可能可以继续工作。TL 有两种安装方式：

（1）网络安装，安装包体积小，但是安装时会不断从服务器上下载所需要的内容，需要保证网络通畅。网络安装程序对仅使用 TeXLive 一小部分的用户来说非常适宜。

（2）本地安装，首先 DVD 安装程序可以把 TeXLive 安装到你的本地磁盘上。安装包体积大，但是包括了安装所需要的所有内容。所以，安装时不需要连网。这里提供一个安装程序的快速入门：

① 安装脚本的名称是 install-tl。它可以在指定了-gui=wizard 选项的情况下以"向导"模式（Windows 下的默认模式）工作，或指定-gui=text 选项以文本模式（其他系统下默认模式）工作，还有一个专家 CUI 模式可以通过-gui=perltk 选项启用。

② 安装完成后可以得到一个名为 tlmgr 的程序 TeX LiveManager，和安装程序一样，它可以在 GUI 模式或文本模式下运行，利用它可以安装或卸载软件包，以及完成各种配置工作。

下面简单介绍 TeXLive 发行版顶层目录的列表和描述。

Bin TeX：系统程序，按平台组织。

readme.html：网页，提供了多种语言的简介和有用的链接。

readme-*.dir TeXLive：多种话音的简介和有用的链接，同时有 HTML 和纯文本版本。

Source：所有程序的源代码，包括主要的基于 Wcb2C 的 TeX 发行版。

texmf-dist：最主要的文件树。

Tlpkg：用来维护安装程序所用到脚本、程序和数据，以及对 Windows 的特殊支持。

除上述目录之外，安装脚本和（多种语言的）README 文件也存放在发行版的顶层目录下。

至于文档，顶层目录下的 doc.html 文件中提供的完整的链接会有帮助。几乎所有内容的文档（宏包、格式文件、字体、程序手册等）都在 texmf-dist/doc 目录下，因为这些程序本身就属于 texmf 目录。TeX 宏包与格式文件的文档则放在 texmf-dist/doc 目录。但不管放在哪个地方，都可以使用 texdoc 程序来寻找这些文档。

TeXLive 本身的文档在 texmf-dist/doc/texlive 目录下，有以下话音版本：

捷克/斯洛伐克语：texmf-dist/doc/texlive/texlive-cz。

德语：texmf-dist/doc/texlive/texlive-de。

英语：texmf-dist/doc/texlive/texlive-en。

法语：texmf-dist/doc/texlive/texlive-fr。

意大利语：texmf-dist/doc/texlive/texlive-it。

波兰语：texmf-dist/doc/texlive/texlive-pl。

俄语：texmf-dist/doc/texlive/texlive-ru。

塞尔维亚语：texmf-dist/doc/texlive/texlive-sr。

简体中文：texmf-dist/doc/texlive/texlive-zh-cn。

TEXMFCONFIG 给 texconfig、updmap 和 fmtutil 这些程序存储个人修改过的配置文件。

TEXMFSYSCONFIG 给 texconfig-sys、updmap-sys 和 fmtutil-sys 这些程序存储修改过的全局文件。

TEXMFVAR 这个目录给 texconfig、updmap 和 fmtutil 存储（缓存）格式文件、生成 map 文件这类运行时的个人数据。

TEXMFSYSVAR 给 texconfig-sys、updmap-sys 和 fmtutil-sys 还有 tlmgr 这几个命令存储、缓存运行时使用的格式文件和生成的 map 文件，对整个系统都有效。

TEXMFCACHE ConTeXt MkTV 和 LuaLaTeX 用来保存（缓存的）运行时数据的目录树；缺省为 TEXMFSYSVAR，如果该目录不可写，则使用 TEXMFVAR。

默认的目录结构：

全系统根目录，可以包含多个 TeXLive 版本：

```
            2014 上一个版本。
            2015 当前版本。
                    bin
                        1386-linux GNU/Linux 二进制文件
                        ……
                        universal-darwin Mac OSX 二进制文件
                        win32 Windows 二进制文件
                    texmf-dist        TEXMFDIST 和 TEXMFMAIN
                    texmf-var         TEXMFSYSVAR 和 TEXMFCACHE
                    texmf-config      TEXMFSYSCONFIG
                    texmf-local TEXMFLOCAL 用来存放在不同版本间共享的数据。
```

用户主(home)目录($HOME 或%USERPROFILE%)

8.1.2 MacTeX

MacTeX 推荐 MacOSX 用户使用。MacTeX 是一个专门针对 MacOSX 制作的 Tex 发行。它包括一个 TeX 系统最常见的部件，还包括 XeTeX 及其他应用程序：TeXShop（好用的 Tex 文档编辑器）。MacTeX 的实质就是 TUG 为 TeXLive 在 MacOSX 上做的优化，安装和使用都十分方便。下载 MacTeX 套件，最新的是 texlive-2015，单击几下就装好了，现在计算机的硬盘都很大，full install 就可以了。然后在/applications/TeX 里面再安装 FixMacTeX2015.pkg 即可。至此，几乎所有与 LaTeX 有关的套件都已经装好了。其中在/application 里面有一些软件，如 TeXshop 或是 Texwork 都可以用于编写 LaTeX 文件。

安装好 MacTex，还需要进行部分修改以支持中文：

（1）在一个 Windows 上安装 Ctex.org 的 tex 套装、Ctex-fonts,Ctex 宏包。

（2）复制 localtexmf 目录覆盖 osx 上/usr/local/teTeX/share/texmf.local/目录。

（3）到 texmf.local/pdftex/config 目录下，复制 psfonts.map，并且重命名为 pdftex.map。

（4）在终端下，执行命令 sudo texhash; sudo mktexlsr。

8.1.3 W32TeX

推荐对存储空间有需求的 Windows 高级用户使用。

W32TeX 只能运行在 Windows 系统上，由日本 TeX 同好维护。TL 的 Windows 版实际上就是 W32TeX 的一个封装。W32TeX 的特点是更新快、体积小。

1. W32TeX 的安装

首先解压 texinst2015.zip 至文件夹（如 C：/w32tex），以准备安装 TeX；如果 texinst2015.zip 已解压到 C：/temp 文件夹中，在命令提示符中输入如下命令：

```
c:
md\w32tex
cd\w32tex
unzip c:/temp/texinst2015.zip
```

然后，下载所需归档至某文件夹中（如 c：/temp）并按下列方法运行 installer：

```
c:
cd\w32tex
texinst2015 c:/temp
move *.exe bin
```

命令 texinst2015 的参数为放置下载归档的文件夹的完整路径。

最后，将 PATH 变量设置为运行命令 texinst2014，显示在屏幕上的路径。

w32TeX 源码：w32tex-src.tar.xz(约 75MB)。

预览器：CTAN/dviware/dviout，由大岛利雄开发的 dviout 是一个支持 pTeX，jTeX 等预览的优秀预览器。

W32 版 XeTeX：xetex-w32.tar.xz，这是 Jonathan Kew 开发的 Linux 版[XeTeX]的 W32
版 port。W32 版 XeTeX 最新版链接了 fontconfig2.11.94。fontconfig 的版本号可用如下方
法查看：fc-cache—version。

2. Windows 版 XeTeX 的安装

（1）获取最新版 web2c-w32.tar.xz，web2c-lib.tar.xz，并解包放置在 w32TeX 根目录。例如：

```
cd    c：\w32tex
        tar    Jxvf    web2c-w32.tar.xz
tar    Jxvf    web2c-lib.tar.xz（注意选项中的字符为大写的 J）
```

命令 tar.exe 包含在归档 texinst2015.zip 中。

最新版 web2c-w32.tar.xz 包含支持 xetex 的新版 fmtutil.cnf 及 texmf.cnf。

（2）解压 w32 版的 xetex 即 xetex-w32.tar.xz 于 w32TeX 根目录。例如：

```
cd    c：\w32tex
        Tar    Jxvf    xetex-w32.tar.xz
```

（3）编辑以下文件的"Find fonts in these directories"部分：

```
RootDir/share/texmf-dist/fonts/conf。
```

该部分默认内容为

```
<dir>c:/windows/fonts</dir>
```

如果该项存在且不需其他包含字体的文件夹，则无需编辑 fonts.conf 文件。

如果 Windows 系统字体不存在：

① c:/windows/fonts。需要重新编辑文件。

② fonts.conf。可以通过添加文件配置其他字体的文件夹：

```
RootDir/share/texmf-dist/fonts/conf/local.conf。
```

例如：

```
<dir>c:/w32tex/share/texmf-dist/fonts/opentype</dir>
<dir>c:/w32tex/share/texmf-dist/fonte/truetype</dir>
（The distributed file local.conf.dist should be renamed as local.conf.）
```

位于子文件夹下的字体也会被自动扫描。

（4）在终端上运行命令 fc-cache-v，该命令会在以下文件夹中建立字体缓存。

RootDir/share/texmf-dist/fonte/cache，该文件夹中的缓存通过扫描已配置的文件夹中
的字体文件而得到。注意：如果有许多大字体文件，该命令需要数分钟才能完成扫描。

至此，即可以使用 XeTeX 或 XeLaTeX。支持的字体名将以 UTF-8 编码列印在文件
fc-list>namelist.txt.中。

8.1.4   MiKTeX

MiKTeX 是 Windows 上的著名 TeX 系统。MiKTeX 是 TeX/LaTeX，同时也是 Windows
的相关程序中最新的安装程序。

利用 Tex 系统编写手稿，除了正文内容之外，还需加入一些排版命令，与大型排版
系统不同的是，这些排版命令通常不是编辑人员加入的，而是作者本人完成的。

TeX 提供的排版命令功能强大，用户可以直接使用这些命令，也可以发挥创造性，利用已有的功能自行定义新的命令，以适合特定的需要。

TeX 系统提供了 300 多条基本命令（其中有很大部分是键盘是没有的特殊符号的代码），功能虽然强大，但使用不够方便。后来在这些基本命令的基础上，又定义了 600 多条复合命令，构成名为 Plain TeX 的宏包（软件包），当人们专指 TeX 而不是衍生版本时，实际上指的是 Plain TeX。

Plain TeX 虽然比"原始系统"易用，但排版复杂的版面或公式时仍需书写大量的命令，还是不够方便，因此国外许多人利用 TeX 的宏定义功能进行二次开发，产生了一些 TeX 系统的衍生版本，其中最著名的是由美国数学会(AMS)组织人员编写的 AMS-TeX 和 Leslie Lamport 编写的 LaTeX。前者的特点是容易排版复杂的数学公式，后者适合排版普通文章及书籍。但是，若把两者的优点组合起来将更符合人们的愿望，于是又出现了既兼容于 AMS-TeX 又包含 LaTeX 优点的衍生版本，但没有广泛流行。倒是 LaTeX 由于在新版本（LaTeX2ε）中可以加载 amsmath 宏包，基本包含了 AMS-TeX 的优点而大为流行，占据了 TeX 领域的重要位置。

LaTeX 系统的特色功能之一是它的自动编号功能。文章、书籍的章、节、段落以及公式、图表、文献、页码等均可自动编号，这给作者带来很大的方便，例如在增添或删除一个带有编号的公式时，其他的文字不用任何修改，所有编号都会自动改变，对编号及其所在页码的引用也都会自动改变。LaTeX 系统还可以自动生成目录页，自动生成索引附录。为了书写方便，在此段落 TeX 泛指 Plain TeX、AMS-TeX 和 LaTeX。

TeX 排版系统出现后受到了科学工作者喜爱，因为它能排出复杂的图表和精美的数学公式，到目前为止，国内外公认的数学公式排得最好的排版软件仍是 TeX 系统。

8.1.5　CTeX

CTeX 是 TEX 中的一个版本，其实质是对 MiKTeX 的一个封装。CTeX 是 CTeX 中文套装的简称。

TeX 在不同的硬件和操作系统上有不同的现实版本。这就像 C 语言，在不同的操作系统中有不同的编译系统，例如 Linux 下的 gcc，Windows 下的 Visual C++等。有时，一种操作系统里也会有好几种的 TeX 系统。常见的 Unix/Linux 下的 TeX 系统是 TeTeX，Windows 下则有 MiKTeX 和 fpTeX。

CTeX 是把 MiKTeX 和一些常用的相关工具（如 GSview，WinEdt 等）包装在一起制作的一个简易安装程序，并对其中的中文支持部分进行了配置，使得安装后马上就可以使用中文。CTeX 集成了编辑器 WinEd it 和 PostScript 处理软件 Ghostscript 和 GSview 等主要工具。CTeX 中文套装在 MiKTeX 的基础上增加了对中文的完整支持。CTeX 中文套装支持 CCT 和 CJK 两种中文 TeX 处理方式。

CTeX 中文套装只用于科研与学术目的，不得以任何理由用于商业目的。CTeX 中文套装中包含的所有免费、共享软件的版权均属于其原作者。安装程序的版权属于 CTeX。

8.2　TeX 编辑器类

TeX 源文件是纯文本文件，可以使用 TeX 专用的编辑器，也可以使用专业的文本/

代码编辑器编辑。想要编译出 PDF 文档，所有的编辑器都不能脱离 TeX 系统独立使用，必须在安装好 TeX 系统的基础上才行。

8.2.1 TeXworks

TeXworks 是 Windows 版本的 TeXLive 默认提供的编辑器，特点是轻便、简单，非常适合初学者使用。MiKTeX 和 TeXLive 均将其作为自带的默认编辑器。

TeXworks 是 XeTeX 作者 Jonathan Kew 开发的，界面简洁友好，集成了轻便的 PDF 阅读器。

1. 中文排版基本设置

打开 TeXworks，执行"编辑→首选项"，在"编辑器"标签下，勾选"行号""自动补全"，语法高亮选 LaTeX。在"排版"标签下，选择"默认处理工具"为 XeLaTeX。

2. 使用模版

用户写作的大多数文件几乎都在导言区使用类似的指令，所以每次都输入一遍就会比较费时费力，即使复制粘帖，也很麻烦。TeXworks 提供的模板功能简化了这个工作。默认情况下，TeXworks 已经提供了几个模版，执行"文件→从模版新建"即可看到。

3. 拼写检查

使用 TeXworks 进行写作，拼写检查不可缺少。默认情况下，TeXworks 没有搭载拼写检查字典，需要用户自己配置。

首先，下载字典，使用 openoffice 的词典即可，到它的下载页面（http://wiki.openoffice.org/wiki/Dictionaries）找到合适的语言，就可以下载了。

然后，到 C:\\Users\\.texlive2015\texmf-config\texworks 下，新建 dictionaries 文件夹。

最后，将刚才解压的文件放到 dictionaries 文件夹内。重启 TeXworks，在"编辑→拼写"中即可发现成功安装的拼写词典。为了每次都能使用，可在"编辑→首选项→编辑器→拼写检查话音"中选择刚才添加的词典。

4. 自动补全

在首选项中勾选了自动补全之后，就可以使用 Tab 键使用自动补全了。如果有多个选项，那就多按几下 Tab 键，在几个选项之间循环。

5. 在源代码和预览间切换

这是经常用到的功能。预览编译好了的文档的时候，如果发现有某处需要修改，用户希望立刻跳转到对应的源代码。此时，按住 Ctrl 键，在预览有问题的地方单击即可。反过来也一样，在源代码的某处按住 Ctrl 键单击，也会跳转到预览的相应位置。

6. 显示文档导航

执行"窗口→显示→标签"可以在左侧显示导航，通过导航能清晰地看到文档的大纲布局。这对于整理思路很有好处。

7. 删除辅助文件

编译过程中，会产生一些辅助文件。但是，最终需要保存的只是源文件和 pdf 文件。当然，可以在自己的工作路径下面删除，不过 TeXworks 提供了更好的办法。执行"文件→删除辅助文件"即可。

8. 语法高亮

C:\\Users\\.texlive2015\texmf-config\texworks\configuration 路径下的 syntax-patterns 定义了语法高亮。如果需要自定义语法高亮内容，只需要修改这个文件。

8.2.2　WinEdt

共享软件，可以免费使用其未注册版本，没有功能限制。

WinEdt 号称 Windows 系统下的最强 TeX 编辑器，和 TeX 系统集成度极高。

WinEdt 软件是一个 Windows 平台下的强大的通用文本编辑器，其更倾向于 LaTeX/TeX 文档的编辑。

WinEdt 被应用于诸如 TeX、HTML 或 NSIS 等编译器和排版系统的前端软件。WinEdt 的突出方案，使其可以设置为不同的模式，其拼写检查功能支持多种语言设置。在其官方网站可下载到多种语言的词典（word-lists）。

虽然说 WinEdt 是一种兼用型文本编辑器，它却被专门设计及配置以与 TeX 系统（如 MiKTeX 或 TeX Live）无缝整合。WinEdt 软件并不深度上包括与 TeX 相关的主题。但是 LaTeX/TeX 的介绍和手册，以及所连接到的其他推荐配件,都可以在 TeX 的公共站点下载到。关于 WinEdt 的常用设置如下：

（1）Options→Highlighting-Background Schemes，利用上面的工具条中的 Change Background Color 可以改变背景色；或者利用上面工具条中的 Set Background Bitmap，改变背景图片。

（2）Options→Highlighting-Background Schemes，双击 Bookmarks Panel Background 可以调整最左一栏（书签栏）的颜色；双击 Line numbers 可以调整行号栏的颜色。

（3）WinEdt 的编辑窗口最下面的状态条中有一项 wrap，将其单击为灰色，就可以去掉自动换行功能。

（4）Options→Preferences→Editor→Right Margin,在设置的字符数之后的空格处自动换行。

（5）Options→Menu Setup→Popup Menus，在 Items 中选择 Environments，并选中 Attributes 中的 Enabled，即可在编辑 TeX 文件时用热键 Ctrl + Alt + E 自动生成一些常用的环境。

（6）Options→Configuration Wizard→TeX Configuration Wizard...→Customize Execution Mode→Run Viewer，选择 PDFLaTeX/LaTeX，则能使 PDFLaTeX/LaTeX 编译完后用 Acrobat 自动打开编译好的 pdf 文件。

8.2.3　TeXmaker

TeXmaker 是老牌跨平台的 TeX 编辑器，免费。

TeXmaker 是使用 Qt 库写的 TeX 专用编辑器。

使用 TeXmaker 之前，必须通过"配置 TeXmaker"命令，设置"选项"菜单中的编辑器和 LaTeX 的相关命令（"首选项"下的 MacOSX）。在编译文档之前，必须设置所用的编辑器的编码（"配置 TeXmaker"→"编辑"→"编辑字体编码"）。

使用 TeXmaker 编译文件，应该配置 LaTeX 相关的命令。要改变一个命令，只需单击 Enter 按钮在相应行的末尾。

%字符代表文件的名称不带扩展名(在"主站"模式的主控文档)；

@字符将通过当前的行号替换；

#字符将没有扩展名(甚至在"主站"模式)当前文件名被取代；

！字符将由当前目录被替换。

拼写检查器使用的是 hunspell/OpenOffice.org(2.x 版)的字典。配置拼写检查器的步骤："配置 TeXmaker"→"编辑"→"拼写字典"→单击 Enter 按钮在该行的最后选择与文件浏览器的字典。

TeXmaker 可以折叠或者展开文档中的一部分。例如，如果要折叠文档，首先将光标定位在一个块的第一行，然后，单击"-"图标即可折叠相应的块。

TeXmaker 具有更改界面语言和外观、恢复以前的会话命令等功能。

8.2.4 TeXstudio

TeXstudio 前身是 TexMakerX，是一个与平台无关的 LaTeX 编辑器，内置 PDF 阅读器。高级特性包括拼写和语法检查、代码折叠、扩展文本导航、代码自动完成以及语法高亮。TeXstudio 基于 Qt 开发。

TeXstudio（LaTeX 编辑器）是一个功能齐全的 TeXstudio LaTeX 编辑器。这一款软件的目标是让写 LaTeX 代码尽可能方便和舒适。因此 TeXstudio 有许多不错的功能，如语法高亮、集成浏览器、语法检查和各种辅助功能。TeXstudio 中文配置方法如下：

（1）启动软件进入界面，在菜单栏单击 Options（选项菜单）→Configure TeXstudio（设置），如图 8-1 所示。

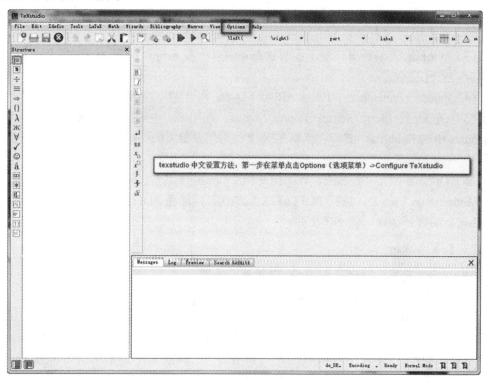

图 8-1

（2）单击 General（常规）→Language（语言）→zh_CN，如图 8-2 所示。

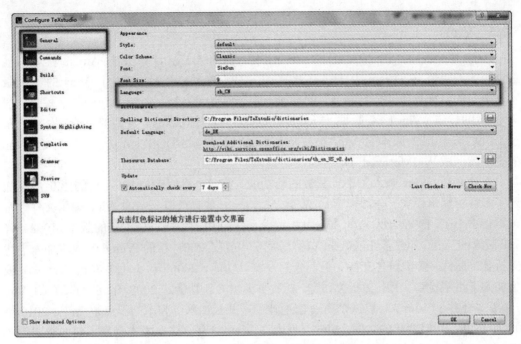

图 8-2

（3）设置完成后单击 OK（确定）按钮即可完成 TeXstudio 中文设置，如图 8-3 所示。

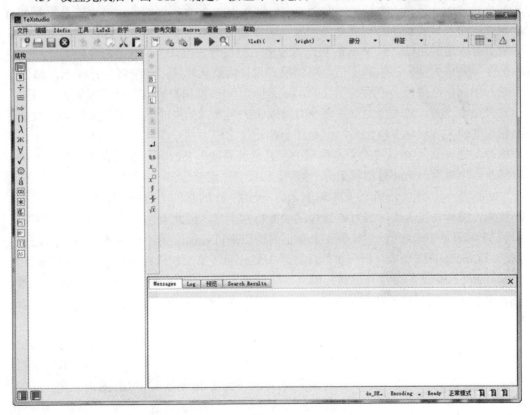

图 8-3

8.2.5　Vim

Bram Moolenaar 在 20 世纪 80 年代末购入他的 Amiga 计算机时，Amiga 上没有他最常用的编辑器 Vi。Bram 从一个开源的 Vi 复制 Stevie 开始，开发了 Vim 的 1.0 版本。最初的目标只是完全复制 Vi 的功能，那个时候的 Vim 是 Vi IMitation（模拟）的简称。1991 年，Vim 1.14 版被 "Fred Fish Disk #591" 即 Amiga 使用的免费软体集收录了。1992 年，1.22 版本的 Vim 被移植到了 Unix 和 MS-DOS 上，从那时候开始，Vim 的全名就变成 Vi IMproved 了。

在这之后，Vim 加入了不计其数的新功能。第一个里程碑是 1994 年的 3.0 版本加入了多视窗编辑模式（分割视窗）。从那之后，同一荧幕可以显示的 Vim 编辑文件数可以不止一个了。1996 年发布的 Vim 4.0 是第一个利用图型接口（GUI）的版本。1998 年，5.0 版本的 Vim 加入了 highlight（语法高亮）功能。2001 年的 Vim 6.0 版本加入了代码折叠、插件、多国语言支持、垂直分割视窗等功能。2006 年 5 月发布的 Vim 7.0 版更加入了拼字检查、上下文相关补完，标签页编辑等新功能。2008 年 8 月发布的 Vim 7.2 版本合并了 Vim 7.1 以来的所有修正补丁，并且加入了脚本的浮点数支持，2010 年 08 月 15 日，历时两年的时间，Vim 又发布了 Vim 7.3 版，这个版本修复了前面版本的一些 bug，并添加了一些新的特征，比前面几个版本更加优秀。

Vim 已经有各主流系统的版本，尽管 Vim 较 Vi 已经改良了不少，但是用户初次使用时还是会一头雾水，不知如何操作，所以学习 Vim 要首先过两关：第一关是理解 Vim 的设计思路，Vim 设计之初就是整个文本编辑都用键盘而非鼠标来完成，键盘上几乎每个键都有固定的用法，且 Vim 的制作者希望用户在普通模式（也就是命令模式，只可输入命令）完成大部分的编辑工作，将此模式设计为默认模式，初学者打开 Vim，如果直接输入单词，结果就会 "嘀嘀" 乱响，这是因为 Vim 把用户输入的单词理解为命令了；第二关是命令关，Vim 有上百条命令对应编辑的需要，如果能熟练使用这些 Vim 命令，编辑速度确实比鼠标要快很多，但是想全都记住它们也是一件难事，最好的方法就是多多练习，把 Vim 用在日常的文本编辑中，且遇到难题不要放弃，而是查找解决的方法，每解决一个难题，Vim 技能就上升一级。

Vim 是一个类似于 Vi 的文本编辑器，不过在 Vi 的基础上增加了很多新的特性，代码补完、编译及错误跳转等方便编程的功能特别丰富，因此应用广泛。Vim 普遍被推崇为类 Vi 编辑器中最好的一个，事实上真正的劲敌来自 Emacs 的不同变体。1999 年，Emacs 被选为 Linuxworld 义本编辑分类的优胜者，Vlm 屈居第二。但在 2000 年 2 月 Vim 赢得了 Slashdot Beanie 的最佳开放源代码文本编辑器大奖，又将 Emacs 推至二线。总的来看，Vim 和 Emacs 同样都是非常优秀的文本编辑器，并列成为类 Unix 系统用户最喜欢的编辑器。

Vim 的设计理念是命令的组合。例如普通模式命令 dd 删除当前行，dj 代表删除到下一行，原理是第一个 d 的含义是删除，j 键代表移动到下一行，组合后 dj 删除当前行和下一行。另外还可以指定命令重复次数，2dd（重复 dd 两次），和 dj 的效果是一样的。d^，^代表行首，故组合后含义是删除光标从开始到行首间的内容（不包含光标）；d$，$代表行尾，故组合后表示删除从开始到行尾的内容（包含光标）。其实，Vim 与其他编辑器的一个很大区别在于，它可以完成复杂的编辑与格式化功能。常用到的一些命令如下。

fx：移动光标到当前行的下一个 x 处。很明显，x 可以是任意一个字母，而且可以用来重复上一个 f 命令。

tx：和上面的命令类似，但是是移动到 x 的左边一个位置。

Fx：和 fx 类似，不过是往回找。

Tx：和 tx 类似，不过是往回移动到 x 的右边一个位置。

b：光标往前移动一个词。

w：光标往后移动一个词。

0：移动光标到当前行首。

^：移动光标到当前行的第一个字母位置。

$：移动光标到行尾。

)：移动光标到下一个句子。

(：移动光标到上一个句子。

<Ctrl-f>：向下移动一屏。

<Ctrl-d>：向下移动半屏。

<Ctrl-b>：向上移动一屏。

<Ctrl-u>：向上移动半屏。

G：到文件尾。

numG：移动光标到指定的行（num）。

gg：到文件首。

H：移动光标到屏幕上面。

M：移动光标到屏幕中间。

L：移动光标到屏幕下面。

*：读取光标处的字符串，并且移动光标到它再次出现的地方。

#：和上面的类似，但是是往反方向寻找。

/text：从当前光标处开始搜索字符串 text，并且到达 text 出现的地方。

? text：和上面类似，但是是反方向。

m{a-z}：在当前光标的位置标记一个书签，名字为 a-z 的单个字母，书签名只能是小写字母。

`a：到书签 a 处(注意这个不是单引号，它一般位于大部分键盘的 1 的左边)。

%：在成对的括号等符号间移动，如成对的 [ ] ， { } ， ( ) 之间。

8.2.6　Emacs

Emacs 于 20 世纪 70 年代诞生于 MIT 人工智能实验室（MIT AI Lab）。在此之前，人工智能实验室的 ITS 上运行的操作系统 PDP-6 和 PDP-10 的默认编辑器是行编辑器 TECO（Text Editor and Corrector）。与现代的文本编辑器不同，TECO 将击键、编辑和文本显示按照不同的模式进行处理，稍晚出现的 Vi 与它有些类似。在 TECO 上击键并不会直接将这些字符插入到文档里去，必须先输入一系列相应的 TECO 指令，而被编辑的文本在输入命令的时候是不会显示在屏幕上的。在如今还在使用的 Unix 编辑器 ed（ed）

上，还能看到类似的工作方式。

20 世纪 70 年代初，Richard Stallman 访问 Stanford AI Lab 时见到了那里的"E"（editor）。这种编辑器所见即所得的直观特点，深深打动了 Stallman。后来 Stallman 回到 MIT，那时候 MIT AI lab 的黑客 Carl Mikkelsen 已经给 TECO 加上了被称为"Control-R"的编辑显示模式，使得屏幕能跟随用户的每次击键刷新显示。Stallman 重写了这一模式，使它运行得更有效率，后来又加入了宏，允许用户重新定义运行 TECO 程序的键位。

这一新版的 TECO 立刻在 AI 实验室流行开来，并且很快积累起了大量自定义的宏，这些宏的名字通常就以"MAC"或者"MACS"结尾，意为"宏"（macro）。两年后，Guy Steele 承担起统一当时存在的各种键盘命令集的工作 Steele 和 Stallman 经过一夜奋战，最终由 Stallman 完成了这一任务，包括一套扩展和注释新的宏包的工具。这个完成的系统称为 EMACS，代表"Editing MACroS"。根据 Stallman 的说法，他采用这个名字是"因为当时<E>在 ITS 里还没有被当作缩写用过。"（because <E> was not in use as an abbreviation on ITS at the time.）也有说法指出，当时波士顿在 MIT 附近有家名为"Emack & Bolio's"的商店出售的冰激凌很受欢迎，Dave Moon 是那里的老主顾，他就将 ITS 上一个给文本排版的程序命名为 BOLIO，然而 Stallman 并不喜欢甚至根本不知道那种冰激凌，此事后来成了黑客界的一桩公案。

Stallman 意识到，过多的定制、在开发过程中事实上的分支以及针对特殊用途的限制威胁着 Emacs 的发展。他后来写道：

"Emacs 的发布基于社群共享，这意味着所有的发展都要反馈给我，由我进行整合和发布。（"EMACS was distributed on a basis of communal sharing, which means all improvements must be given back to me to be incorporated and distributed."）"

最初的 Emacs 同 TECO 一样只能运行于 PDP-10 系统。Emacs 虽然是在 TECO 的基础上发展起来的，不过它已经足以被认为是一个新的文本编辑器了。很快，Emacs 就成为 ITS 上的标准编辑程序，接着由 Michael McMahon 移植到 Tenex 和 TOPS-20 系统上。

Emacs 是一种强大的文本编辑器，在程序员和其他以技术工作为主的计算机用户中广受欢迎。自诞生以来，Emacs 演化出了众多分支，其中使用最广泛的两种分别是 1984 年由 Richard Stallman 发起并由他维护至今的 GNU Emacs 以及 1991 年发起的 XEmacs。XEmacs 是 GNU Emacs 的分支，至今仍保持着相当的兼容性。它们都使用了 Emacs Lisp 这种有着极强扩展性的编程语言，从而实现了包括编程、编译乃至网络浏览等功能的扩展。

Emacs 不仅仅是一个编辑器，还是一个整合环境，或可称它为集成开发环境，这些功能让使用者如同置身于全功能的操作系统中。在基于编辑器的功能基础上，Emacs 自行开发了一个"bourne-shell-like"的 shell，即 EShell。Emacs 还可以收发电子邮件、通过 FTP/TRAMP 编辑远程档案、通过 Telnet 登录主机、上新闻组、登录 IRC 和朋友交流、查看日历、撰写文章大纲、对多种编程语言的编辑、调试程序，以及结合 GDB、EDebug 等；它还支持 C/C++、Perl、Python、Lisp 等。

Emacs 的特点：交互式编辑器、实时编辑器、高级编辑器、自文档化、可定制性可扩展性（集成 Lisp 语言）、支持 X Window 环境等。

210

Emacs 是目前世界上最具可移植性的重要软件之一，能够在当前大多数操作系统上运行，包括类 Unix 系统（GNU/Linux、各种 BSD、Solaris、AIX、IRIX、Mac OS X 等）、MS-DOS、Microsoft Windows 以及 OpenVMS 等，还有移动 Android 平台以及 iOS。

Emacs 既可以在文本终端也可以在图形用户界面（GUI）环境下运行。在类 Unix 系统上，Emacs 使用 X Window 产生 GUI，或者直接使用"框架"（widget toolkit），如 Motif、LessTif 或 GTK+等。Emacs 也能够利用 Mac OS X 和 Microsoft Windows 的本地图形系统产生 GUI。用 GUI 环境下的 Emacs 能提供菜单（Menubar）、工具栏（toolbar）、scrollbar 以及 context menu 等交互方式。

Emacs 采取的编辑方式是对不同类型的文本进入相应的编辑模式，即"主模式"（major mode）。Emacs 针对多种文档定义了不同的主模式，包括普通文本文件、各种编程语言的源文件、HTML 文档、TEX 与 LaTeX 文档，以及其他类型的文本文件等。

每种主模式都有特殊的 Emacs Lisp 变量和函数，使用户在这种模式下能更方便地处理这一特定类型的文本。例如，各种编程的主模式会对源文件文本中的关键字、注释以不同的字体和颜色加以语法高亮。主模式还提供诸如跳转到函数的开头或者结尾这样特地定义的命令。

Emacs 还能进一步定义"次模式"（minor mode）。每一个缓冲区（buffer）只能关联于一种主模式，却能同时关联多个次模式。例如，编写 C 语言的主模式可以同时定义多个次模式，每个次模式有着不同的缩进风格（indent style）。

8.2.7　SublimeText

SublimeText 是跨平台的通用编辑器，可以免费使用全部功能，无限制。性感优雅的编辑器，提供了类似 Vim 和 Emacs 的强大功能，但又简洁易操作，SublimeText 配合 LaTeXtools 使用。

Sublime Text 是一个代码编辑器（Sublime Text 2 是收费软件，但可以无限期试用），也是 HTML 和散文先进的文本编辑器。Sublime Text 是由程序员 Jon Skinner 于 2008 年 1 月开发出来的，它最初被设计为一个具有丰富扩展功能的 Vim。

Sublime Text 具有漂亮的用户界面和强大的功能，如代码缩略图、Python 的插件、代码段等；还可自定义键绑定，菜单和工具栏。Sublime Text 的主要功能包括拼写检查、书签、完整的 Python API、Goto 功能、即时项目切换、多选择、多窗口等。Sublime Text 是一个跨平台的编辑器，同时支持 Windows、Linux、Mac OS X 等操作系统。

2012 年 6 月 26 日推出新版本的 Sublime Text 2.0，与之前版本相比主要有较大的改善，如支持 Retina 视网膜屏、快速跳到下一个、文本拖放、改善构建系统、CSS 自动完成和高亮设置等。

Sublime Text 2 支持多种编程语言的语法高亮、拥有优秀的代码自动完成功能，还拥有代码片段（Snippet）的功能，可以将常用的代码片段保存起来，在需要时随时调用。支持 VIM 模式，可以使用 Vim 模式下的多数命令。支持宏，简单地说就是把操作录制下来或者自己编写命令，然后播放刚才录制的操作或者命令。

Sublime Text 2 具有良好的扩展能力、完全开放的用户自定义配置以及神奇实用的编辑状态恢复功能；支持强大的多行选择和多行编辑；强大的快捷命令可以实时搜索到相应的命令、选项、snippet 和 syntex， 按回车键就可以直接执行命令，减少了查找的麻烦；即时文件切换；随心所欲地跳转到任意文件的任意位置；多重选择功能允许在页面中同时存在多个光标。

该编辑器在界面上有许多特色：支持多种布局、支持代码缩略图、支持右侧的文件略缩图滑动条（方便地观察当前窗口在文件的那个位置）也提供了 F11 和 Shift+F11 进入全屏免打扰模式。Sublime Text 2 支持文件夹浏览，可以打开文件夹，在左侧会有导航栏，方便在同时处理多个文件。多个位置同时编辑，按住 Ctrl 键，用鼠标选择多个位置，可以同时在对应位置进行相同操作。

SublimeText 2 还有编辑状态恢复的能力，即当修改了一个文件时，若没有保存就退出软件，则软件不会询问用户是否要保存，因为无论是用户自发退出还是意外崩溃退出，下次启动软件后，之前的编辑状态都会被完整恢复，就像退出前时一样。常用的快捷键如下。

Ctrl+L： 选择整行（按住"-"继续选择下行）。

Ctrl+KK： 从光标处删除至行尾。

Ctrl+K Backspace：从光标处删除至行首。

Ctrl+J ： 合并行（已选择需要合并的多行时）。

Ctrl+KU： 改为大写。

Ctrl+KL： 改为小写。

Ctrl+D ： 选择字符串 （按住"-"继续选择下个相同的字符串）。

Ctrl+M ： 光标移动至括号内开始或结束的位置。

Ctrl+/ ： 注释整行（如已选择内容，则效果同"Ctrl+Shift+/"）。

Ctrl+R：搜索指定文件的函数标签。

Ctrl+G：跳转到指定行。

Ctrl+KT：折叠属性。

Ctrl+K0：展开所有。

Ctrl+U：软撤销。

Ctrl+T：词互换。

Tab： 自动完成缩进。

Shift+Tab：去除缩进。

Ctrl+Enter：光标后插入行。

Ctrl+F2： 设置书签。

F2 ： 下一个书签。

Shift+F2 ： 上一个书签。

Alt+F3： 选中文本按下快捷键，即可一次性选择全部的相同文本进行同时编辑。

Alt+.：闭合当前标签。

F6：检测语法错误。

F9：行排序(按 a~z)。

F11：全屏模式。

Ctrl+Shift+Enter：光标前插入行。

Ctrl+Shift+[：折叠代码。

Ctrl+Shift+]：展开代码。

Ctrl+Shift+↑：与上行互换。

Ctrl+Shift+↓：与下行互换。

Ctrl+Shift+A：选择光标位置。

Ctrl+Shift+D：复制光标所在整行，插入在该行之前。

Ctrl+Shift+F：在文件夹内查找，与普通编辑器不同的地方是 Sublime 允许添加多个文件夹进行查找。

Ctrl+Shift+K：删除整行。

Ctrl+Shift+L：鼠标选中多行（按下快捷键），即可同时编辑这些行。

Ctrl+Shift+M：选择括号内的内容。

Ctrl+Shift+P：打开命令面板。

Ctrl+Shift+/ ：注释已选择内容。

Ctrl+Shift+Enter：光标前插入行。

Ctrl+PageDown 和 Ctrl+PageUp ：文件按开启的前后顺序切换。

Ctrl+鼠标左键：可以同时选择要编辑的多处文本。

Shift+鼠标右键（或使用鼠标中键）：可以用鼠标进行竖向多行选择。

Shift+Tab：去除缩进。

Alt+Shift+1~9（非小键盘）：屏幕显示相等数字的小窗口。

8.3　辅 助 工 具

还有一些辅助工具，能简化机械性的劳动，但是对复杂情况处理不好，因此在复杂情况下还是需要手工操作。

8.3.1　Excel2LaTeX

适用于 Microsoft Office Excel 的 VBA 插件，能将 Excel 表格转换为对应的 LaTeX 代码。在 Excel 中选中你要导出的表格部分。单击"加载项"中的 Convert table to LaTeX，在新弹出的对话框中复制生成的 LaTeX 表格代码。

该软件可以将 Excel 表格转化为 LaTeX 语言，便于初学者使用。设置完 Excel 的安全等级，该软件才可以使用。设置完成以后运行该软件，会在 Excel 上出现一个图标。此时，在 Excel 中输入表格，选中区域后，使用这个图标就可以实现转化了。

8.3.2　Calc2LaTeX

适用于 OpenOffice/LibreOffice Calc 的加载项，能将 Calc 表格转换为对应的 LaTeX 代码。在 OpenOffice/LibreOffice Calc 选中要导出的表格部分，单击"工具"→"宏"→"运行宏"，在新弹出的对话框中选择"我的宏"→"Calc2LaTeX"→"Calc2LaTeX"，在右边的窗口选中 Main，然后单击右边的"运行"按钮即可。

8.4 本章小结

本章介绍了 LaTeX 的相关软件，具体分为三个部分：首先介绍了 TeX 系统类，然后介绍了 TeX 编辑器类，最后介绍了 LaTeX 的辅助工具。在 TeX 系统类中，分别介绍了 TeX Live、MacTex、W32TeX、MiKTeX 和 CTeX；在 TeX 编辑器类中，分别介绍了 TeXworks、WinEdt、TeXmaker、TeXstudio、Vim、Emacs 和 Sublime Text；在 LaTeX 的辅助工具中，介绍了 Excel2LaTeX 和 CalculatedLaTeX。

习 题 8

1．TeX Live 简称____，是 TeX 及其相关程序在____及其他类____系统、____和____系统下的一套发行版。

2．TEXMFSYSVAR 给____、____和____还有____这几个命令存储、缓存运行时使用的格式文件和生成的 map 文件，对整个系统都有效。

3．W32TeX 只能运行在 Windows 系统上，由日本 TeX 同好维护。TL 的 Windows 版实际上就是 W32TeX 的一个封装。W32TeX 的特点是____。

4．CTeX 是 TEX 中的一个版本，其实质是对 MiKTeX 的一个封装。CTeX 指的是____的简称。

5．WinEdt 被应用于诸如____、____或____等编译器和排版系统的前端软件____。

6．TeXLive 本身的文档在 texmf-dist/doc/texlive 目录下，有许多话音的版本，以下这些话音的版本错误的是 (   )。

    A．捷克/斯洛伐克语：texmf-dist/doc/texlive/texlive-cz

    B．德语：texmf-dist/doc/texlive/texlive-de

    C．法语：texmf-dist/doc/texlive/texlive-en

    D．俄语：texmf-dist/doc/texlive/texlive-ru

7．MacTeX 实质就是 TUG 为 TeXLive 在(   )上做的优化。

    A．MacOSX   B．Bin TeX   C．ConTeXt   D．MiKTeX

8．TEX 系统是(   )以及辅助程序的集合体。

    A．TEX/LaTeX 相关软件   B．宏包

    C．文档   D．以上所有

9．TeX 系统提供了(   )多条基本命令(其中有很大部分是键盘上没有的特殊符号的代码)，功能虽然强大，但使用不够方便。

    A．100   B．150   C．300   D．500

10．Sublime Text 是一个代码编辑器（Sublime Text 2 是收费软件，但可以无限期试用），在下面常用到的快捷键中错误的是(   )。

    A．Ctrl+KK：从行尾删除至光标处   B．Ctrl+KU：改为大写

    C．Ctrl+R：搜索指定文件的函数标签   D．Ctrl+Shift+]：展开代码

习题 8 答案

1. TL，GNU/Linux，Unix，MacOSX，Windows。

2. texconfig-sys，updmap-sys，fmtutil-sys，tlmgr。

3. 更新快、体积小。　　　4. CTeX 中文套装。　5. TeX ，HTML，NSIS。

6. C。　　7. A。　　8. D。　　9. C。　　10. A。

第 9 章 LaTeX 常用模板

本章概要
- 比较简单的模板
- 带有章节、段落和目录的模板
- 带有数学公式、插图 和表格的模板
- beamer 幻灯片模板
- 常用数学公式模板

9.1 比较简单的模板

所谓比较简单的模板，是指只需要填充相应的文本等内容就可以完成 LaTeX 源程序编辑的模板。运行编译源程序即可得到相应的 PDF 文档。

9.1.1 直接粘贴文本的模板

这是一个只需要直接粘贴文本而形成源程序的模板，非常简单。

\documentclass{book}	%文类为 book。
\usepackage{ctex}	%调用支持中文字体的宏包 ctex。
\begin{document}	%开始文档。
Hello World !文本就粘贴在这里就行了。	%粘贴的内容。
\end{document}	%结束文档。

【例 9.1】 编写源程序：对下列短文使用上述模板完成 LaTeX 源程序的编辑。这是一小段文字的简单排版，之所以叫简单排版，是因为只要把文本内容粘贴在适当地方即可。其他的事不用做。由于比较简单，当然编排效果也许并不令人满意。

源程序：

\documentclass{book}	%文类为 book。
\usepackage{ctex}	%调用支持中文字体的宏包 ctex。
\begin{document}	%开始文档。
\zihao{3}	%字号为三号字体

这是一小段文字的简单排版，之所以叫简单排版，是因为只要把文本内容粘贴在适当地方即可。其他的事不用做。由于比较简单，当然编排效果也许并不令人满意。

\end{document}	%结束文档。

把这些源程序复制粘贴进 Winedt 的编辑框中，运行结果如图 9-1 所示。

216

> 这是一小段文字的简单排版，之所以叫简单排版，是因为只要把文本内容粘贴在适当地方即可。其他的事不用做。由于比较简单，当然编排效果也许并不令人满意。

图 9-1

9.1.2 包含标题、作者和注释的模板

这是一个包含标题、作者和注释的简单模板。

```
\documentclass{article}              %文类为 article。
\usepackage{ctexcap}                 %调用支持中文及中文标题的宏包 ctexcap。
\begin{document}                     %开始文档。
\title{The Title 这里是论文标题}      %给出论文标题。
\author{作者姓名\thanks{作者单位}}    %给出作者姓名及注释。
\date{\today } %{}内填日期,如{2016 年 1 月 15 日},{}为空不显示日期,\date{\today}显示当天日期。
\maketitle      %生成标题命令,如果没有该命令, 以上所有标题内容将不显示。
hello !                              %这里粘贴论文文本内容。
\end{document}                       %结束文档。
```

【例 9.2】 编写源程序：对下列短文使用上述模板完成 LaTeX 源程序的编辑。

模板二使用方法

李汉龙

2016 年 1 月 15 日

hello! 这里粘贴论文文本内容。使用模板二方法：请将标题放在 title 这里的括号中。作者姓名及单位：author 作者姓名 thanks 作者单位、日期 date。maketitle 生成标题命令比较重要。

注意：由于导言中调用的宏包比较少，这里能放的内容是比较有限的。

源程序：

```
\documentclass{article}              %文类为 article。
\usepackage{ctexcap}                 %调用支持中文及中文标题的宏包 ctexcap。
\begin{document}                     %开始文档。
\title{模板二方法}                   %给出标题。
\author{李汉龙\thanks{沈阳建筑大学理学院}}  %给出作者姓名及注释。
\date{2016 年 1 月 15 日 }            %给出日期。
\maketitle                           %生成以上标题
\zihao{3}hello! 这里粘贴论文文本内容。使用模板二方法：请将标题放在 title 这里的括号中。
```

作者姓名及单位：author 作者姓名 thanks 作者单位、日期 date。maketitle 生成标题

命令比较重要。

注意：由于导言中调用的宏包比较少，这里能放的内容是比较有限的。%这里粘贴文本内容。

\end{document}	%结束文档。

把这些源程序复制粘贴进 WinEdt 的编辑框中，运行结果如图 9-2 所示。

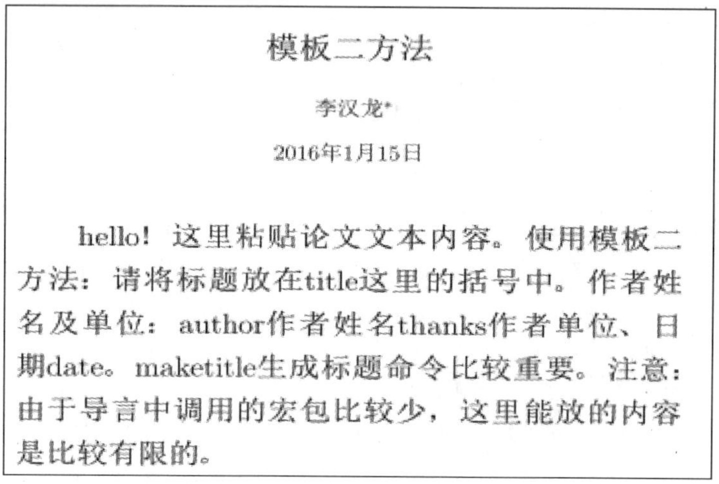

模板二方法

李汉龙*

2016年1月15日

　　hello! 这里粘贴论文文本内容。使用模板二方法：请将标题放在title这里的括号中。作者姓名及单位：author作者姓名thanks作者单位、日期date。maketitle生成标题命令比较重要。注意：由于导言中调用的宏包比较少，这里能放的内容是比较有限的。

图 9-2

9.2　带有章节、段落和目录的模板

带有章节、段落和目录的模板要复杂一些。下面分为带有章节和段落及带有目录两个方面进行介绍。两个方面都弄清楚以后，可以把它们融合在一个模板里。

9.2.1　带有章节和段落的模板

这是带有章节和段落模板。阅读并理解模板的内容。

\documentclass{article}	%文类为 article。
\usepackage{ctexcap}	%调用支持中文及中文标题的宏包 ctexcap。
\title{论文标题}	%给出论文标题。
\begin{document}	%开始文档。
\maketitle	%生成标题命令。
\section{第 1 节标题} 文本	%生成第 1 节标题，标题后显示文本。
\subsection{第 1.1 节标题}文本	%生成第 1.1 节标题，标题后显示文本。
\subsubsection{第 1.1.1 节标题}	%生成第 1.1.1 节标题。
\paragraph{段首标题}文本	%生成段首标题，后显示文本。
\subparagraph{子段首标题}文本	%生成子段首标题，后显示文本。
\subsection{第 1.2 节标题}	%生成第 1.2 节标题。

```
\paragraph{段首标题}文本                           %生成段首标题，后显示文本。
\end{document}                                      %结束文档。
```

【例 9.3】 编写源程序：使用带有章节和段落模板完成 LaTeX 源程序的编辑。

源程序：

```
\documentclass{article}                             %文类为 article。
\usepackage{ctexcap}                                %调用支持中文及中文标题的宏包 ctexcap。
\title{Hello！大家好！}                              %给出标题。
\date{}                                             %不给日期。
\begin{document}                                    %开始文档。
  \maketitle                                        %生成标题命令。
  \section{Hello China 中国您好！} China is in East Asia.中国位于亚洲东部。
                                                    %生成第 1 节标题，标题后显示文本。
  \subsection{Hello Beijing 北京您好！} Beijing is the capital of China.北京是中国的首都。
                                                    %生成第 1.1 节标题，标题后显示文本。
  \subsubsection{Hello Dongcheng District 东城区您好！}
                                                    %生成第 1.1.1 节标题。
  \paragraph{Tian'anmen Square 天安门广场}is in the center of Beijing 位于北京的中心。
                                                    %生成段首标题，后显示文本。
  \subparagraph{Chairman Mao 毛主席像} is in the center of Tian'anmen Square 位于天安门广场中心。
                                                    %生成子段首标题，后显示文本。
  \subsection{Hello Guangzhou 广州您好！}            %生成第 1.2 节标题。
  \paragraph{Sun Yat-sen University 中山大学} is the best university in Guangzhou.是广州最好的大学。
                                                    %生成段首标题，后显示文本。
\end{document}                                      %结束文档。
```

把这些源程序复制粘贴进 WinEdt 的编辑框中，运行结果如图 9-3 所示。

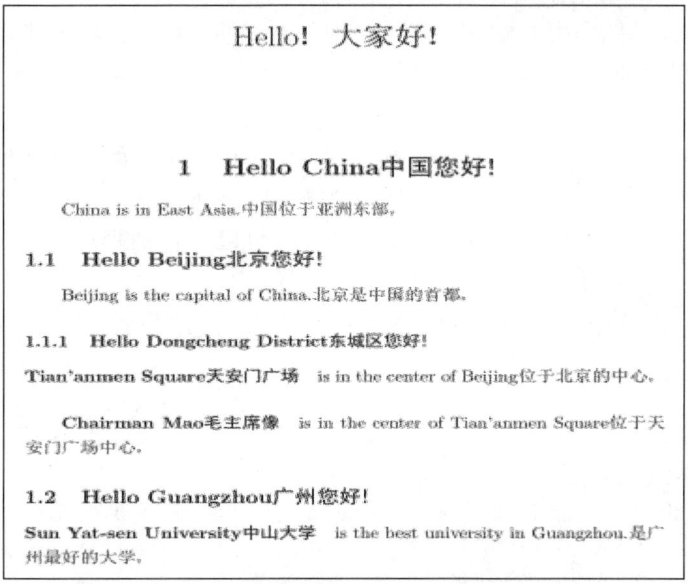

Hello! 大家好!

1 Hello China中国您好!

China is in East Asia.中国位于亚洲东部。

1.1 Hello Beijing北京您好!

Beijing is the capital of China.北京是中国的首都。

1.1.1 Hello Dongcheng District东城区您好!

Tian'anmen Square天安门广场 is in the center of Beijing位于北京的中心。

Chairman Mao毛主席像 is in the center of Tian'anmen Square位于天安门广场中心。

1.2 Hello Guangzhou广州您好!

Sun Yat-sen University中山大学 is the best university in Guangzhou.是广州最好的大学。

图 9-3

9.2.2　带有目录的模板

这是带有目录的模板。阅读并理解模板的内容。

```
\documentclass{article}              %文类为 article。
\usepackage{ctexcap}                 %调用支持中文及中文标题的宏包 ctexcap。
\begin{document}                     %开始文档。
\tableofcontents                     %产生目录命令，需要进行两次编译。
\section{第 1 节标题}文本             %生成第 1 节标题，标题后显示文本。
\subsection{第 1.1 节标题} 文本       %生成第 1.1 节标题，标题后显示文本。
\subsubsection{第 1.1.1 节标题}       %生成第 1.1.1 节标题。
\paragraph{段首标题}文本             %生成段首标题，后显示文本。
\subparagraph{子段首标题} 文本        %生成子段首标题，后显示文本。
\end{document}                       %结束文档。
```

【**例 9.4**】　编写源程序：对下列短文使用带有目录的模板完成 LaTeX 源程序的编辑。

1　　　Mathematica 介绍

1.1 Mathematica 概述

Mathematica 是美国 Wolfram 研究公司生产的一种数学分析型的软件，该软件是当今世界上最优秀的数学软件之一，以符号计算见长，也具有高精度的数值计算功能和强大的图形功能。

1.1.1 Mathematica 的产生和发展

Mathematica 系统是由美国物理学家 Stephen Wolfram 领导的科研小组开发的用来进行量子力学研究的软件，软件开发的成功促使 Stephen Wolfram 于 1987 年创建 Wolfram 研究公司，并推出了商品软件 Mathematica 1.0 版。

1.1.2 Mathematica 的主要特点

Mathematica 系统是用 C 语言开发的，因此能方便地移植到各种计算机系统上。

目前在微机上使用 Mathematica 系统的操作平台有 Windows 系列、Maxintosh 和 Unix 系列操作系统。

Mathematica 能够进行初等数学、高等数学、工程数学等的各种数值计算和符号运算。特别是其符号运算功能，给数学公式的推导带来极大的方便。它有很强的绘图能力，能方便地画出各种美观的曲线、曲面，甚至可以进行动画设计。

源程序：

```
\documentclass{article}              %文类为 article。
\usepackage{ctexcap}                 %调用支持中文及中文标题的宏包 ctexcap。
\begin{document}                     %开始文档。
\tableofcontents                     %产生目录命令，需要进行两次编译。
\section{ Mathematica 介绍}
\subsection{Mathematica 概述}Mathematica 是美国 Wolfram 研究公司生产的一种数学分析型
的软件，该软件是当今世界上最优秀的数学软件之一，以符号计算见长，也具有高精度的数
值计算功能和强大的图形功能。
```

\subsubsection{Mathematica 的产生和发展}Mathematica 系统是由美国物理学家 Stephen Wolfram 领导的科研小组开发的用来进行量子力学研究的软件，软件开发的成功促使 Stephen Wolfram 于 1987 年创建 Wolfram 研究公司，并推出了商品软件 Mathematica 1.0 版。
\subsubsection{Mathematica 的主要特点}
\paragraph{~~~~~Mathematica 系统}是用 C 语言开发的，因此能方便地移植到各种计算机系统上。目前在微机上使用 Mathematica 系统的操作平台有 Windows 系列、Maxintosh 和 Unix 系列操作系统。
\subparagraph{Mathematica} Mathematica 能够进行初等数学、高等数学、工程数学等的各种数值计算和符号运算。特别是其符号运算功能，给数学公式的推导带来极大的方便。它有很强的绘图能力，能方便地画出各种美观的曲线、曲面，甚至可以进行动画设计。
\end{document}   %结束文档。

把这些源程序复制粘贴进 WinEdt 的编辑框中，运行结果如图 9-4 所示。

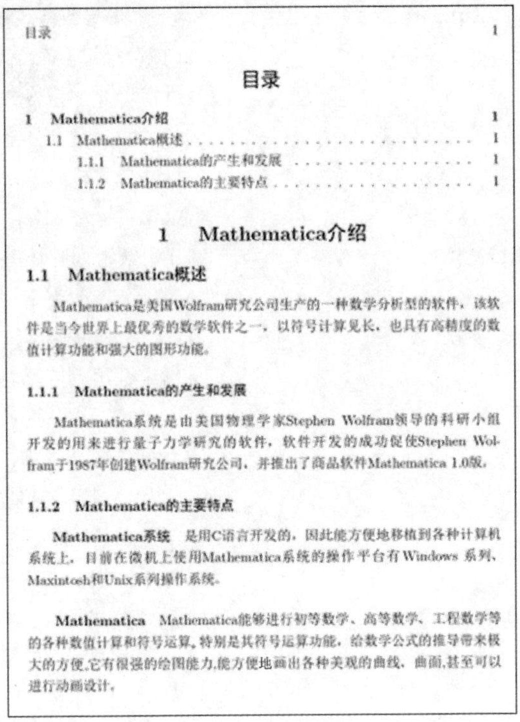

图 9-4

9.3　带有数学公式、插图和表格的模板

在数学论文写作和编辑的过程中，经常会碰见大量的数学公式、插图和表格。下面给出带有数学公式、插图和表格编写的 LaTeX 模板。

9.3.1　带有数学公式的模板

这是带有数学公式的模板。阅读并理解模板的内容。

\documentclass{article}	%文类为 article。
\usepackage{ctexcap}	%调用支持中文及中文标题的宏包 ctexcap。
\usepackage{amsmath}	%调用公式宏包。
\usepackage{amssymb}	%调用数学符号宏包。
\begin{document}	%开始文档。
$......$.	%行内公式编写格式$......$。
$$.......$$	%行间公式编写格式$$.......$$。
\[......\]	%行间公式格式\[......\]，与格式$$......$$效果相同。
η and μ	%行内公式编写格式$......$。
$\frac{a}{b}$	%分数编写格式$\frac{分子}{分母}$。
a^b	%幂编写格式a^b。
a_b	%下标编写格式a_b。
$\frac{\partial y}{\partial t}$	%y 对 t 偏导数格式$\frac{\partial y}{\partial t}$。
$\vec{n}$	%向量 $\vec{n}$ 编写格式$\vec{n}$。
$\mathbf{b}$	%对字母 b 加粗格式$\mathbf{b}$。
$\dot{F}$	%对时间变量 t 求导格式$\dot{F}$。
\[	%行间公式格式\[......\]，用于矩阵格式输入。
\left[	%\left 表示左对齐。
\begin{array}{lcr}	%开始数组列阵环境，lcr 即左、中和右格式。
数据 &数据 & 数据 \\	%&为数据分隔符，\\为换行符。
数据 & 数据 &数据	%&为数据分隔符，数据可以为空，分隔符不能少。
\end{array}	%结束数组列阵环境。
\right]	%\right 表示右对齐。
\]	%行间公式格式\[......\]。
\begin{align}	%开始公式组（排列成行）环境，用于等式输入。
a+b&=c\\	%&为不同行对齐符号，\\表示换行。
d&=e+f+g	%&为不同行对齐符号。
\end{align}	%结束公式组（排列成行对齐）环境。
\[	%行间公式格式\[......\]。
\left\{	%\left 表示左对齐，\{表示显示大括号"{"。
\begin{aligned}	%开始块环境，无序号（排列成行对齐）。
&a+b=c\\	%&为不同行对齐符号，\\表示换行。
&d=e+f+g	%&为不同行对齐符号。
\end{aligned}	%结束块环境，无序号（排列成行对齐）。
\right	%\right 表示右对齐。
\]	%行间公式格式\[......\]。
\end{document}	%结束文档。

【例 9.5】 编写源程序：使用带有数学公式的模板完成 LaTeX 源程序的编辑。
源程序：

\documentclass{article}	%文类为 article。

\usepackage{ctexcap}	%调用支持中文及中文标题的宏包 ctexcap。
\usepackage{amsmath}	%调用公式宏包。
\usepackage{amssymb}	%调用数学符号宏包。
\begin{document}	%开始文档。
\centering	%文档居中。
\zihao{-3} s=tv	% 字号为小三号字体。
$s=tv$.	%行内公式编写格式$......$。
$$F=ma$$	%行间公式编写格式$$......$$。
\[s=tv\]%行间公式格式\[......\]，与格式$$......$$效果相同，也可用\begin{math}…\end{math}。	
希腊字母 η and μ	%希腊字母编写格式。
分数 $\frac{a}{b}$	%分数编写格式。
幂 a^b	%幂编写格式。
下标 a_b	%下标编写格式。
偏导数 $\frac{\partial y}{\partial t}$	%偏导数编写格式。
向量 $\vec{n}$	%向量编写格式。
字母加粗 $\mathbf{n}$\par	%字母加粗编写格式，\par 为强制换行。
F 对时间 t 的导数 $\dot{F}$\par	%对时间 t 求导数编写格式，\par 为强制换行。

矩阵 (lcr here means left, center or right for each column)

\[	%行间公式格式\[......\]。
\left[	%\left 表示左对齐。
\begin{array}{lcr}	%开始数组列阵环境，lcr 即左、中和右格式。
a1 & b2 & c3 \\	%&为数据分隔符，\\为换行符。
d4 & e5 & f6	%&为数据分隔符。
\end{array}	%结束数组列阵环境。
\right]	%\right 表示右对齐。
\]	%行间公式格式\[......\]。

Equations(here \& is the symbol for aligning different rows)

\begin{align}	%开始公式组（排列成行）环境，用于等式输入。
a+b&=c\\	%&为不同行对齐符号，\\表示换行。
d&=e+f+g	%&为不同行对齐符号。
\end{align}	%结束公式组（排列成行）环境。
\[	%行间公式格式\[......\]。
\left\{	%\left 表示左对齐，\{ 表示显示大括号"{"。
\begin{aligned}	%开始块环境，无序号（排列成行对齐）。
&a+b=c\\	%&为不同行对齐符号，\\表示换行。
&d=e+f+g	%&为不同行对齐符号。
\end{aligned}	%结束块环境，无序号（排列成行对齐）。
\right.	%\right 表示右对齐。
\]	%行间公式格式\[......\]。
\end{document}	%结束文档。

把这些源程序复制粘贴进 **WinEdt** 的编辑框中，运行结果如图 9-5 所示。

$$\text{s=tv } s = tv.$$

$$F = ma$$

$$s = tv$$

希腊字母η and μ 分数$\frac{a}{b}$ 幂a^b 下标a_b 偏导数$\frac{\partial y}{\partial t}$ 向量$\vec{n}$

字母加粗$\mathbf{n}$

F对时间t的导数$\dot{F}$

矩阵(lcr here means left, center or right for each column)

$$\begin{bmatrix} a1 & b2 & c3 \\ d4 & e5 & f6 \end{bmatrix}$$

Equations(here & is the symbol for aligning different rows)

$$a + b = c \qquad (1)$$

$$d = e + f + g \qquad (2)$$

$$\begin{cases} a + b = c \\ d = e + f + g \end{cases}$$

图 9-5

9.3.2 带有插图的模板

这是带有插图的模板。阅读并理解模板的内容。

```
\documentclass{article}                              %文类为 article。
\usepackage{graphicx}                                %调用插图宏包 graphicx。
\begin{document}                                     %开始文档。
\includegraphics[width=2.00in,height=3.00in]{pic.png}  %插入图形 pic.png，同时修改图形宽
                                                       度、高度。
\end{document}                                       %结束文档。
```

【例 9.6】 编写源程序：使用带有插图的模板完成 LaTeX 源程序的编辑。

源程序：

```
\documentclass{article}                              %文类为 article。
\usepackage{graphicx}                                %调用插图宏包 graphicx。
\usepackage{ctex}                                    %调用中文字体宏包 ctex。
\begin{document}                                     %开始文档。
\centering                                           %文档居中。
```

\zihao{3}这是插入的图形\par	%3 号字体，\par 表示另起一行。
\includegraphics[width=3.00in,height=5.00in]{pic.png}	%插入图形 pic.png，同时修改图形宽度、高度。
\end{document}	%结束文档。

把这些源程序复制粘贴进 WinEdt 的编辑框中，运行结果如图 9-6 所示。

图 9-6

9.3.3　带有表格的模板

这是带有表格的模板。阅读并理解模板的内容。

\documentclass{article}	%文类为 article。
\begin{document}	%开始文档。
\centering	%文档居中。
\begin{tabular} {|c|c|}	%开始表格环境 tabular，{|c|c|}表示文字居中的两列。
a & b \\	%&为数据分隔符。\\为换行符号。
c & d\\	%&为数据分隔符。\\为换行符号。
\end{tabular}	%结束表格环境 tabular。
\vspace{2mm}\par	%垂直空白命令，生成一段高为 2mm ,宽为文本行宽的垂直空白,\par 强制换行。
\begin{tabular} {|c|c|}	%开始表格环境 tabular，{|c|c|}表示文字居中的两列。
\hline	%\hline 必须用于首行之前或者换行命令\\之后。
a & b \\	%&为数据分隔符。\\为换行符号。
\hline	%\hline……\hline 表示画两条并排的水平线。
c & d\\	%&为数据分隔符。\\为换行符号。
\hline	%\hline……\hline 表示画两条并排的水平线。\hline 必须用于首行之前或者换行命令\\之后。
\end{tabular}	%结束表格环境 tabular。
\begin{center}	%开始居中环境 center。

```
\begin{tabular} {|c|c|}              %开始表格环境 tabular,{|c|c|}表示文字居中的两列。
    \hline                          %\hline 必须用于首行之前或者换行命令\\之后。
    a & b \\                        %& 为数据分隔符。\\为换行符号。
    \hline                          %\hline……\hline 表示画两条并排的水平线。
    c & d\\                         %& 为数据分隔符。\\为换行符号。
    \hline                          %\hline……\hline 表示画两条并排的水平线。
    \end{tabular}                   %结束表格环境 tabular。
    \end{center}                    %结束居中环境 center。
\end{document}                       %结束文档。
```

【例 9.7】 编写源程序：使用带有表格的模板完成 LaTeX 源程序的编辑。

源程序：

```
\documentclass{article}              %文类为 article。
\usepackage{ctex}                    %调用支持中文字体的宏包 ctex。
\begin{document}                     %开始文档。
\zihao{2}                            %2 号字体。
\centering                    ……    %居中排版。
    \begin{tabular} {|c|c|}          %开始表格环境 tabular,{|c|c|}表示文字居中两列。
    a11 & b22 \\                     %& 为数据分隔符。\\为换行符号。
    c33 & d44\\                      %& 为数据分隔符。\\为换行符号。
    \end{tabular}                    %结束表格环境 tabular。
    \vspace{5mm}\par      %垂直空白命令,生成一段高为 5mm,宽为文本行宽的垂直空白,\par
强制换行。
    \begin{tabular} {|c|c|}          %开始表格环境 tabular,{|c|c|}表示文字居中两列。
    \hline                          %\hline 必须用于首行之前或者换行命令\\之后。
    a55 & b66 \\                     %& 为数据分隔符。\\为换行符号。
    \hline                          %\hline……\hline 表示画两条并排的水平线。
    c77 & d88\\                      %& 为数据分隔符。\\为换行符号。
    \hline                          %\hline……\hline 表示画两条并排的水平线。
    \end{tabular}                    %结束表格环境 tabular。
\begin{center}                       %开始居中环境 center。
    \begin{tabular} {|c|c|}          %开始表格环境 tabular,{|c|c|}表示文字居中两列。
    \hline                          %\hline 必须用于首行之前或者换行命令\\之后。
    a99 & b99 \\                     %& 为数据分隔符。\\为换行符号。
    \hline                          %\hline……\hline 表示画两条并排的水平线。
    c99 & d99\\                      %& 为数据分隔符。\\为换行符号。
    \hline                          %\hline……\hline 表示画两条并排的水平线。
    \end{tabular}                    %结束表格环境 tabular。
    \end{center}                    %结束居中环境 center。
\end{document}                       %结束文档。
```

把这些源程序复制粘贴进 WinEdt 的编辑框中，运行结果如图 9-7 所示。

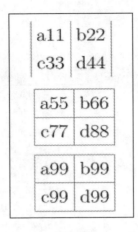

图 9-7

基本语法解释：

（1）这里只需记住，tex 文件头部必须包含一个\documentclass{XXXX}，这个语法是声明文档的样式类别。例 9.7 用了 {article}这个类别。

（2）\begin{document}……\end{document}可以理解为两个括号，所有的文档内容必须书写在这两句之间。

只要记住这三条语句，就可以生成一个使用默认字体的 pdf 文档。

9.4　beamer 幻灯片模板

幻灯片文类 beamer 是 CTeX 附带的一个用于制作幻灯片的文类,它用于制作幻灯片。与用 book 文类写论文一样，其源文件也是分为导言和正文两个部分，大部分 LaTeX 命令和环境都可以照搬到 beamer 之中。

9.4.1　beamer 幻灯片基本模板

这是 beamer 幻灯片基本模板。阅读并理解模板的内容。

```
\documentclass[14pt,hyperref={CJKbookmarks=true}]{beamer}        %文类为 beamer。
\usepackage[space,noindent]{ctex}           %调用支持中文的宏包 ctex，space 表示保留汉字
                                             与英文或数字之间的空格，noindent 表示维持
                                             LaTeX 系统的段首行缩进规则。
\usetheme{AnnArbor}                          %\usetheme{AnnArbor}是由 beamer 提供的演示主
                                             题调用命令，其中 AnnArbor 是演示主题的一种，
                                             如果将它改为 Hannover，则幻灯片就变成了别的
                                             演示样式。
\setbeamercolor{normal text}{bg=black!10}    %\setbeamercolor 为颜色设置命令。
\begin{document}                             %开始文档。
\kaishu                                      %楷书字体。
\title[题名简称]{论文题名}                    %产生标题。
\subtitle[副题简称]{论文副题}                  %产生副标题。
```

```
\author[主要作者]{作者甲 \and 作者乙}      %产生作者。
\institute[院系简称]{院系全称}            %产生学院。
\date[会议简称 2016]{会议全称，2016}      %产生会议名称。
\logo{\includegraphics{TeXlogo.pdf}}     %引入会议徽标。
\begin{frame}                            %开始创建帧。
\titlepage                               %标题页。
\end{frame}                              %结束创建帧。
\section{概述}                           %章节1：概述。
\subsection{基本理论}                     %子章节1.1：基本理论。
\begin{frame}{帧标题}{副标题}             %开始创建帧。
基本理论的要点 1、2、3...                 %输入的文本内容。
\end{frame}                              %结束创建帧。
\section{研究方法}                        %章节2：研究方法。
\begin{frame}{研究方法}                   %开始创建帧。
研究和实验方法简介...                      %输入的文本内容。
\end{frame}                              %结束创建帧。
\subsection{主要论点和依据}               %子章节2.1：主要论点和依据。
\begin{frame}{主要论点和依据}             %开始创建帧。
根据计算机模拟和实验...                    %输入的文本内容。
\end{frame}                              %结束创建帧。
\section{总结}                           %章节3：总结。
\subsection{研究意义与创新点}             %子章节3.1：研究意义与创新点。
\begin{frame}{总结}                      %开始创建帧。
通过大量研究表明...                       %输入的文本内容。
\end{frame}                              %结束创建帧。
\end{document}                           %结束文档。
```

【例 9.8】 编写源程序：使用 beamer 幻灯片基本模板完成 LaTeX 源程序的编辑。
源程序：

```
\documentclass[14pt,hyperref={CJKbookmarks=true}]{beamer}      %文类为 beamer。
\usepackage[space,noindent]{ctex}
\usetheme{AnnArbor}
\setbeamercolor{normal text}{bg=black!10}
\begin{document}                                               %开始文档。
\kaishu
\title[目标教学法]{大学数学目标教学法探讨}
\subtitle[高等数学]{-----高等数学目标教学法}
\author[主要作者]{李汉龙 \and 隋英}
\institute[理学院]{沈阳建筑大学理学院}
\date[教学法探讨 2016]{沈阳建筑大学目标教学法探讨会议，2016}
\logo{\includegraphics[scale=0.2]{logo.png}}
\begin{frame}
\titlepage
\end{frame}
```

```
\section{概述}
\subsection{基本理论}
\begin{frame}{大学数学教学目标的制定}{-----高等数学教学目标的制定}
基本理论的要点：\par
```

1. 大学数学教学目标的制定要与大学数学教学大纲的要求相一致。\par
2. 大学数学教学目标的制定要根据实际情况来制定。\par
3. 高等数学教学目标的制定要与大学数学教学目标的制定相一致。

```
\end{frame}
\section{研究方法}
\begin{frame}{研究方法}
研究和实验方法简介…
\end{frame}
\subsection{主要论点和依据}
\begin{frame}{主要论点和依据}
根据计算机模拟和实验…
\end{frame}
\section{总结}
\subsection{研究意义与创新点}
\begin{frame}{总结}
通过大量研究表明…
\end{frame}
\end{document}                                    %结束文档。
```

把这些源程序复制粘贴进 WinEdt 的编辑框中，运行结果如图 9-8 所示。

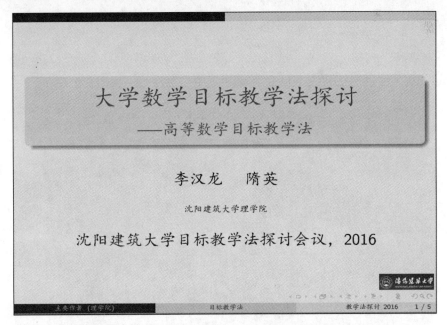

图 9-8

9.4.2 beamer 幻灯片插入影像模板

这是 beamer 幻灯片插入影像模板。阅读并理解模板的内容。

\documentclass{beamer}	%文类为 beamer。
\usetheme[height=14mm]{Rochester}	%由 beamer 提供的演示主题调用命令 Rochester。
\beamersetaveragebackground{black!10}	%设置背景。
\usepackage{multimedia}	%调用多媒体宏包。
\begin{document}	%开始文档。
\begin{frame}[plain]	%开始创建帧，plain 表示首页不显示导航条。
\movie[autostart,width=1.333\textheight,%	
height=\textheight,poster]{}{mydv.avi}	%\movie[放映]{预告标志}{影像文件名}，影像文件格式应为 AVI、MOV、MPG 或 WAV 等主流多媒体文件格式。
\end{frame}	%结束创建帧。
\end{document}	%结束文档。

【例 9.9】编写源程序: 使用 beamer 幻灯片插入影像模板完成 LaTeX 源程序的编辑。
源程序:

\documentclass{beamer}	%文类为 beamer。
\usetheme[height=14mm]{Rochester}	
\beamersetaveragebackground{black!10}	
\usepackage{multimedia}	%调用多媒体宏包。
\begin{document}	%开始文档。
\begin{frame}[plain]	
\movie[autostart,width=1.333\textheight,%	
height=\textheight,poster]{}{mydv. avi }	%插入视频。
\end{frame}	
\end{document}	%结束文档。

把这些源程序复制粘贴进 Winedt 的编辑框中，运行结果如图 9-9 所示。

图 9-9

9.5 常用数学公式模板

由于数学公式的排版是 LaTeX 的强项，因此，这里增加一些数学公式排版的小模板，希望能给读者提供方便。需要注意的是：我们是在 WinEdt 编辑器中进行的源程序编写。编辑器不同，在编译时可能会出错。

9.5.1 加减乘除、上下标和重音模板

这是加减乘除、上下标和重音模板。阅读并理解模板的内容。

```
\documentclass{article}                              %文类为 article。
\usepackage{ctexcap}                                 %调用支持中文及中文标题的宏包 ctexcap。
\usepackage{amsmath}                                 %调用公式宏包。
\usepackage{amssymb}                                 %调用数学符号宏包。
\begin{document}                                     %开始文档。
\centering                                           %文档居中。
\zihao{0}加减乘除\par                                 %\zihao{0}字号为初号，\par 换行。
\zihao{0}$a+b$~~$a-b$~~$a b$~~$a \cdot b$~~$a\times b$~~$a/b$~~$\frac{a}{b}$\par
\zihao{0}上下标\par                                   %\zihao{0}字号为初号，\par 换行。
\zihao{0}$a+b$~~$a-b$~~$a b$~~$a\cdot b$，$a\times b$~~$a/b$~~$\frac{a}{b}$\par
\zihao{0}重音\par                                     %\zihao{0}字号为初号，\par 换行。
$\check{a}$~~$\tilde{a}$~~$\hat{a}$~~$\grave{a}$~~$\dot{a}$~~$\ddot{a}$~~$\breve{a}$~~
$\bar{a}$~~$\vec{a}$                                  %$$...$$为行内公式格式，~为空格符号。
\end{document}                                       %结束文档。
```

【例 9.10】 编写源程序：使用加减乘除、上下标和重音模板完成 LaTeX 源程序的编辑。

源程序：

```
\documentclass{article}                              %文类为 article。
\usepackage{ctexcap}                                 %调用支持中文及中文标题的宏包 ctexcap。
\usepackage{amsmath}                                 %调用公式宏包。
\usepackage{amssymb}                                 %调用数学符号宏包。
\begin{document}                                     %开始文档。
\centering                                           %文档居中。
\zihao{0}加减乘除 \par                                %\zihao{0}字号为初号，\par 换行。
\zihao{1}$1+2$,$2-3$,$3 b$,$c \cdot d$,$c\times d$,$2/3$,$\frac{2}{3}$\par
\zihao{0}上下标\par                                   %\zihao{0}字号为初号，\par 换行。
\zihao{1}$a_{i1}$,$a^3$,$a^{i1}$\par                  %\zihao{1}字号为 1 号，\par 换行。
\zihao{0}重音\par                                     %\zihao{0}字号为初号，\par 换行。
\zihao{1}$\check{a}$,$\tilde{a}$,$\hat{a}$,$\grave{a}$,$\dot{a}$,$\ddot{a}$,$\breve{a}$,$\bar
{a}$,$\vec{a}$
\end{document}                                       %结束文档。
```

把这些源程序复制粘贴进 WinEdt 的编辑框中，运行结果如图 9-10 所示。

加减乘除

$$1+2,2-3,3b,c\cdot d,c\times d,2/3,\tfrac{2}{3}$$

上下标

$$a_{i1},a^3,a^{i1}$$

重音

$$\breve{a},\tilde{a},\hat{a},\grave{a},\dot{a},\ddot{a},\check{a},\bar{a},\vec{a}$$

图 9-10

9.5.2　定界符、同余和二项式系数模板

这是定界符、同余和二项式系数模板。阅读并理解模板的内容。

\documentclass{article}	%文类为 article。
\usepackage{ctexcap}	%调用支持中文及中文标题的宏包 ctexcap。
\usepackage{amsmath}	%调用公式宏包。
\usepackage{amssymb}	%调用数学符号宏包。
\begin{document}	%开始文档。
\centering	%文档居中。
\zihao{0}定界符　\par	%\zihao{0}字号为初号，\par 换行。
\zihao{1}$$ \left(\frac{a+b}{a+b^2}\right)^2$$\par	%\left(......\right)为定界符，$$...$$为行间公式格式。
\zihao{0}同余\par	%\zihao{0}字号为初号，\par 换行。
\zihao{1}$a \equiv b \pmod{p}$\par	%\zihao{1}字号为 1 号，\par 换行。
\zihao{1}$a \equiv b \pod{p}$\par	%\zihao{1}字号为 1 号，\par 换行。
\zihao{1}$a \bmod b=0$\par	%\zihao{1}字号为 1 号，\par 换行。
\zihao{0}二项式系数\par	%\zihao{0}字号为初号，\par 换行。
\zihao{1}$\binom{m}{n}$	%\zihao{1}字号为 1 号，\par 换行。
\end{document}	%结束文档。

【例 9.11】　编写源程序：使用定界符、同余和二项式系数模板完成 LaTeX 源程序的编辑。

源程序：

\documentclass{article}	%文类为 article。
\usepackage{ctexcap}	%调用支持中文及中文标题的宏包 ctexcap。
\usepackage{amsmath}	%调用公式宏包。
\usepackage{amssymb}	%调用数学符号宏包。
\begin{document}	%开始文档。
\centering	%文档居中。
\zihao{0}定界符　\par	
\zihao{1}$$ \left(\frac{x+y}{x+y^2}\right)^2$$\par	

```
\zihao{0}同余\par
\zihao{1}$c \equiv d \pmod{p}$\par
\zihao{1}$c \equiv d \pod{p}$\par
\zihao{1}$a \bmod b=0$\par
\zihao{0}二项式系数\par
\zihao{1}$\binom{m}{n}$
\end{document}                          %结束文档。
```

把这些源程序复制粘贴进 WinEdt 的编辑框中，运行结果如图 9-11 所示。

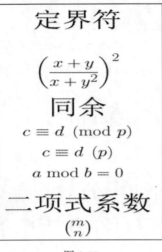

图 9-11

9.5.3　省略号、积分号和根号模板

这是省略号、积分号和根号模板。阅读并理解模板的内容。

```
\documentclass{article}                 %文类为 article。
\usepackage{ctexcap}                    %调用支持中文及中文标题的宏包 ctexcap。
\usepackage{amsmath}                    %调用公式宏包。
\usepackage{amssymb}                    %调用数学符号宏包。
\begin{document}                        %开始文档。
\centering                              %文档居中。
\zihao{0}省略号 \par
\zihao{1}$\cdots$,~~$\ldots$,~~$\vdots$,~~$\ddots$\par
\zihao{0}积分号\par
\zihao{1}$\int^1_0$,~~\int,~~\oint,~~\iint,~~\iiint,~~\iiiint,~~\idotsint$\par
\zihao{0}根号\par
\zihao{1}$\sqrt{a}$,~~$\sqrt[n]{b}$
\end{document}                          %结束文档。
```

【**例 9.12**】　编写源程序：使用省略号、积分号和根号模板完成 LaTeX 源程序的编辑。

源程序：

```
\documentclass{article}                 %文类为 article。
```

```
\usepackage{ctexcap}                        %调用支持中文及中文标题的宏包 ctexcap。
\usepackage{amsmath}                        %调用公式宏包。
\usepackage{amssymb}                        %调用数学符号宏包。
\begin{document}                            %开始文档。
\centering
\zihao{0}省略号  \par
\zihao{1}$\cdots$,~~$\ldots$,~~$\vdots$,~~$\ddots$\par
\zihao{0}积分号\par
\zihao{1}$\int^2_5,~~\int,~~\oint,~~\iint,~~\iiint,~~\iiiint,~~\idotsint$\par
\zihao{0}根号\par
\zihao{1}$\sqrt{5}$,~~$\sqrt[5]{7}$
\end{document}                              %结束文档。
```

把这些源程序复制粘贴进 WinEdt 的编辑框中，运行结果如图 9-12 所示。

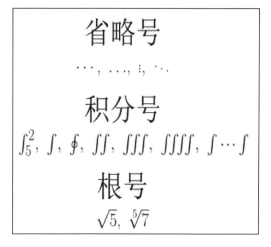

图 9-12

9.5.4　矩阵、求和与求积以及分段函数模板

这是矩阵、求和与求积以及分段函数模板。阅读并理解模板的内容。

```
\documentclass{article}                     %文类为 article。
\usepackage{ctexcap}                        %调用支持中文及中文标题的宏包 ctexcap。
\usepackage{amsmath}                        %调用公式宏包。
\usepackage{amssymb}                        %调用数学符号宏包。
\begin{document}                            %开始文档。
\centering                                  %文档居中。
\zihao{1}矩阵
\zihao{-1}\[\begin{matrix}
    a & b & c\\
    d & e & f
   \end{matrix}\]
```

或者

```
    \[\begin{pmatrix}
        a & b & c\\
        d & e & f
    \end{pmatrix}\]\par
\zihao{1}求和与求积
\zihao{-1}\[\sum_{i=0}^n\frac{1}{i^2},
\prod_{i=0}^n \frac{1}{i^2}\]\par
\zihao{1}分段函数
\zihao{-1}$$f=\begin{cases}
1,&\mbox{如果$x\ge 0$},\\0,
&\mbox{其它.}\end{cases}$$
\end{document}                          %结束文档。
```

【**例 9.13**】 编写源程序：使用矩阵、求和与求积以及分段函数模板完成 LaTeX 源程序的编辑。

源程序：

```
\documentclass{article}                 %文类为 article。
\usepackage{ctexcap}                     %调用支持中文及中文标题的宏包 ctexcap。
\usepackage{amsmath}                     %调用公式宏包。
\usepackage{amssymb}                     %调用数学符号宏包。
\begin{document}                         %开始文档。
\centering
\zihao{1}矩阵
\zihao{-1}\[\begin{matrix}
    11 & 22 & 33\\
    44 & 55 & 66
\end{matrix}\]
```

或者

```
    \[\begin{pmatrix}
        11 & 22 & 33\\
        44 & 55 & 66
    \end{pmatrix}\]\par
\zihao{1}求和与求积
\zihao{-1}\[\sum_{i=0}^9\frac{1}{i^2},
\prod_{i=0}^9\frac{1}{i^2}\]\par
\zihao{1}分段函数
\zihao{-1}$$f(x)=\begin{cases}
x,&\mbox{如果$x\ge 0$},\\0,
&\mbox{其它.}\end{cases}$$
\end{document}                          %结束文档。
```

把这些源程序复制粘贴进 WinEdt 的编辑框中，运行结果如图 9-13 所示。

$$矩阵$$
$$11\ 22\ 33$$
$$44\ 55\ 66$$
$$或者$$
$$\begin{pmatrix} 11 & 22 & 33 \\ 44 & 55 & 66 \end{pmatrix}$$
$$求和与求积$$
$$\sum_{i=0}^{9} \frac{1}{i^2}, \prod_{i=0}^{9} \frac{1}{i^2}$$
$$分段函数$$
$$f(x) = \begin{cases} x, & 如果 x \geq 0, \\ 0, & 其他. \end{cases}$$

图 9-13

9.6 本 章 小 结

本章介绍了五类 LaTeX 常用模板：比较简单的模板；带有章节、段落和目录的模板；带有数学公式、插图 和表格的模板；beamer 幻灯片模板；常用数学公式模板。同时给出具体实用的例题。读者可以参照这些例题进行 LaTeX 源程序的编辑和修改，举一反三，灵活运用。

习 题 9

1. 阅读并理解下列 LaTeX 源程序，并在 WinEdt 编辑器中运行编译出 pdf 文档。

```
\documentclass{article}
\usepackage{ctexcap}
\usepackage{amsmath}
\usepackage{amssymb}
\begin{document}
\centering
\zihao{1}
\begin{displaymath}
x \mapsto\{c \in C \mid c \leqslant x\}
```

```
\end{displaymath}
\begin{displaymath}
\left|\bigcup( I_{j} \mid j \in J ) \right|<\mathfrak{m}
\end{displaymath}
\begin{displaymath}A=\{ x\in X \mid x \in X_{i}
\mbox{\quad 对于所有} i \in I \}
\end{displaymath}
\begin{displaymath}
\Gamma_{u'}=\{\gamma \mid \gamma < 2\chi,
B_{\alpha} \nsubseteq u',B_{\gamma} \subseteq u' \}
\end{displaymath}
\end{document}
```

2. 阅读并理解下列 LaTeX 源程序，并在 WinEdt 编辑器中运行编译出 pdf 文档。

```
\documentclass{article}
\usepackage{ctexcap}
\usepackage{amsmath}
\usepackage{amssymb}
\begin{document}
\centering
\zihao{1}
\begin{displaymath}A=B^2 \times \mathbb{Z}\end{displaymath}
\begin{displaymath}F(\mathbf{x})=\bigvee\nolimits_{\!\mathfrak{m}}
\left(\,\bigwedge\nolimits_{\mathfrak{m}}(\,x_{j} \mid j \in I_{i} \,)\mid i\aleph_{\alpha}\,\right)
\end{displaymath}
\begin{displaymath}\left. F(x) \right|_{a}^{b}=F(b)-F(a)
\end{displaymath}
\begin{displaymath}u \underset{\alpha}{+}v \overset{1}{\thicksim} w
\overset{2}{\thicksim} z
\end{displaymath}
\begin{displaymath}
f(x) \overset{\text{def}}{=}x^{2}-1
\end{displaymath}
\begin{displaymath}\overbrace{a+b+\cdots+z}^n\end{displaymath}
\end{document}
```

3. 阅读并理解下列 LaTeX 源程序，并在 WinEdt 编辑器中运行编译出 pdf 文档。

```
\documentclass{article}
\usepackage{ctexcap}
\usepackage{amsmath}
\usepackage{amssymb}
\begin{document}
\centering
```

```
\zihao{1}
\begin{displaymath}\begin{vmatrix}
a + b + c & uv\\
a + b & c + d
\end{vmatrix}
\end{displaymath}
\begin{displaymath}\begin{Vmatrix}
a + b + c & uv\\
a + b & c + d
\end{Vmatrix}
\end{displaymath}
\begin{displaymath}\sum_{j \in \mathbf{N}} b_{ij} \hat{y}_{j}=
\sum_{j \in \mathbf{N}} b^{(\lambda)}_{ij} \hat{y}_{j}+ (b_{ij}-\lambda_{i}) \hat{y}
\end{displaymath}
\begin{displaymath}\sum_{i=1}^{\left[ \frac{n}{2}\right]}
\binom{x_{i,i+1}^{i^2}}{\left[\frac{i+3}{3} \right]}
\frac{\sqrt{\mu(i)^{\frac{3}{2}} (i^2-1)}} {\sqrt[3]{\rho(i)-2}+\sqrt[3]{\rho(i)-1}}
\end{displaymath}
\end{document}
```

4. 阅读并理解下列 LaTeX 源程序，并在 WinEdt 编辑器中运行编译出 pdf 文档。

```
\documentclass{article}
\usepackage{ctexcap}
\usepackage{amsmath}
\usepackage{amssymb}
\usepackage[a3paper]{geometry}
\begin{document}
\centering
\zihao{1}
\begin{displaymath}\left( \prod^n_{j=1}\hat x_j\right) H_c=
\frac{1}{2} \hat k_{ij} \det \hat{\mathbf{K}}(i|i)
\end{displaymath}
\begin{displaymath}\int_{\mathcal{D}}|\overline{\partial u} |^2
\Phi_0 (z) c^{\alpha |z|^2} \geq e_4 \alpha \int_{\mathcal{D}} |u|^2 \Phi_0
e^{\alpha |z|^2} +c_5 \delta^{-2}\int_A |u|^2 \Phi_0 e^{\alpha |z|^2}
\end{displaymath}
\end{document}
```

5. 阅读并理解下列 LaTeX 源程序，并在 WinEdt 编辑器中运行编译出 pdf 文档。

```
\documentclass{article}
\usepackage{ctexcap}
\usepackage{amsmath}
\usepackage{amssymb}
\usepackage[a3paper]{geometry}     %调用版面设置宏包
```

```latex
\begin{document}
\centering
\zihao{1}
\begin{displaymath}
\mathbf{A}=
\begin{pmatrix}
\dfrac{\varphi \cdot X_{n,1}}{\varphi_1 \times \varepsilon_1}
& (x+\varepsilon_2)^2 & \cdots
& (x+\varepsilon_{n-1})^{n-1}
& (x+\varepsilon_{n})^{n}\\
\dfrac{\varphi \cdot X_{n,1}}{\varphi_2 \times \varepsilon_1}
& \dfrac{\varphi \cdot x_{n,2}}{\varphi_2 \times \varepsilon_2}
& \cdots & (x+\varepsilon_{n-1})^{n-1}
& (x+\varepsilon_{n})^{n}\\ \hdotsfor{5}\\
\dfrac{\varphi \cdot X_{n,1}}{\varphi_n \times \varepsilon_1}
& \dfrac{\varphi \cdot X_{n,2}}{\varphi_n \times \varepsilon_2}
& \cdots
& \dfrac{\varphi \cdot X_{n,n-1}}{\varphi_n \times \varepsilon_{n-1}}
& \dfrac{\varphi \cdot X_{n,n}}{\varphi_n \times \varepsilon_n}
\end{pmatrix}
+\mathbf{I}_n
\end{displaymath}
\end{document}
```

习题 9 答案

1. 源程序运行结果：

$$x \mapsto \left\{ c \in C \,\middle|\, c \leqslant x \right\}$$

$$\left| \bigcup \left(I_j \,\middle|\, j \in J \right) \right| < m$$

$$A = \left\{ x \in X \,\middle|\, x \in X_i \text{对于所有} i \in I \right\}$$

$$\Gamma_{u'} = \left\{ \gamma \,\middle|\, \gamma < 2_{\varXi}, B_\alpha \not\subseteq u', B_\gamma \subseteq u' \right\}$$

2. 源程序运行结果：

$$A = B^2 \times \mathbb{Z}$$

$$F(\mathrm{x}) = \vee_m \left(\wedge_m \left(x_j \,\middle|\, j \in I_i \right) \,\middle|\, i < \aleph_\alpha \right)$$

$$F(x)\Big|_a^b = F(b) - F(a)$$

$$u \underset{\alpha}{+} v \overset{1}{\sim} w \overset{2}{\sim} z$$

$$f(x) \overset{\text{def}}{=} x^2 - 1$$

$$\overbrace{a + b + \cdots + z}^{n}$$

3. 源程序运行结果：

$$\begin{vmatrix} a+b+c & uv \\ a+b & c+d \end{vmatrix}$$

$$\left\| \begin{matrix} a+b+c & uv \\ a+b & c+d \end{matrix} \right\|$$

$$\sum_{j \in \mathbb{N}} b_{ij} \hat{y}_j = \sum_{j \in \mathbb{N}} b_{ij}^{(\lambda)} \hat{y}_j + \left(b_{ij} - \lambda_i \right) \hat{y}$$

$$\sum_{i=1}^{\left[\frac{n}{2} \right]} \left(\frac{x_{i,i+1}^{i^2}}{\left[\frac{i+3}{3} \right]} \right) \frac{\sqrt{\mu(i)^{\frac{3}{2}} \left(i^2 - 1 \right)}}{\sqrt[3]{\rho(i) - 2} + \sqrt[3]{\rho(i) - 1}}$$

4. 源程序运行结果：

$$\left(\prod_{j=1}^{n} \hat{x}_j \right) H_c = \frac{1}{2} \hat{k}_{ij} \det \widehat{\mathbf{K}}(i|i)$$

$$\int_D \overline{|\partial u|}^2 \Phi_0(z) e^{\alpha |z|^2} \geqslant c_4 \alpha \int_D |u|^2 \Phi_0 e^{\alpha} |z|^2 + c_5 \delta^{-2} \int_A |u|^2 \Phi_0 e^{\alpha |z|^2}$$

5. 源程序运行结果：

$$A = \begin{pmatrix} \dfrac{\varphi \cdot X_{n,1}}{\varphi_1 \times \varepsilon_1} \left(x + \varepsilon_2 \right)^2 \cdots \left(x + \varepsilon_{n-1} \right)^{n-1} \left(x + \varepsilon_n \right)^n \\ \dfrac{\varphi \cdot X_{n,1}}{\varphi_2 \times \varepsilon_1} \quad \dfrac{\varphi \cdot x_{n,2}}{\varphi_2 \times \varepsilon_2} \cdots \left(x + \varepsilon_{n-1} \right)^{n-1} \left(x + \varepsilon_n \right)^n \\ \cdots\cdots\cdots\cdots\cdots\cdots\cdots\cdots\cdots\cdots\cdots\cdots \\ \dfrac{\varphi \cdot X_{n,1}}{\varphi_n \times \varepsilon_1} \quad \dfrac{\varphi \cdot X_{n,2}}{\varphi_n \times \varepsilon_2} \cdots \dfrac{\varphi \cdot X_{n,n-1}}{\varphi_n \times \varepsilon_{n-1}} \quad \dfrac{\varphi \cdot X_{n,n}}{\varphi_n \times \varepsilon_n} \end{pmatrix} + I_n$$

附录　关于 LaTeX 文件的基础知识

1．LaTeX 文件的通常语法

```
\documentclass{article}
\begin{document}
This is a first example of a simple input file.
\end{document}
```

2．简单的规则

（1）空格：LaTeX 中空格不起作用。

（2）换行：用控制命令"\\"或"\newline"。

（3）分段：用控制命令"\par"　或空出一行。

（4）换页：用控制命令"\newpage"或"\clearpage"。

（5）特殊控制字符：%，\，\$，#，{，　}，　^，　_ ，~，&。

要想输出这些控制符，分别用以下命令：\%，\$\backslash\$ \，\\$，　\#，\{，\}，\^{}，_，\~{}，\&。

3．中文字符转换表

\songti 宋体，	\heiti 黑体，	\fangsong 仿宋，	\kaishu 楷书。

4．字号转换命令表

点数(pt)	相应中文字号	控制命令
25	一号	\Huge
20	二号	\huge
17	三号	\LARGE
14	四号	\Large
12	小四号	\large
10	五号	\normalsize
9	小五号	\small
8	六号	\footnotesize
7	小六号	\scriptsize
5	七号	\tiny

5．纵向固定间距控制命令

\smallskip	\medskip	\bigskip

6．页面控制命令

```
\textwidth=14.5cm
\textheight=21.5cm
```

系统默认：字号 10pt＝五号字；西文字体为罗马字体；textwidth=12.2cm,textheight=18.6cm，相当于美国标准信纸大小。

7．常见数学公式排版命令

（1）行中数学公式状态命令。

```
\begin{math} 数学公式 \end{math}
简式 1： \( 数学公式 \)
简式 2： $ 数学公式 $
```

（2）独立数学公式状态命令。

```
\begin{displaymath} 数学公式 \end{displaymath}
简式 1： \[ 数学公式 \]
简式 2： $$ 数学公式 $$
```

（3）数学公式的编辑示例。

数学公式中的各种字体如下。

```
$$ \begin{array}{l}
\mathrm{ABCDEFGHIJKLMNOPQRSTUVWXYZ}\\%罗马字体
\mathtt{ABCDEFGHIJKLMNOPQRSTUVWXYZ}\\%打字机字体
\mathbf{ABCDEFGHIJKLMNOPQRSTUVWXYZ}\\%黑体
\mathsf{ABCDEFGHIJKLMNOPQRSTUVWXYZ}\\%等线体
\mathit{ABCDEFGHIJKLMNOPQRSTUVWXYZ}\\%意大利字体
\end{array} $$
```

文中数学公式用\$作为定界符，对于独立公式用\$\$作为定界符。上标用"^"，下标用"_"。例如：

```
$ x^{y^{z^{w}}}=(1+{\rm e}^{x})^{-2xy^{w}} $
$y_1'+y_2''+y_3'''$
Su$^{\rm per}_{\rm b}$
```

数学中花体字母"\cal"命令。例如：

```
$\cal {ABCDEFGHIJKLMNOPQRSTUVW}$
```

（4）大部分数学符号在 WinEdt 编辑器中的 math 工具中都能找到。

① 方程环境的控制命令：

```
\begin{equation}
0.3x+y/2=4z
\end{equation}
```

② 求和与积分命令：

```
$$\sum_{i=1}^{n} x_{i}=\int_{0}^{1}f(x)\, {\rm d}x $$
$$\sum_{{1\le i\le n}\atop {1\le j\le n}}a_{ij}$$
$\sum\limits_{i=1}^{n} x_{i}=\int_{0}^{1}f(x)\, {\rm d}x $ $\oint $
```

③ 数学公式中的省略号：

```
$\cdots \ldots \vdots \ddots $
```

④ 求极限的命令：

```
$$\lim_{n \rightarrow \infty}\sin x_{n}=0$$
$\lim_{n \rightarrow \infty}\sin x_{n}=0$
```

⑤ 分式的排版命令：

```
$$x=\frac{y+z/2}{y^2+\frac{y}{x+1}}$$
$$a_0+\frac 1{\displaystyle a_1
    +\frac 1{\displaystyle a_2
    +\frac 1{\displaystyle a_3
    +\frac 1{\displaystyle a_4
    +\frac 1{\displaystyle {a_5}}}}}$$
```

⑥ 根式排版命令：

```
$$x=\sqrt{1+\sqrt{1+\sqrt[n]{1+\sqrt[m]{1+x^{p}}}}}$$
$$x_{\pm}=\frac{-b\pm \sqrt{b^2-4ac}}{2a}$$
```

⑦ 取模命令：

```
$\gcd(m,n)=a\bmod b$
$$x\equiv y \pmod{a+b}$$
```

⑧ 矩阵排版命令：

```
$$ \begin{array}{clcr}
x+y+z & uv   & a-b & 8\\
x+y   & u+v  & a   & 88\\
x     & 3u-vw & abc &888\\
\end{array} $$ ,
$$\left ( \begin{array}{c}
\left |\begin{array}{cc}
a+b&b+c\\c+d&d+a
\end{array}
\right |\\
y\\z
\end{array}\right )
$$
```

（5）数学符号的修饰。

① 上划线命令：

```
$$\overline{1+\overline{1+\overline{x}^3}}$$
```

② 下划线命令：

```
$$\underline{1+\underline{1+\underline{x}^3}}$$
```

③ 卧式花括号命令：

```
$$\overbrace{x+y+z+w}$$
```

$$\overbrace{a+b+\cdots +y+z}^{26}_{=\alpha +\beta}$$

④ 仰式花括号命令：

$$a+\underbrace{b+\cdots +y}_{24}+z$$

⑤ 戴帽命令：

$$\hat{o}\ \ \check{o}\ \ \breve{o}$$
$$\widehat{A+B} \ \ \widetilde{a+b}$$
$$\vec{\imath}+\vec{\jmath}=\vec{k}$$

⑥ 堆砌命令：

$$y\stackrel{\rm def}{=} f(x) \stackrel{x\rightarrow 0}{\rightarrow} A$$

参 考 文 献

[1] 刘海洋. LaTeX 入门[M]. 北京：电子工业出版社，2013.

[2] 陈志杰，等. LaTeX 入门与提高[M]. 北京：高等教育出版社. 2002.

[3] 陈志杰，赵书钦，等. LaTeX 入门与提高 [M]. 2 版.北京：高等教育出版社，2006.

[4] 胡伟. LaTeX2e 完全学习手册 [M] . 北京：清华大学出版社，2011.

[5] 胡伟. LaTeX2e 完全学习手册 [M]. 2 版. 北京：清华大学出版社，2013.

[6] 李勇. TEX、AMS-TEX 和 LaTeX 使用简介（科技排版软件）[M]. 北京：高等教育出版社，2000.

[7] 杨振江，严志强. LaTeX 的使用及论文投稿与检索[M]. 西安：西安电子科技大学出版社，2000.